U0638623

现代化学功能材料及其应用研究

马毅龙　沈　倩　金　香　编著

中国水利水电出版社

www.waterpub.com.cn

内 容 提 要

功能材料是材料化学的一个重要分支,它的重要性在于包含的每一类材料都具有特殊的功能。全书主要内容包括绪论、磁性材料、超导材料、新型合金材料、光学材料、功能高分子材料、隐身材料与智能材料、膜材料与梯度功能材料、纳米功能材料、新型功能材料等。本书可供应用化学、材料化学、化工、冶金等相关领域的研究人员参考和学习。

图书在版编目(CIP)数据

现代化学功能材料及其应用研究 / 马毅龙,沈倩,
金香编著. -- 北京 : 中国水利水电出版社,2014.11(2022.10重印)
 ISBN 978-7-5170-2657-0

Ⅰ. ①现… Ⅱ. ①马… ②沈… ③金… Ⅲ. ①化工材
料-功能材料-研究 Ⅳ. ①TB34

中国版本图书馆CIP数据核字(2014)第257342号

策划编辑:杨庆川 责任编辑:杨元泓 封面设计:崔 蕾

书 名	现代化学功能材料及其应用研究
作 者	马毅龙 沈倩 金香 编著
出版发行	中国水利水电出版社
	(北京市海淀区玉渊潭南路1号D座 100038)
	网址:www. waterpub. com. cn
	E-mail:mchannel@263. net(万水)
	sales@ mwr.gov.cn
	电话:(010)68545888(营销中心)、82562819(万水)
经 售	北京科水图书销售有限公司
	电话:(010)63202643、68545874
	全国各地新华书店和相关出版物销售网点
排 版	北京鑫海胜蓝数码科技有限公司
印 刷	三河市人民印务有限公司
规 格	184mm×260mm 16 开本 17 印张 413 千字
版 次	2015年5月第1版 2022年10月第2次印刷
印 数	3001-4001册
定 价	59.50 元

前　言

　　材料按其性能特征和用途可分为两大类:结构材料和功能材料。功能材料是指具有优良的物理(电、磁、光、热、声)、化学、生物学功能及其相互转化的功能,被用于非结构目的的高新技术材料。随着科学技术尤其是信息、能源和生物等现代高新技术的快速发展,功能材料越来越显示出它的重要性,并逐渐成为材料学科中最活跃的前沿学科之一。

　　功能材料品种繁多,用途十分广泛,是由机械化走向信息化社会的关键的基础材料技术。主要涉及半导体材料、导电高分子材料、导磁材料、隐身材料、透波材料、压电材料、光学材料、光纤材料、激光材料、红外材料等,是当前材料科学研究发展极为重要的关键材料技术之一。世界各国均投巨资开发此材料,并取得了显著成果,有的功能材料已成功应用,在国民经济建设、国防建设和人们的日常生活中发挥了巨大作用,还有的功能材料正处于研究阶段,未走出实验室,但也初显光明的应用前景。可以预测未来几十年将是功能材料大发展、大应用的时代,随着高新技术在功能材料开发与应用研究中的应用,将会使这类材料得到长足进步。

　　近年来,功能材料迅速发展,已有几十大类,10万多品种,且每年都有大量新品种问世。有关新材料特别是新功能材料的书籍也不断涌现,进一步丰富和拓宽了材料科学与工程学科的内容。许多高校设置了功能材料的研究方向,并将功能材料作为材料及其相关专业的一门重要的专业基础课程。本书是在作者多年教学和科研经验的基础上编撰而成的。

　　本书从系统性、权威性、新颖性、实用性和可操作性规律出发,按由浅入深、循序渐进的规律编撰。编撰过程中遵循如下原则:以各类化学功能材料的性能和应用为主,介绍了化学功能材料的性质和各方面的应用;在内容选取上,既注重特性的介绍,又能叙述新型材料的制备方法,突出化学功能材料的应用,本书对功能材料的基础知识也做了相应的阐述。另外,本书对功能材料的研究与应用成果有一定的宣传作用。全书共分10章,主要内容包括绪论、磁性材料、超导材料、新型合金材料、光学材料、功能高分子材料、隐身材料与智能材料、膜材料与梯度功能材料、纳米功能材料、新型功能材料等。

　　本书在编撰的过程中,参考了大量有价值的文献与资料,吸取了许多人的宝贵经验,在此向这些文献的作者表示敬意。由于作者自身水平有限,书中难免有错误和疏漏之处,敬请广大读者和专家给予批评指正。

作　者

2014 年 8 月

目　　录

第1章　绪论

1.1　功能材料的发展概况

功能材料是指那些具有优良的电学、磁学、光学、热学、声学、力学、化学、生物医学功能,特殊的物理、化学、生物学效应,能完成功能相互转化,主要用来制造各种功能元器件而被广泛应用于各类高科技领域的高新技术材料。功能材料是新材料领域的核心,是国民经济、社会发展及国防建设的基础和先导。它涉及信息技术、生物工程技术、能源技术、纳米技术、环保技术、空间技术、计算机技术、海洋工程技术等现代高新技术及其产业。功能材料不仅对高新技术的发展起着重要的推动和支撑作用,还对我国相关传统产业的改造和升级,实现跨越式发展起着重要的促进作用。

功能材料种类繁多,用途广泛,正在形成一个规模宏大的高技术产业群,有着十分广阔的市场前景和极为重要的战略意义。世界各国均十分重视功能材料的研发与应用,它已成为世界各国新材料研究发展的热点和重点,也是世界各国高技术发展中战略竞争的热点。功能材料是新材料领域的核心,对高新技术的发展起着重要的推动和支撑作用,在全球新材料研究领域中,功能材料约占85%。随着信息社会的到来,特种功能材料对高新技术的发展起着重要的推动和支撑作用,是21世纪信息、生物、能源、环保、空间等高技术领域的关键材料,成为世界各国新材料领域研究发展的重点,也是世界各国高技术发展中战略竞争的热点。

功能材料的发展历史与结构材料一样悠久,它也是在工业技术和人类历史的发展过程中不断发展起来的。特别是近30多年以来,由于电子技术、激光技术、能源技术、信息技术以及空间技术等现代高技术的高速发展,强烈刺激现代材料向功能材料方向发展,使得新型功能材料异军突起,促进了各种高技术的发展和应用的实现,而功能材料本身也在各种高技术发展的同时得到了快速的发展。从20世纪50年代开始,随着微电子技术的发展和应用,半导体材料迅速发展;60年代出现激光技术,光学材料面貌为之一新;70年代光电子材料,80年代形状记忆合金等智能材料得到迅速发展。随后,包括原子反应堆材料、太阳能材料、高效电池等能源材料和生物医用材料等迅速崛起,形成了现今较为完善的功能材料体系。

由此可见,功能材料已经成为材料大家族中非常重要的成员,特别是自20世纪70年代开始,人们更是有意识地开发具有各种"特殊功能"的功能材料,并将以前对材料"量"的追求,即大量生产高质量结构材料,转变为对材料"质"的追求,即大力发展功能材料。换句话说,研究和开发材料的重点已从结构材料转向功能材料。可以说,在今天,功能材料虽然在量上尚远不及结构材料,但它与结构材料一样重要,而且今后将互相促进,并驾齐驱发展。

1.2 功能材料的特点与分类

1.2.1 功能材料的特点

功能高分子材料具有的特点之一是具有与常规聚合物明显不同的物理化学性能,并具有某些特殊功能。一般来说,"性能"是指材料对外部作用或外部刺激(外力、热、光、电、磁、化学药品等)的抵抗特性。对外力抵抗的宏观性能表现为强度、模量等;对热抵抗的宏观性能表现为耐热性;对光、电、磁及化学药品抵抗的宏观性能表现为耐光性、绝缘性、抗磁性及防腐性等。具有这些特有性能之一的高分子是特种高分子,如耐热高分子、高强度高分子、绝缘件高分子。"功能"是指从外部向材料输入信号时,材料内部发生质和量的变化或其中任何一种变化而产生的输出特性。如材料受到外部光的输入,材料可以输出电能,称为光电功能,材料的压电、防震、热电、药物缓释、分离及吸附等均属于"功能"范畴。

功能高分子材料具有的特点之二是产量小、产值高、制造工艺复杂。而这些特点也是精细高分子的特点,因而人们常常又将功能高分子和精细高分子混为一谈。实际上,精细高分子是相对于通用高分子而言的一类高分子,而功能高分子则是这个范畴中的重要部分。

功能高分子材料具有的特点之三是既可以单独使用,如导电高分子、高分子试剂或高分子分离膜,也可以与其他材料复合制作成结构件,实现结构/功能一体化,如将具有吸波功能的树脂材料作为飞机和导弹的结构件。

功能高分子材料至少应具有下列功能之一。

①物理功能。主要指导电、热电、压电、焦电、电磁波透过吸收、热电子放射、超导、形状记忆、超塑性、低温韧性、磁化、透磁、电磁屏蔽、磁记录、光致变色、偏光性、光传导、光磁效应、光弹性、耐放射线、X射线透过、X射线吸收等。

②化学功能。主要指离子交换、催化、氧化还原、光聚合、光交联、光分解、降解、固体电解质、微生物分解等。

③介于化学和物理之间的功能。主要指吸附、膜分离、高吸水、表面活性等。

④生物或生理功能。主要指组织适应性、血液适应性、生物体内分解非抽出性、非吸附性等。

正是功能高分子材料这些独特的功能引起了人们的广泛重视,成为当前材料科学界研究的热点之一,通过精心的分子设计及材料设计的方法,通过合成加上制备、加工等手段所取得的、具有期望性能的材料能满足某些特殊需要,因而在材料科学领域占有越来越重要的地位。

1.2.2 功能材料的分类

功能材料种类繁多,涉及面广,迄今还没有一个公认的分类方法。目前主要是根据材料的物质性或功能性、应用性进行分类。

1. 基于材料的物质性的分类

按材料的化学键、化学成分分类,功能材料有:①无机非金属功能材料;②金属功能材料;

③有机功能材料;④复合功能材料。有时按照化学成分、晶体结构、显微组织的不同还可以进一步细分小类和品种。例如,无机非金属材料可以分为玻璃、陶瓷和其他品种。

2. 基于材料的功能性分类

按材料的物理性质、功能来分类。例如,按材料的主要使用性能大致可分为九大类:①电学功能材料;②磁学功能材料;③光学功能材料;④热学功能材料;⑤声学和振动相关功能材料;⑥力学功能材料;⑦化学功能材料及分离功能材料;⑧放射性相关功能材料;⑨生物技术和生物医学工程材料。

3. 基于材料的应用性分类

按功能材料应用的技术领域进行分类,主要可分为信息材料、电子材料、电工材料、电讯材料、计算机材料、传感材料、仪器仪表材料、能源材料、航空航天材料、生物医用材料等。根据应用领域的层次和效能还可以进一步细分。例如,信息材料可分为:信息检测和传感(获取)材料、信息传输材料、信息存储材料、信息运算和处理材料等。

1.3 功能材料的现状与展望

功能材料对科学技术尤其是高技术的发展及新产业的形成具有决定性的作用。美国《高技术》杂志在评价高技术在 21 世纪的作用时指出:超导将产生巨大的经济效益,光电子技术变革信息社会,人体科学向未来提出挑战。而新型材料的出现和发展往往使科学技术的进步,乃至整个社会和经济的发展产生重大的影响,将人类支配自然的能力提高到一个新的水平。

当前,功能材料发展迅速,其研究和开发的热点集中在光电子信息材料、超导材料、功能高分子材料、功能复合材料、功能陶瓷材料、能源材料、生物医用材料、智能材料等领域。

现已开发的以物理功能材料最多,主要有:

(1)单功能材料

单功能材料,如导电材料、介电材料、铁电材料、磁性材料、磁信息材料、发热材料、储热材料、隔热材料、热控材料、隔声材料、发声材料、光学材料、发光材料、激光材料、红外材料、光信息材料等。

(2)多功能材料

多功能材料,如降噪材料、三防(防热、防激光和防核)材料、耐热密封材料、电磁材料等。

(3)功能转换材料

功能转换材料,如压电材料、光电材料、热电材料、磁光材料、声光材料、电光材料、电(磁)流变材料、磁致伸缩材料等。

(4)复合和综合功能材料

复合和综合功能材料,如形状记忆材料、传感材料、智能材料、显示材料、分离功能材料等。

(5)新形态和新概念功能材料

新形态和新概念功能材料,如液晶材料、非晶态材料、梯度材料、纳米材料、非平衡材料。

目前,化学和生物功能材料的种类虽较少,但发展速度很快,功能也更多样化。其中的储氢材料、锂离子电池材料、太阳电池材料、燃料电池材料和生物医学工程材料已在一些领域得到了应用。同时,功能材料的应用范围也迅速扩大,虽然在产量和产值上还不如结构材料,但其应用范围实际上已超过了结构材料,对各行业的发展产生了很大的影响。

高新技术的迅猛发展对功能材料的需求日益迫切,也对功能材料的发展产生了极大的推动作用。目前从国内外功能材料的研究动态看,功能材料的发展趋势可归纳为如下几个方面:

①功能材料的功能由单功能向多功能和复合或综合功能发展,从低级功能(如单一的物理功能)向高级功能(如人工智能、生物功能和生命功能等)发展。

②功能材料和结构材料兼容,即功能材料结构化,结构材料功能化。

③功能材料和器件的一体化、高集成化、超微型化、高密积化和超分子化。

④开发高技术所需的新型功能材料,特别是尖端领域(如航空航天、分子电子学、高速信息、新能源、海洋技术和生命科学等)所需和在极端条件(如超高压、超高温、超低温、高烧蚀、高热冲击、强腐蚀、高真空、强激光、高辐射、粒子云、原子氧和核爆炸等)下工作的高性能功能材料。

⑤完善和发展功能材料检测和评价的方法。

⑥进一步研究和发展功能材料的新概念、新设计和新工艺。已提出的新概念有梯度化、低维化、智能化、非平衡态、分子组装、杂化、超分子化和生物分子化等;已提出的新设计有化学模式识别设计、分子设计、非平衡态设计、量子化学和统计力学计算法等,这些新设计方法都要采用计算机辅助设计(CAD),这就要求建立数据库和计算机专家系统;已提出的新工艺有激光加工、离子注入、等离子技术、分子束外延、电子和离子束沉积、固相外延、精细刻蚀、生物技术及在特定条件下(如高温、高压、低温、高真空、微重力、强电磁场、强辐射、急冷和超净等)的工艺技术。

⑦加强功能材料的应用研究,扩展功能材料的应用领域,特别是尖端领域和民用高技术领域,并将成熟的研究成果迅速推广,以形成生产力。

第2章　磁性材料

2.1　磁性的基本知识

2.1.1　原子的磁性

物质的磁性来源于原子的磁性,原子的磁性来源于电子的轨道运动及自旋运动,它们都可以产生磁矩。

1. 电子轨道磁矩

电子绕轨道运动,相当于一个环形电流。若电子的电荷为 $-e$,绕轨道运行之周期为 T,则相应的电流 $i=-\dfrac{e}{T}$,所形成的磁矩为 iS,此处 S 为环形电流所包围的面积。原子中各电子轨道的磁矩的方向是空间量子化的,磁矩的最小单位为 μ_B,称为玻尔磁子,它是一个常数,其数值为

$$\mu_B=9.27\times10^{-24}\,\mathrm{A/m^{-2}}$$

在 SI 制中,也可以用磁偶极矩表示一个玻尔磁子,其值为

$$\mu_0\times9.27\times10^{-24}\,\mathrm{A/m^{-2}}=1.165\times10^{-29}\,\mathrm{Wb/m^{-1}}$$

电子循轨运动之磁矩大小和轨道角动量的大小有关,因此它是角量子数 l 的函数。从量子力学计算可知,角量子数为 l 的轨道电子的磁矩为

$$\mu_l=\sqrt{l(l+1)}\mu_B$$

式中, $l=0,1,2,\cdots,n-1$。

若一原子中有很多电子,则由各个电子形成的轨道总磁矩是各个电子轨道磁矩的向量和。因此,在原子壳层完全充满电子的情况下,由于电子轨道在空间的对称分布,原子的总磁矩为零。

2. 电子的自旋磁矩

电子具有自旋,也是一种电荷的运动形式,因此也产生磁矩。实验证明,一个电子自旋磁矩在外磁场方向(z)的大小正好是一个玻尔磁子,但其方向可能和外磁场的方向平行或反平行,即

$$\mu_S z=\pm\mu_B$$

因此如果一个原子中有多个电子,则它们在 z 方向的自旋磁矩可能是平行的,也可能是反平行的。总的自旋磁矩是各个自旋磁矩的向量和。对于充满了电子的壳层,其总的自旋磁矩也为零。

3. 原子的磁矩

孤立的原子的磁矩是原子中所有电子的轨道磁矩向量和。在已知原子中电子排布的条件下,是可以进行计算的。但是物质是由原子组成,因此物质的磁性来源于各个原子的磁矩。但应当说明,在固体中,由于各个原子间电子之相互作用,情况变得复杂。因此除了特殊情况以外,一般说来,物质中各个原子的磁矩大小不能简单地按计算孤立原子磁矩的方法去作定量计算。

2.1.2 物质的磁性

宏观物质的性质是由组成该物质原子的性质和组织结构决定的,宏观物质有许多分类的方法,根据磁化率大小和符号,可以将宏观物质分成五类。

1. 抗磁性

在原子系统中,在外磁场作用下,感生出与磁场方向相反的磁矩现象称为抗磁性。抗磁性起源于原子中运动着的电子相当于闭合的回路,在受到外磁场作用时,回路的磁通发生变化,回路中将产生感应电流,感应电流产生的磁通反抗原来磁通的变化。闭合感应电流产生的磁矩作用使外磁场磁化作用减弱,呈抗磁性现象。所以,抗磁性现象存在于一切物质中,是所有物质在外磁场作用下所具有的属性。抗磁性物质的特征是原子为满壳层,无原子固有磁矩,磁化率 $\chi_d = -M\chi_p = \frac{C}{H} < 0$,其大小在 10^{-5} 数量级,如图 2-1 所示,正常情况 χ_d 与温度、磁场无关。但当物质熔化凝固、范性形变、晶粗细化和同素异构转变时,将使抗磁性磁化率发生变化。

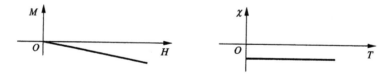

图 2-1 抗磁性物质的磁化率及其与温度的关系

2. 顺磁性

原子系统在外磁场作用下,物质感生出与磁化场相同方向的磁化强度现象称为顺磁性,顺磁性物质特征是原子具有固有磁矩,在无外磁场时,受热扰动影响原子磁矩杂乱分布,总磁矩为零,即 $\sum \mu_{ji} = 0$。

当施加外磁场时,这些磁矩趋于向外磁场方向,引起顺磁性,其磁化率 $\chi_p = \frac{M}{H} > 0$,但在常温下,受热运动的影响,χ_p 大小在 $10^{-3} \sim 10^{-6}$ 数量级,仅显示微弱的磁性。多数顺磁性物质服从居里定律 $\chi_p = \frac{C}{T}$,另一些顺磁性物质服从居里—外斯定律 $\chi_p = \frac{C}{T - T_p}$,如图 2-2 所示,$C$ 是居里常数,T_p 是顺磁性居里点。室温下使顺磁性物质磁化到饱和,在技术上是难以达到的。若将温度降低到接近绝对零度,则容易多了。具有顺磁性的物质很多,典型的有稀土金属和Ⅷ

B 族元素(铁族元素)的盐类。

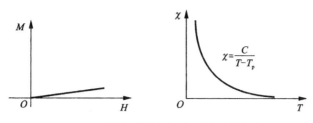

图 2-2　顺磁性物质的磁化率及其温度的关系

3. 反磁性

反铁磁性物质原子具有固有磁矩,自发磁化呈反平行排列,磁矩为零,只有在很强的外磁场作用下才能显现出来。在温度 T 高于某一温度 T_N 时,其磁化率 χ 服从居里—外斯定律 $\chi = \dfrac{C}{T-T_p}$。当 $T < T_N$ 时,随温度 T 的降低 χ 降低,并趋于定值;所以在 $T = T_N$ 处,χ 值极大,这一现象称为反铁磁性现象。T_N 是反铁磁性与顺磁性转变的临界温度,称奈耳温度。$T < T_N$ 时,物质呈反铁磁性;$T > T_N$ 时,物质呈顺磁性,如图 2-3 所示。

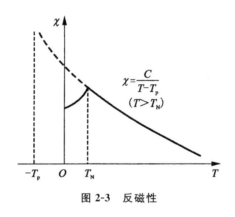

图 2-3　反磁性

4. 铁磁性

铁磁性物质的原子具有固有磁矩,原子磁矩自发磁化按区域呈平行排列,在很小的外磁场作用下,物质就能被磁化到饱和,磁化率 $\chi \gg 0$,在 $10 \sim 10^6$ 数量级。磁化率与磁场呈非线性、复杂的函数关系,如图 2-4 所示。具有磁滞现象、磁晶各向异性、磁致伸缩等性质。T_c 是铁磁性与顺磁性临界温度,称为居里温度。在温度 $T < T_c$ 时,物质呈现铁磁性;$T > T_c$ 时,物质呈现顺磁性,并服从居里—外斯定律。在孔附近铁磁性物质的许多性质出现反常现象。

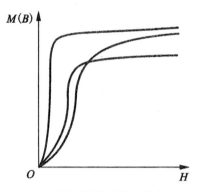

图 2-4　铁磁性物质的磁化曲线

5. 亚铁磁性

亚铁磁性物质宏观磁性上与铁磁性物质相同,只是在磁化率的数量级上低,在 $10\sim10^3$ 数量级。区别在于微观自发磁化是反平行排列,但两个相反平行排列的磁矩大小不相等,矢量和不为零。

总之,各类物质的磁性状态是由于不同原子具有不同的电子壳层结构,原子的固有磁矩不同。但是,必须指出原子磁性虽然是物质磁性的基础,却不能完全决定凝聚态物质的磁性,因为原子间的相互作用对物质的磁性常常起重要影响,图 2-5 示出各类物质的磁结构状态。铁磁性、反铁磁性和亚铁磁性为磁有序状态,顺磁性是磁无序状态。

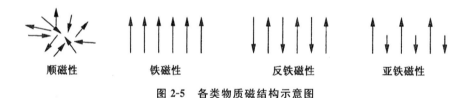

图 2-5　各类物质磁结构示意图

2.1.3　磁性参数

1. 磁化强度 M

指单位体积磁体中原子磁矩矢量和。

$$M = \frac{\sum \mu_{\mathrm{m}}}{V}$$

式中,μ_{m} 为原子磁矩;M 的单位为 A/m。在真空中,$M=0$。

宏观磁体的磁性是磁体内许多原子固有磁矩的显现,所有的原子固有磁矩均按一个方向取向时的磁化强度称为饱和磁化强度 M_{s}。比磁化强度(σ)是指单位质量磁体中原子磁矩矢量和。

$$\sigma = \frac{\sum \mu_{\mathrm{m}}}{V \cdot \rho} = \frac{M}{\rho}$$

式中，ρ 为磁体的密度；V 为磁体的体积；σ 的单位为 $A \cdot m^2/kg$。

2. 磁感应强度 B

磁感应强度也称磁通密度，指磁体内单位面积中通过的磁力线数。

$$B=\mu_0(H+M)=\mu_0 H+\mu_0 M=\mu_0 H+B_1=\mu_0 H+J_1$$

式中，$J_1=\mu_0 M$；M 为磁极化强度（也称内禀磁感应强度）；H 为磁场强度；μ_0 为真空磁导率；B 的单位为 T 或 Wb/m^2。

3. 磁化率 χ 和磁导率 μ

在 $M-H$ 磁化曲线上 M 与 H 的比值称为磁化率 χ，在 $B-H$ 磁化曲线上 B 与 H 的比值称为磁导率。

$$\chi=\frac{M}{H};\mu=\frac{B}{H}$$

式中，$\chi_i=\lim\limits_{H\to 0}\dfrac{M}{H}$ 为起始磁化率；$\chi_m=\left(\dfrac{M}{H}\right)_{max}$ 为最大磁化率；$\mu_i=\lim\limits_{H\to 0}\dfrac{B}{H}$ 为起始（或初始）磁导率；$\mu_m=\left(\dfrac{B}{H}\right)_{max}$ 为最大磁导率。

4. 剩余磁化强度 M_r 与剩余磁感应强度 B_r

磁体磁化到饱和状态后，去掉外磁场，磁体中所保留下的磁化强度值称为剩余磁化强度 M_r。或所保留下的磁感应强度值称为剩余磁感应强度 B_r，$B_r=\mu_0 M_r$。

5. 矫顽力 H_C 与内禀矫顽力 $_M H_C$

使磁体剩余磁感应强度减小到零时所加反向磁场的磁场强度称为磁感矫顽力 $_B H_C$ 或矫顽力 H_C。使磁体剩余磁化强度减小到零时所加反向磁场的磁场强度称为内禀矫顽力 $_M H_C$，通常大于或等于 H_C，矫顽力 H_C 的单位是 A/m。

2.2　软磁材料

1. 电工用纯铁

铁是最早应用的一种经典的软磁材料，具有高的饱和磁感应强度、高的磁导率和低的矫顽力。直到今天，纯铁还在一些特殊场合用到。电工用纯铁的含碳量很低，其纯度（含铁量）在 99.95% 以上。

（1）电工用纯铁的性能

①磁性能。电工用纯铁在退火状态，起始磁导率 μ_i 为 $300\sim 500\mu_0$，最大磁导率 μ_m 为 $6000\sim 12000\mu_0$，矫顽力以为 $40\sim 95A/m$。通过仔细控制加工和热处理，可以使磁性能得到极大的改善。

②力学性能。电工用纯铁的强度和硬度很低,其抗拉强度 σ_b 仅为 $27kg/mm^2$,HB 为 131,但具有良好的塑性,其延伸率 δ 为 25%,断面收缩率 ψ 为 60%。电性能电工用纯铁的。

③电阻率 ρ 很低,约为 $10\times10^{-8}\Omega/m^{-1}$,因而铁损很大。

(2)影响电工用纯铁性能的因素及改善性能的方法

①晶粒大小的影响。电工用纯铁的组织对其性能有较大的影响。晶粒尺寸大,有利于提高磁导率 μ,降低矫顽力 H_c。因此,电工用纯铁在退火时,温度不宜超过 910℃,以免因重结晶而导致晶粒细化。

②杂质的影响。电工用纯铁中常见杂质有:C、N、O、H、S、P、Mn、Si、Al、Cu 等,它们对磁性能有较大影响,其中 C 的影响最为突出,表现为使 M_s 降低,μ_m 急剧下降,磁滞损耗增加,磁化困难。通过严格控制冶炼与轧制过程,有效地去除气体含量和有害杂质,可以改善电工用纯铁的性能。

③塑性变形(冷加工)的影响。冷加工使纯铁的矫顽力 H_c 增大,磁导率 μ 降低,使磁性能恶化。因此,电工用纯铁冷加工后必须进行退火处理。退火温度的设定应充分考虑避免发生重结晶,不能高于 910℃。

(3)电工用纯铁的主要用途

电工用纯铁的电阻率很低,若在交变磁场下工作,涡流损耗大,故通常只能在直流磁场下工作。如果在纯铁中加入少量 Si 形成固溶体,则可提高其电阻率,从而减少涡流损耗。其主要的应用有电磁铁的铁芯和磁极、继电器的磁路和各种零件(如铁芯)、磁电式仪表中的元件,以及磁屏蔽罩等。

2. 电工用硅钢片

电工用硅钢片按材料生产方法,结晶织构和磁性能可分为以下四类:①热轧非织构(无取向)的硅钢片;②冷轧非织构(无取向)的硅钢片;③冷轧高斯织构(单取向)的硅钢片;④冷轧立方织构(双取向)的硅钢片。

电工用硅钢片主要用于各种形式的电机、发电机和变压器中,在扼流圈、电磁机构、继电器、测量仪表中也大量使用。不同的工作环境,对硅钢片的性能提出了不同的要求,一般将实用的硅钢片按强磁场、中等磁场(5~1000A/m)、弱磁场(0.2~0.8A/m)下工作来分类。硅钢片的机械性能与硅含量、晶粒大小、结晶结构、有害杂质(碳,氧,氢)含量分布状况以及钢板厚度有关;在很大程度上取决于有害杂质含量、冶炼方法、轧制的压下制度、退火温度和介质以及钢板表面状况等。硅钢片的磁性能同样与硅含量、冶炼过程、热处理工艺、晶粒大小有关。一般认为,硅含量在 $6\%\sim6.5\%$ 的钢具有高的磁导率(μ_i,μ_m),硅也使铁的磁各向异性和磁致伸缩降低。考虑到硅钢的机械性能及加工工艺性能,其中硅的含量不宜超过 4%。另外,碳、氢、硫、锰等元素均对合金的磁性能有不利影响;增大晶粒可以改善硅钢的磁性能,但使磁滞损耗增加。

为了进一步提高电工钢的磁性能,高斯研制了具有取向结晶结构的硅钢片——高斯织构硅钢片(冷轧取向硅钢片)。这种结构中,α 铁晶格的易磁化方向[100]轴与轧制方向吻合,难磁化方向[111]轴与轧制方向成 55°角,中等磁化轴[110]与轧制方向成 90°角,如图 2-6 所示。这种织构以符号(110)[100]表示,(110)面与轧制面吻合,而[100]方向与轧制方向吻合。由于结构上特点,冷轧取向硅钢片具有磁各向异性,在强磁场内,单位铁损的各向异性最大,在弱磁场中,磁感应强度和磁导率的各向异性最大。因此,用这种硅钢片制铁芯时常采用转绕方式。

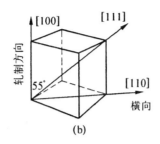

图 2-6　Fe-Si 3.8％合金单晶体磁化方向示意图

立方织构硅钢片是指晶粒按立方体取向,即立方体的(100)面与轧制面相吻合,立方体的棱[100]轴沿轧制方向取向。立方体的棱即易磁化方向是沿着和横着轧制方向取向的,中等难磁化轴[110]则与轧制方向成45°角,而最难磁化轴[111]则偏离磁化平面。立方织构硅钢在性能上优于上述高斯织构硅钢,如果两种织构合金的含硅量相同,立方织构极薄带钢的磁导率比高斯织构带钢高;沿轧制和垂直于轧制方向切取的立方织构试样,无论在弱磁场或强磁场内,都具有同样高的磁导率。表 2-1 为两种织构硅钢片性能比较。虽然立方织构硅钢片显示了诸多优势,但限于其制造工艺不过关,故只用于制造个别试验用变压器。电动机和发电机,难以批量生产。

表 2-1　高斯织构和立体织构硅钢片性能比较

	高斯织构		立体织构	
	轧制方向	垂直轧制方向	轧制方向	垂直轧制方向
$\mu_m(\mu_0)$	55000	8000	116000	65000
$H_c/(\times 79.6A/m)$	0.08	0.27	0.07	0.08
$B_r/(\times 10^{-4}T)$	9500	1750	12200	11500
$B_m/(\times 10^{-4}T)$	16300	11000	16600	16000
$W_{1.5}/(W/kg)$	0.88	2.24	0.85	1.0

3. 铁镍合金

铁镍合金主要是含镍30％～90％的 Fe-Ni 合金,因其英文名为 Permalloy,又称为坡莫合金,意思是导磁合金。在铁镍合金中,除 Ni、Fe 外,通常还含有少量 Cr、Mo、Cu 等元素。铁镍合金与硅钢片相比,其最大特点是在弱磁场中具有良好的磁性能,因而广泛应用于电信、计算机、控制系统等领域。

根据特性和用途不同,铁镍软磁合金大致可分为以下五类:

①1J50 类。1J50 类合金含镍量为 36％～50％,具有较低的磁导率和较高的饱和磁感应强度及矫顽力。在热处理中,若能适当提高温度和延长时间,可降低矫顽力,提高磁导率。主

要用于中等强度磁场,适用于微电机、继电器、扼流圈、中、小功率电力变压器、电磁离合器的铁芯、屏蔽罩、话筒振动片以及力矩马达衔铁和导磁体等。主要牌号有1J46、1J50和1J54等。

②1J51类。1J51类合金含镍量为$34\%\sim50\%$,结构上具有晶体织构与磁畴织构沿易磁化方向磁化,可获得矩形磁滞回线。在中等磁场下,有较高的磁导率及饱和磁感应强度。经过纵向磁场热处理(沿材料实际实用的磁路方向加一外磁场的磁场热处理),可使材料沿磁路方向的最大磁导率μ_m及矩形比B_r/B_s增加,矫顽力降低。这类合金主要用于中小功率的脉冲变压器、计算机元件、中小功率高灵敏度的磁放大器和磁调制器等。主要牌号有1J51、1J52和1J34等。

③1J65类。1J65类合金具有高的最大磁导率(μ_m达$40000\mu_0$)和较低的矫顽力H_c,含镍量在65%左右,其磁滞回线几乎呈矩形,B_r/B_s达到0.98。这类合金与1J51类合金一样,经过纵向磁场热处理后可以改善磁性能。主要应用于中等功率的磁放大器及扼流圈、继电器等。主要牌号有1J65和1J67等。

④1J79类。1J79类合金含Ni 79%、Mo 4%及少量Mn。该类合金在弱磁场下,具有极高的最大磁导率,低的饱和磁感应强度。主要用于弱磁场下工作的高灵敏度和小型的功率变压器、小功率磁放大器、继电器、录音磁头和磁屏蔽等。主要牌号有1J76、1J79、1J80和1J83等。

⑤1J85类。1J85类合金在软磁合金中具有最高的起始磁导率、很高的最大磁导率和极低的矫顽力。由于其性能特点,这类合金对微弱信号反应极灵敏,适于作扼流圈、音频变压器、高精度电桥变压器、互感器、录音机磁头铁芯等。主要牌号有1J85、1J86和1J87等。

铁镍合金不仅可以通过轧制和退火获得,而且还可以在居里点之下进行磁场冷却,强迫Ni和Fe原子定向排列,从而得到矩形磁滞回线的Fe-Ni合金,扩大使用范围。就化学成分而言,一般含Ni量为$40\%\sim90\%$,此时,合金呈单相固溶体。超结构相Ni_3Fe的有序/无序转变温度为506℃,居里温度为611℃。原子有序化对合金的电阻率、磁晶各向异性常数、磁致伸缩系数、磁导率和矫顽力都有影响。若要得到较高的磁导率,含Ni量必须在$76\%\sim80\%$,此时,Ni_3Fe相在冷却过程中已经发生了有序变化,磁晶各向异性常数和磁致伸缩系数也发生了变化,为使它们趋近于零,铁镍合金热处理时必须急速冷却,否则就会影响磁性能。为了改善铁镍合金的磁性能,往往向其中加入Mo、Cr、Cu等元素,使合金有序化速度减慢,降低合金的有序化温度,简化热处理工艺。

4. 铁钴合金及应用

铁钴合金主要指含钴量为50%的铁钴合金,又称为坡明德(Premendur)合金。铁中加钴可提高饱和磁感应强度,当钴含量在36%左右时,可得到在所有磁性材料中最高的B_s值。常用的铁钴合金是含钴50%,钒$1.4\%\sim1.8\%$,其余为铁的合金,其牌号为1J22,主要优点有:

①饱和磁感应强度最高,超过目前任何已知的软磁材料,因而适合作重量轻、体积小的空间技术器件(如微电机、电磁铁、继电器等)。

②很高的居里温度,在其他软磁材料已完全热退磁的温度下,仍能保持良好的磁稳定性,适于高温环境工作。

③很高的饱和磁致伸缩系数,利用它制作磁致伸缩换能器时,输出能量高。

此外,铁钴合金在经磁场热处理后,可成为各向异性材料,其剩磁比和矫顽力得到进一步改善。但这种合金的不足之处是:电阻率低,高频下铁损高,加工性差,容易氧化,且价格昂贵。

5. 软磁铁氧化物

铁氧体是一种特殊的非金属磁性材料,属于亚铁磁性范围。铁氧体是将铁的氧化物(如 Fe_2O_3)与其他某些金属氧化物用特殊工艺制成的复合氧化物。最典型的是以三价铁为基本组成的复合氧化物系列,如 MFe_2O_4、$M_3Fe_2O_5$、$MFeO_3$、$MFe_{12}O_{19}$ 等。分子式中 M 为某些金属离子。

常用的软磁铁氧体主要有尖晶石型的 Mn-Zn 铁氧体、Ni-Zn 铁氧体、Mg-Zn 铁氧体、LiZn 铁氧体和磁铅石型的甚高频铁氧体(例如 $BaCO_2 \cdot Fe_{24}O_{41}$)等,有几十个品种。

软磁铁氧体是现在应用最广、数量最大、经济价值最高的一种。通过改变材料中各种金属元素的比例,加入微量元素和改进制造工艺等办法,可以获得各种性能不同、适用场合不同的软磁铁氧体。

与金属磁性材料(如纯铁、硅钢片、铁镍、铁铝合金等)相比,软磁铁氧体的磁导率与磁化率之比很大,电阻率高(可达 $10^2 \sim 10^{12}\ \Omega/m^{-1}$),这是因为铁氧体中含有未被抵消的自旋磁矩金属离子的相互作用的结果,涡流损耗小,介质损耗小,故广泛地用于高频和微波领域。

铁氧体的起始磁导率和磁感应强度较低,其饱和磁感应强度通常只有纯铁的 $1/5 \sim 1/3$。因此,铁氧体中单位体积储存的磁能较低。

6. 非晶态软磁性材料

非晶态软磁合金是一类应用早、用量大的软磁材料。由于非晶态合金中原子排布呈无序状态,亦即原子的空间排列不具备长程有序,因此晶体材料中的磁晶各向异性消失,因此非晶合金的矫顽力都比较低,并主要受磁致伸缩效应的影响;同时非晶合金的电阻率低、易被制成带材或细丝状,铁损很低,特别适合于应用在高频(20~300kHz)交流电场中。

非晶软磁合金按基本化学组成可分为铁基、铁镍极和钴基合金。铁基非晶合金一般含有80%的铁和20%的非金属(硅、硼为主)。合金中添加的非金属原子可以降低合金的非晶临界冷却速度并且使非晶稳定,因为受到非金属原子的稀释作用,其饱和磁感应强度 B_s 一般较高,在 1.6T 左右,一般用作中、小功率的变压器铁芯,可替代 Fe-Si 及 Fe-Ni 合金,具有良好的应用前景。铁镍基非晶合金的饱和磁感 B_s 约为 0.75T 左右,起始磁导率 μ_i 和最大磁导率 μ_m 很高,主要用途是替代 Fe-78Ni 坡莫合金作环行铁芯。钴基非晶合金的饱和磁致伸缩系数接近于 0,因而具有极高的 μ_i 和 μ_m 很低的矫顽力及高频损耗,其磁性能对机械应力很不敏感,主要用作传感器材料。

2.3 硬磁材料

2.3.1 硬磁材料的基本性能

硬磁材料应用非常广泛,在所有应用硬磁材料的装置中,都是利用硬磁材料在特定的空间产生的磁场。因此,常用矫顽力 H_c、剩磁 B_r 和最大磁能积 $(BH)_{max}$ 等磁参数来表征硬磁材料的优劣。此外,硬磁材料在使用过程中对温度、振动或冲击等外界环境因素的稳定性也是衡量其品质的重要因素之一。

1. 矫顽力 H_c

硬磁材料的矫顽力 H_c 表示将剩磁减 B_r 到零时所需要的反向磁场的大小。硬磁材料在应用时,总要在磁路中开一定大小的空气间隙,以便在其中产生磁场以利用。由于这种空隙的存在,则必然在间隙两侧硬磁体的表面上产生磁极。这种磁极在磁体内部产生一退磁场,其方向与原来磁化的外磁场相反,而且空气隙越大,退磁场越强。因而,硬磁体实际上并不是处在磁场 $H=0$ 的状态(即 B_r 点),而是处于一退磁场作用下的状态。由于退磁场与原来的磁化反向,所以硬磁体实际上是工作在 B_r 和 H_c 之间退磁曲线的某一点上。因此,希望硬磁体在退磁场作用下仍能保持高的 B_r,这就要求 H_c 要大。H_c 越大,就表示抵抗退磁场作用的能力越强。

2. 剩余磁感应强度 B_r

剩余磁感应强度 B_r 表示硬磁材料经外磁场磁化达饱和后,除去磁场,在闭合磁路中所剩留的磁感应强度。正是由于 B_r 的存在,硬磁材料才能在没有外磁场时对外保持一定的磁场,B_r 越大,则产生的磁场也越强。因此,对硬磁材料来说,要求 B_r 越大越好,一般要求 $B_r > 0.1\text{T}$。

3. 最大磁能积 $(BH)_{max}$

最大磁能积 $(BH)_{max}$ 越大,硬磁材料斗单位体积中储存的磁能也越大,材料的性能也越好,也就能够保证在给定的空间产生足够大的磁场强度。

从图 2-7 可以看出,决定 $(BH)_{max}$ 大小的因素有两个方面:一是 H_c 和 B_r,即 H_c 和 B_r 越大,则 $(BH)_{max}$ 越大;二是退磁曲线的形状,即退磁曲线越凸起,则 $(BH)_{max}$ 越大。退磁曲线的这种特性可用凸起系数 η 表示 $\eta = (BH)_m / B_r H_c$。一般硬磁材料的 η 为 $0.25 \sim 0.85$。

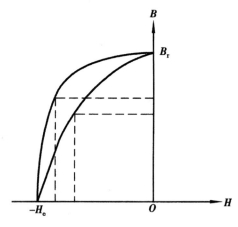

图 2-7 硬磁性材料的退磁曲线

4. 磁稳定性

硬磁材料的磁稳定性是指其有关磁性能在使用过程中随时间的延长和外界条件(如温度、

振动、应力、辐射、冲击以及与强磁性物质接触等)的作用时保持不变或变化很小的能力。通常用磁感应强度衰减率表示,即

$$\psi = \frac{B'_m - B_m}{B_m} \times 100\%$$

式中,ψ 即磁感应强度衰减率,简称衰减率;B_m 与 B'_m 分别为硬磁体受外界因素作用前后的磁感应强度。一般 ψ 是负值,即这种不可逆的变化常常反映为磁性能的下降,其绝对值越小,说明材料的磁稳定性越好。

2.3.2 硬磁材料的种类及其应用

1. 铝镍钴永磁合金

铝镍钴系永磁合金具有高的磁能积及高的剩余磁感应强度,适中的矫顽力$(BH)_{max} = 40 \sim 70 kg/m^3$,$B_r = 0.7 \sim 1.35T$,$H_c = 40 \sim 60 kA/m$。这类合金属沉淀硬化型磁体,高温下呈单相状态($\delta$ 相),冷却时从仪相中析出磁性相使矫顽力增加。AlNiCo 系合金硬而脆,难于加工,成型方法主要有铸造法和粉末烧结法两种。

铝镍钴系永磁合金以 Fe,Ni,Al 为主要成分,通过加入 Cu,Co,Ti 等元素进一步提高合金性能。从成分角度可以将该系合金划分为铝镍型,铝镍钴型,铝镍钴钛型三种。其中铝镍钴型合金具有高的剩余磁感应强度;铝镍钴钛型则以高矫顽力为主要特征。见表 2-2,这类合金的性能除与成分有关外,还与其内部结构有密切关系。铸造铝镍钴系合金从织构角度可划分为各向同性合金,磁场取向合金和定向结晶合金三种。

表 2-2   铝镍钴系列永磁性合金的化学成分及此性能

号	工艺方法	成分					磁性能			备注
		Al	Ni	Co	Cu	Ti	$B_r/$ $(\times 10^{-4}T)$	$H_c/$ $(\times 10^{-4}T)$	$(BH)_{max}/$ $7.96kJ/m^3$	
1	铸造	Alnico2	$9 \sim 10$	$19 \sim 20$	$15 \sim 16$		6800	600	1.6	各向同性
2		Alnico3	9	20	15		7500	600	1.6	各向同性
3		Alnico4	8	14	24	0.3	12000	500	4.0	各向异性
4		Alnico5	8	14	24	0.3	12500	600	5.0	各向异性
5		Alnico6	8	14	24	0.3	13000	700	6.5	柱状晶
6		Alnico8	7	15	34	5	8000	1250	4.0	各向同性
7		Alnico8 I	7	15	34	5	9500	1300	7.0	柱状晶
8		Alnico8 II	7	15	34	5	10500	1400	9.0	柱状晶
9		Alnico9	7.5	14	38	8	7400	1800	4.0	各向异性

续表

号	工艺方法	成分					磁性能			备注
		Al	Ni	Co	Cu	Ti	$B_r/$ $(\times 10^{-4}T)$	$H_c/$ $(\times 10^{-4}T)$	$(BH)_{max}/$ $7.96kJ/m^3$	
10	烧结	Alni95	11~13	22~24			5600	350	0.9	各向同性
11		Alni120	12~14	26~28			5000	450	1.0	各向同性
12		Alnico100	11~13	19~21	5~7		6200	430	1.25	各向同性
13		Alnico200	8~10	19~21	14~16		6500	550	1.35	各向同性
14		Alnico400	8.5~9.5	13~24	24~26		10000	550	3.5	各向异性
15		Alnico500	8.5~9.5	13~14	24~16		10600	600	3.7	各向异性

AlNiCO$_5$ 型合金价格适中,性能良好,故成为这一系列中使用最广泛的合金。由于采用高温铸型定向浇注和区域熔炼法,使其磁性能获得很大提高。

由于 20 世纪六七十年代永磁铁氧体和稀土永磁合金的迅速发展,铝镍钴合金开始被取代,其产量自 70 年代以来明显下降。但在对永磁体稳定性具有高要求的许多应用中,铝镍钴系永磁合金往往是最佳的选择。铝镍钴合金被广泛用于电机器件上,如发电机,电动机,继电器和磁电机;电子行业中的扬声器,行波管,电话耳机和受话器等。

2. 稀土永磁合金

稀土永磁材料是 20 世纪 60～70 年代迅速发展起来的最大磁能积最高的一类硬磁材料,主要是稀土元素与 Fe、Co、Cu、Zn 等过渡金属或 B、C、N 等非金属元素组成的金属间化合物。由于这类硬磁材料综合了一些稀土元素的高磁晶各向异性和铁族元素高居里温度的优点,因而获得了当前最大磁能积最高的硬磁性能,具体分类见图 2-8。从 60 年代起,稀土永磁材料已经研究和生产了三代材料,即第一代的 SmCo$_5$ 系材料,第二代的 Sm$_2$Co$_{17}$ 系材料和第三代的 Nd-Fe-B 系材料。当前正在研究第四代的 R-Fe-N 系和 R-Fe-C 系材料。

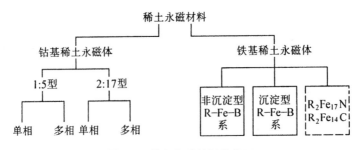

图 2-8 稀土永磁材料分类图

(1)稀土钴系永磁合金

稀土钴永磁合金是目前磁能积和矫顽力最高的硬磁材料,主要有 1：5 型 Sm-Co 永磁合金、2：17 型 Sm-Co 永磁合金和粘接型 Sm-Co 永磁合金。普遍应用于电子钟表、微型继电器、微型直流马达和发电机、助听器、行波管、质子直线加速器和微波铁氧器件等。

①RCo_5 型合金。这是研究得最早的一类稀土永磁材料,其中的 R 可以是 Sm、Pr、Lu、ce、Y 及混合稀土(Mm),包括 $SmCo_5$、$PrCo_5$ 和 $(SmPr)Co_5$。$SmCo_5$ 金属间化合物具有 CaCu 气型六方结构,矫顽力来源于畴的成核和晶界处畴壁钉扎。其饱和磁化强度适中($M_s = 0.97TT$),磁晶各向异性极高($K_1 = 17.2MJ/m^3$)。采用高场取向和等静压技术,可使 $SmCo_5$ 磁性能达到 B_r 为 $1.0 \sim 1.07T$,$_BH_c$ 为 $0.78 \sim 0.85 \times 10^6 A/m$($B=0$,即矫顽力),$_MH_c$ 为 $1.27 \sim 1.59 \times 10^6 A/m$($M=0$,称内禀矫顽力或本质矫顽力),$(BH)_{max}$ 为 $1.99 \sim 2.33 \times 10^3 kJ/m^3$。由于 Sm、Pr 价格昂贵,为了降低成本,发展了一系列以廉价的混合稀土元素全部或部分取代 Sm、Pr;用 Fe、Cr、Mn、Cu 等元素部分取代 Co 的 RCo_5 型合金,如:$MmCo_5$ $(CeSm)(Cu,Fe,Co)_5$、$Sm_{0.5}Mm_{0.5}Co_5$ 等。

②R_2TM_{17} 型合金。金属间化合物 Sm_2Co_{17} 也是六方晶体结构,饱和磁化强度较高($M_s = 1.20T$),磁晶各向异性较低($K_1 = 3.3MJ/m^3$)。以 Sm_2Co_{17} 为基的磁体是多相沉淀硬化型磁体,矫顽力来源于沉淀粒子在畴壁的钉扎。R_2Co_{17} 型合金矫顽力较低,但剩余磁感应强度 B_r 和饱和磁感应强度 B_s 均高于 RCo_5 型合金。在 R_2Co_{17} 的基础上又研制了 R_2TM_{17} 型永磁合金,其成分为 $Sm_2(Co,Cu,Fe,Zn)_{17}$,其磁性能优于 RCo_5 型合金,并部分取代了 RCo_5 型合金。

(2)稀土铁系永磁合金

以 Nd-Fe-B 为代表的稀土铁系永磁材料是磁性能最高、应用最广、发展速度最快的新一代硬磁材料,它的优异的磁性能主要来自于成分为 $Nd_2Fe_{14}B$ 的硬磁化相。稀土铁系永磁材料大多是 $R_2Fe_{14}B$ 型,其中 R 可以是 Nd、Pr、Dy 和 Tb 等。自 20 世纪 80 年代钕铁硼永磁材料问世以来,由于其优异的磁性能和相对较低的原材料成本,很快得到了迅速发展。可应用于汽车电动机二微特电机、办公自动化和工厂自动化装置、磁盘驱动器、MP3 播放器及家用电器等。

①Nd-Fe-B 系合金。Nd-Fe-B 永磁材料最大磁能积的理论计算值高达 $512kJ/m^3$,是磁能积最高的永磁体。传统的 Nd-Fe-B 永磁材料包括烧结永磁材料和粘接永磁材料。前者磁性能高,但工艺复杂,成本较高,典型化学成分比为 $Nd_{15}Fe_{77}B_8$;后者尺寸精度高,形态自由度大,且可与块状永磁材料做成复合永磁体,缺点是磁性能低。烧结永磁体主要有以下几相组成:

硬磁强化相 $Nd_2Fe_{14}B$,四方结构,如图 2-9 所示。具有很强的单轴磁各向异性,饱和磁化强度可达很高的数值。其在合金中的体积比影响 B_r 值。

富硼相 $Nd_{1.1}Fe_4B_8$ 四方结构,主要存在于主磁相晶界处。

富钕相,面心立方结构,主要分布于主磁相周围。

钕的氧化物相(Nd_2O_3)及合金凝固时由于包晶反应不完全而保留下来的软磁相 α-Fe 等。

由于 Nd 较 Sm 便宜,所以 Nd-Fe-B 系永磁材料较第一、第二代稀土永磁材料价格便宜,而且不像稀土钴合金那样容易破碎,加工性能好;合金密度较稀土钴低 13%,更有利于实现磁性器件的轻量化、薄型化。Nd-Fe-B 磁体磁性能是由主磁相的性能及磁体的组织结构决定的。其矫顽力除取决于主磁相的各向异性场外,还与晶粒尺寸、取向及其分布、晶粒界面缺陷及耦合状况有很大关系。Nd-Fe-B 磁体的矫顽力($1.2 \sim 1.3T$),远低于 $Nd_2Fe_{14}B$ 硬磁相各向异性场的理论值(仅为各向异性场的 20%~30%);磁体的剩磁 B_r 值则与饱和磁化强度、主磁相体积分数、磁体密度和定向度成正比;弱磁相及非磁相隔离或减弱主磁相磁性耦合作用,可提高矫顽力,但降低饱和磁化强度和剩磁值。为了进一步改善 Nd-Fe-B 合金的性能,国内外学者做了许多工作,主要从调整合金的成分和制备工艺两方面考虑。如在烧结 Nd-Fe-B 永磁材料中添加合金元素,形成(Nd,R)-(Fe,M1,M2)-B 系列永磁合金。添加的元素可分为两类:取代元素和掺杂元素。取代元素如 Dy、Tb(取代 Nd),Co、Ni、Cr(取代 Fe),主要作用是提高主磁化相的内禀特性,如居里温度、各向异性场、热稳定性等,但同时生成的软磁相又导致矫顽力和剩磁下降。根据掺杂元素对磁体微结构的影响可将其分为两类:M_1、M_2,其中 M_1(Cu、Al、Ga、Sn、Ge、Zn)在主磁性相中又有一定溶解度,形成非磁性相 $Nd-M_1$ 或 $Nd-Fe-M_1$;M_2(Nb、Mo、V、W、Cr、Zr、Ti)在主磁化相中溶解度极低,以非磁性硼化物相形式析出(如 TiB_2,ZrB_2)或形成非磁性硼化物的晶界相 M_2-Fe-B($NbFeB$,$WFeB$,V_2FeB_2,Mo_2FeB_2)。掺杂元素以不同方式提高磁体矫顽力,也可以改善耐蚀性,但同时亦有一定负面影响。

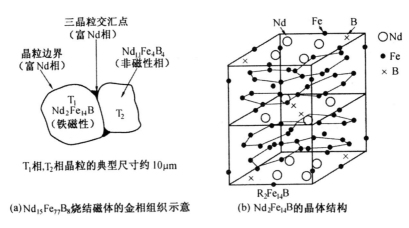

(a)$Nd_{15}Fe_{77}B_8$烧结磁体的金相组织示意　　(b)$Nd_2Fe_{14}B$的晶体结构

图 2-9　Nd-Fe-B 系永磁体的金相组织和 $Nd_2Fe_{14}B$ 的晶体结构

②Sm-Fe-N 系合金。以 Sm-Fe-N 为代表的第四代 R-Fe-N 系和 R-Fe-C 系稀土永磁合金是目前正在研究中的新型硬磁材料。Sm-Fe-N 系合金虽然磁性能略低于 Nd-Fe-B,但居里温度较高。由于 Sm-Fe-N 系列化合物 600℃以上发生不可逆分解,故只能用粘接法制备,因而限制了更广泛的应用。

Sm-Fe-N 系硬磁材料目前还没有商品化,但就其综合磁性能看,很有可能发展成新一代稀土永磁材料。由于 Sm 元素稀缺,价格昂贵,有人试图通过添加价格低、储量丰富的稀土元素,如 Nd、Ce、Y 等来部分取代 Sm。研究表明,稀土元素可能会不同程度地降低其磁性能,但稀土—铁与第三元素 M(如 Ti、Co、V、Mo、Cu、W、Si 等)形成金属间化合物,磁性能降低不多,有的反而提高(如 Co),这是改善 $Sm_2Fe_{17}N_x$ 硬磁性能,稳定结构的重要途径。另外,还可加 C,形成新型 $Sm_2-(Fe,M)_{17}C$ 或 $Sm_2-(Fe,M)_{17}-(C-N)$ 合金系。因此,调整化学成分,是 Sm-Fe-N 系硬磁体的主要发展方向;其次,制备方法对其磁性能的影响也很大。

3. 可加工永磁合金

这类磁性合金在淬火态具有可塑性,可进行各种机械加工。合金的矫顽力是通过淬火塑性变形和时效(回火)硬化后得到的。属于时效硬化型的磁性合金主要有以下几种:

(1)α-铁基合金

主要有 Fe-Co-Mo、Fe-Co-W 合金,磁能积在 8kJ/m³ 左右。这类合金以 α-Fe 为基,通过弥散析出金属间化合物 Fe_mX_n 来提高硬磁性能。Co 的作用是提高 B_s,Mo 则提高 H_c。实际上,在铁中加入能缩小 γ 区并在 α-Fe 中溶解度随温度降低而减小的元素,都有可能成为 α-Fe 基永磁合金。如 Fe-Ti、Fe-Nb、Fe-Be、Fe-P 和 Fe-Cu 等。α-铁基合金主要用做磁滞马达、形状复杂的小型磁铁,也可以用在电话接收机上。

(2)Fe-Mn-Ti 及 Fe-Co-V 合金

Fe-Mn-Ti 合金经冷轧和回火后可进行切削、弯曲和冲压等加工,而且由于其不含钴,所以价格较低廉,性能与低钴钢相当。该类合金一般用来制造指南针,仪表零件等。

Fe-Co-V 合金是可加工永磁合金中性能较高的一种,成分为 10%V,52%Co,38%Fe,其中若用 Cr 代替部分 V,$(BH)_{max}$ 可达 6kJ/m³。为提高磁性能,回火前必须经冷变形,且冷变形度越大,含 V 量越高,磁性能越好。由于该合金延性很好,可以压制成极薄的片,故可用于防盗标记;这类合金还广泛应用于微型电机和录音机磁性零件的制备。

(3)铜基合金

包括 Cu-Ni-Fe 和 Cu-Ni-Co 两种合金,成分分别为 60%Cu-20%Ni-Fe 和 50%Cu-20%Ni2.5%Co-Fe。它们的硬磁性能是通过热处理和冷加工获得的,其磁能积 $(BH)_{max}$ 为 6~15kJ/m³。可用于测速计和转速计。

(4)Fe-Cr-Co 合金

Fe-Cr-Co 永磁合金可以进行冷热塑性变形,制成片材、棒材、丝材和管材,可以进行冷冲、弯曲、钻孔和各种切削加工,适于制成细小和形状复杂的永磁体。磁性能已达到 AlNiCo5 的水平,而原材料成本比 AlNiCo5 低 20%~30%。目前几乎可以取代所有 AlNiCo 永磁合金及其他延性永磁合金。主要用于电话器、转速表、扬声器、空间滤波器、陀螺仪等方面。

Fe-Cr-Co 合金 1970 年问世,最初对这种合金的研究主要集中在高 Co 区,Co 含量可高达 30%,典型代表为 23%Co-28%Cr-1%Si-Fe 合金。后来发现低钴合金的磁性能更好,因而自 20 世纪 70 年代以来 Fe-Cr-Co 合金的发展重点已转向低钴合金方面。目前,低钴的 Fe-Cr-Co 合金 Co 的含量在 5%~10%。

Fe-Cr-Co 合金不但可以通过磁场热处理来提高材料的磁性能,而且也可以通过塑性变形及适当的热处理获得与磁场热处理相同的效果。但这种合金的生产工艺,特别是处理工艺复杂而严格,因而在价格上并不比 Al-Ni-Co 合金低。

4. 硬磁铁氧化物

硬磁铁氧体是日本在 20 世纪 30 年代初发现的,但由于性能差,且制造成本高,而应用不广。至 20 世纪 50 年代出现钡铁氧体($BaFe_{12}O_{19}$),才使硬磁铁氧体的应用领域得到了扩展。硬磁铁氧体具有高矫顽力、制造容易、抗老化和性能稳定等优点。

硬磁铁氧体因具有高矫顽力和低剩磁,所以合理的磁体形状为扁平形,短轴为磁化方向。由这类材料构成磁路时,磁路气隙的变化对气隙内磁通密度的影响不大,适用于动态磁路,如气隙改变的电动机和发电机等。

硬磁铁氧体具有高电阻率和高矫顽力的特性,适应在高频与脉冲磁场中应用。

硬磁铁氧体对温度很敏感,居里温度低,剩磁温度系数大约为 AlNiCo 系合金的 10 倍,因而不适合用于对磁通密度恒定性有严格要求的磁路,如精密仪器仪表等。在低温条件下,这类材料容易发生不可逆的低温退磁,故不适合于在低温条件下使用。

硬磁铁氧体的脆性很大,在使用中应避免冲击和动。

硬磁铁氧体已部分取代铝镍钴永磁合金,用于制造电机器件(如发电机、电动机、继电器等)和电子器件(如扬声器、电话机等)。

2.4　磁记录材料

2.4.1　磁记录材料原理

1. 磁记录模式

目前磁记录的模式可以分为三种:

①纵向(水平)记录模式。这是一种传统的磁记录模式,即利用磁头位于磁记录介质面内的磁场纵向矢量来写入信息。由于这种记录模式要求磁记录介质很薄,且磁头和介质的距离很窄,因此很难实现超高密度磁记录。

②垂直记录模式。这种记录模式是利用磁场的垂直分量在具有各向异性的记录介质上写入信息。

③磁光记录模式。磁光记录是用光学头,靠激光束加磁场来写入信息,利用磁光效应来出信息。

2. 磁记录系统

无论是哪种模式,磁记录系统都包括以下几个基本单元:①换能器,即电磁转换器件,如磁头;②传送介质装置,即磁记录介质传送机构;③存储介质,即磁记录介质材料,如磁带、磁盘等;④匹配的电子线路,即与上述单元相匹配的电路。

3. 磁记录过程

磁记录介质是含有高矫顽力磁性材料的膜,它可以是连续的膜,也可以是埋在胶黏剂中的磁性粒子。以纵向记录模式为例,如图 2-10 所示,这种磁化的磁介质(磁带)以恒定的速度沿着与一个环形电磁铁相切的方向运动,工作缝隙对着介质。记录信号时,在磁头线圈中通入信号电流,就会在缝隙产生磁场溢出,如果磁带与磁头的相对速度保持不变,则剩磁沿着介质长度方向上的变化规律完全反应信号变化规律,这就是记录信号的基本过程。记录磁头能够在介质中感生与馈入结构的电流成比例的磁化强度,电流随时间的变化转化成磁化强度随距离的变化而被记录在磁带上。磁化的这种变化在磁带附近产生磁场,如磁带(已记录)重新接近一重放磁头,通过拾波线圈感生出磁通,磁通大小与带中磁化强度成比例。可见,磁头实际上是一种换能器。

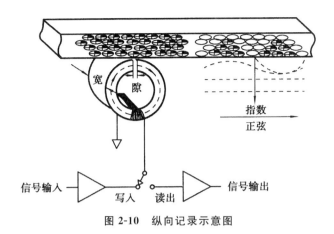

图 2-10 纵向记录示意图

4. 记录原理

（1）记录场

常见电感式磁头有单极磁头和环形磁头两种形式。在理想条件下，计算磁头的记录场时，都是假定环形磁头的缝隙宽度为无限窄，或单极磁头的磁极无限薄。理想的环形磁头所产生的磁场分布如图 2-11(a)所示。这种溢出场的分布是以缝隙为中心，形成半圆形分布。磁记录介质逐步向磁头靠近时，将受到不同方向的溢出场的作用，当介质刚进入溢出场的区域时受到垂直方向的磁场的作用，而到达缝隙的中心附近时，受到纵向磁场的作用，最后又受到垂直磁场的作用。介质离开磁头时，作用磁场很快变为零。磁头溢出场的轨迹如图 2-11(b)所示，这种圆形轨迹的直径与介质、磁带之间的空间间隙成反比。

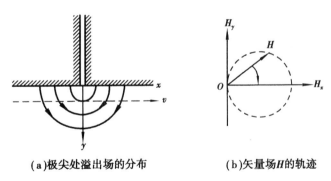

(a)极尖处溢出场的分布   (b)矢量场 H 的轨迹

图 2-11 环形磁头记录场

理想的单极磁头的场分布如图 2-12 所示。当介质逐步接近磁头时，先是受到水平方向和垂直方向两个场的共同作用，到达磁极位置正下方时，仅受到垂直场的作用，接着又受到水平和垂直两个方向磁场的作用。矢量场的轨迹是圆形，但圆心轨迹中心沿 y 轴移动。

（2）磁记录介质的各向异性特性

记录介质中的磁化强度方向与介质的磁各向异性（包括形状各向异性）有密切关系。例如，目前应用最广泛的磁带是由针状粒子磁粉涂布而成的。在磁层的涂布过程中，设法使粒子长度方向沿磁带的长度方向取向。由此构成磁带具有明显的单轴各向异性，沿磁带长度方向上的剩磁强度最高,这种介质有利于纵向记录模式。

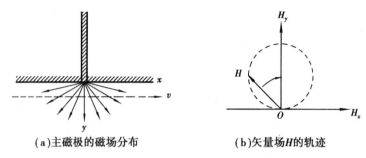

(a)主磁极的磁场分布　　　　　(b)矢量场H的轨迹

图 2-12　单极磁头记录场

在制作磁介质时,如果所用磁粉体粒子的磁化方向多为易磁化方向,且可略去形状各向异性的影响,则此涂布成的介质是各向同性的。

在制作合金薄膜时,由于柱状晶粒的轴线垂直于膜面,从而得到垂直膜面的各向异性,这种介质适合于做垂直记录用。

(3)纵向(水平)磁记录方式

纵向磁记录方式记录后介质的剩余磁化强度方向与磁层的平面平行,如图 2-13(a)所示,记录信号为矩形波。图中 λ 表示磁记录波长,δ 表示磁介质的厚度。从图中可以看出,对于纵向记录,δ 一定时,$\lambda \to 0$,则 $H_d \to 4\pi M_r$。H_d 表示铁磁体被磁化后磁体内部产生的磁场,与磁化强度方向相反,称为退磁场。显然,记录波长越短(即记录密度越高),自退磁效应越大。因此,纵向磁记录方式不适合高密度磁记录。

垂直磁记录方式记录后介质的剩余磁化强度方向与磁层的平面垂直,如图 2-13(b)所示,当 $\lambda \to 0$,$H_d \to 0$,即记录波长越短,记录密度越高时,自退磁的效应越小,从这一点看,垂直磁记录方式是实现高密度磁记录的理想模式。

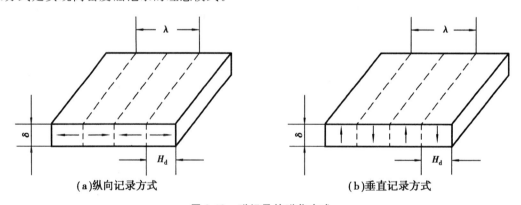

(a)纵向记录方式　　　　　　　　(b)垂直记录方式

图 2-13　磁记录的磁化方式

2.4.2　磁记录介质材料

磁记录介质材料的发展是磁记录技术发展的要求。随着记录密度迅速提高,对记录介质的要求也越来越高。对制作记录介质的磁性材料(磁粉及磁性薄膜)提出以下要求:①剩余磁感应强度 B_r 高;②矫顽力 H_c 适当的高;③磁滞回线接近矩形,H_c 附近的磁导率尽量高;④磁层均匀,厚度适当,记录密度越高,磁层愈薄;⑤磁性粒子的尺寸均匀,呈单畴状态;⑥磁致伸缩小,不产生明显的加压退磁效应;⑦基本磁特性的温度系数小,不产生明显的加热退磁效应;⑧磁粉粒子易分散,在磁场作用下容易取向排列,不形成磁路闭合的粘子集团。

从磁记录方式上看,磁记录介质则可以分为纵向磁记录介质和垂直磁记录介质两种。

1. 纵向磁记录介质

纵向磁记录介质从 20 世纪 50 年代到 80 年代经历了三个重要发展阶段,即氧化物磁粉、金属合金磁粉(如 Fe-Co-Ni 等合金磁粉)和金属薄膜。矫顽力从氧化物磁粉的 24kA/m 提高到金属薄膜的 240kA/m,提高了一个数量级;剩余磁感应强度从 170kA/m 提高到 1100kA/m,提高了近 6 倍。

(1)氧化物磁粉

氧化物磁粉包括 CrO_2 磁粉、$\gamma\text{-}Fe_2O_3$ 磁粉、$Co\text{-}\gamma\text{-}Fe_2O_3$ 磁粉和钡铁氧体磁粉等。

① CrO_2 磁粉。CrO_2 是一种强磁性氧化物,结构为四方晶系,具有单轴各向异性,$H_c = 31.8kA/m$,如果加入(Te+Sb)、(Te+Sn)等复合物,H_c 可高达 59.7kA/m。正是由于它的高矫顽力可以提高记录密度,使介质中的退磁场增大,所以 CrO_2 主要用于高级录音带及录像带中。CrO_2 的另一个特点是低的居里温度($T_c = 125℃$),它的这个特点使它成为目前唯一可用于热磁复制的一种材料,这是一种具有比磁记录速度快得多的高密度复制方法。CrO_2 是在 400~525℃ 和 50~300MPa 压力条件下分解 CrO_3 而制得的。

② $\gamma\text{-}Fe_2O_3$ 磁粉。它是最早用于磁带、磁盘的磁粉,具有良好的记录表面,在音频、射频、数字记录以及仪器记录中都能得到理想的效果,而且价格便宜,性能稳定。$\gamma\text{-}Fe_2O_3$ 通常制成针状颗粒,长度为 0.1~0.9μm,长度与直径比为(3~10):1,具有明显的形状各向异性,为立方尖晶石结构。其基本磁性质为:$B_s = 0.14T$,H_c 为 24~32kA/m,居里温度 $T_c = 385℃$,且具有好的温度稳定性。

③ $Co\text{-}\gamma\text{-}Fe_2O_3$ 磁粉。Fe_2O_3 的主要缺点是矫顽力较低,难以满足高记录和视频及数字记录对矫顽力的要求,故从 20 世纪 70 年代开始,发展了含 Co 磁粉,将矫顽力从 31.8kA/m 提高到 79.6kA/m,是目前录像磁带中应用最主要的一种磁粉。由于加 Co 的方式不同,这类材料又分为 Co 置换的 $\gamma\text{-}Fe_2O_3$ 和包钴的 $\gamma\text{-}Fe_2O_3$。Co 置换的 $\gamma\text{-}Fe_2O_3$ 材料随钴含量的增加,风明显增加,可达 87.5kA/m 左右,但其温度稳定性差,并有加压退磁的缺点。包钴的 $\gamma\text{-}Fe_2O_3$ 是将 Co 或 CoO 包在 $\gamma\text{-}Fe_2O_3$ 上,这样可保持原 $\gamma\text{-}Fe_2O_3$ 的针状及 H_c 的温度稳定性。

④钡铁氧体磁粉 钡铁氧体磁粉为六方形平板结构,化学式为 $M_{0.6}Fe_2O_3$,M 可以是 Ba、Pb、Sr,其中钡铁氧体磁粉可以作为磁记录材料。钡铁氧体有较高的矫顽力和磁能积,抗氧化能力强,是广泛应用的永磁材料。钡铁氧体的矫顽力高于 398kA/m,本来不适合作为磁记录介质,但近年来由于高密度磁记录的发展需要及钡铁氧体材料本身的改进,已使它可以作为磁记录介质应用。钡铁氧体磁粉的生产方法有玻璃结晶法、高温助溶与共沉淀相结合制粉法两种。

(2)金属磁粉

与氧化物磁粉相比,金属磁粉具有更高的磁感应强度和矫顽力(例如,纯铁的饱和磁化强度大约为氧化铁的 4 倍),从理论上说是理想的磁记录材料,但金属磁粉的稳定性差且易氧化,通常采用合金化或有机膜保护的方法控制表面氧化。这种方法会使磁粉的磁化强度降低,其降低幅度取决于钝化层的厚度和粒子的尺寸。

(3)连续薄膜型磁记录介质

研究表明,为提高记录密度,要求磁记录介质减小磁层厚度,增大矫顽力,同时保持适当的 B_r;提高磁特性和其它性能的均匀性及稳定性。连续磁性薄膜无须采用粘合剂等非磁性物质,所以剩余磁感应强度及矫顽力比颗粒涂布型介质高得多,是磁记录介质发展的重要方向。

2. 垂直磁记录材料

垂直磁记录技术彻底消除了纵向磁记录方式随记录波长 λ 缩小和膜厚的减薄所产生的退磁场增大效应。因此,垂直记录无需要求高的矫顽力和薄的磁层,退磁场随厚度的增加而减小。图 2-14 给出了记录方式和退磁场的关系,显然,垂直记录方式有利于记录密度的提高,但当时由于没有找到适于记录用的磁化垂直膜面的薄膜介质而中断了研究。不过,科学家们已经查明了易磁化轴垂直于膜面的基本条件,这就是单轴各向异性常数 $K_1 = 2\pi M_s^2$。1967 年磁泡技术出现之后,日本东北大学的岩奇俊一首先开创了垂直磁记录技术,并最早选择 Co-Cr 薄膜作为垂直磁记录介质。

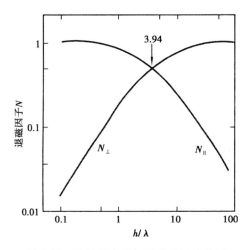

图 2-14　磁记录方式与退磁因子的关系

注:$N_\perp$ 和 $N_\parallel$ 分别是垂直磁记录和纵向磁记录退磁因子;h 和 λ 分别是介质厚度和记 $h \approx 4\lambda$ 时,退磁因子相等。

Co 是六方结构,易磁化轴为垂直于膜面的 c 轴。用高频溅射或电子束蒸发的 Co-Cr 薄膜,其柱状微粒垂直于衬底面长大,晶粒直径平均在 100nm 以下。加入 Cr 能使薄膜的 $4\pi M_s$ 降低,对获得垂直于膜面的各向异性有利。进一步研究显示,Cr 在柱状晶体的表面偏析,形成一顺磁层,使晶粒之间不产生交换相互作用,从而提高矫顽力。

在早期,除 Co-Cr 薄膜外,还对、Co-Ti、Co-V、Co-Mo、Co-W 和 Co-Mn 等磁性进行了研究。虽然它们的易磁化轴都垂直于膜面,但各向异性不高,矫顽力偏小,无实用价值。如果在 Co-Cr 合金中添加各种元素,如 Mo、Re、V、Ta,发现 Ta 能抑制 Co-Cr 合金的晶粒长大和改善矩形比,并能抑制纵向磁化的矫顽力。

2.4.3　磁头材料

磁头是磁记录的一种磁能量转换器,即磁记录是通过磁头来实现电信号和磁信号之间的相互转换的。磁头的基本结构如图 2-15 所示,由带缝隙的铁芯、线圈、屏蔽壳等部分组成。磁头的基本功能是与磁记录介质构成磁性回路,对信息进行加工,包括记录(录音、录像、录文件)、重放(读出信息)、消磁(抹除信息)三种功能。为了完成这三种功能,磁头可以有不同的结构和形式。如按其工作原理,磁头可分为感应式磁头和磁阻式磁头两类;按记录方式,磁头可分为纵向磁化模式的环形磁头和垂直磁化模式的垂直磁头两种等。但无论磁头是哪种形式,磁头性能的好坏与磁头材料有极大的关系。必须注意的是,材料的选择要与使用的记录介质及记录模式相匹配。

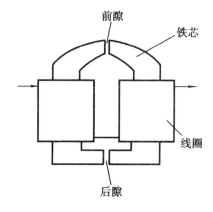

图 2-15　磁头基本结构

1. 磁头的基本功能

①高的磁导率。希望铁芯材料有较大的起始磁导率 μ_i 和最大磁导率 μ_m,以便提高写入和读出信号的质量。

②高的饱和磁感应强度 B_s。为了提高记录密度,减少录音失真,要求材料具有高的 B_s。

③高的电阻率和耐磨性。提高材料的电阻可以减小磁头损耗,改善铁芯频率响应特性。高的耐磨性可以增加磁头的寿命和工作的稳定性。

④低的 B_r 和 H_c。磁记录过程中,B_r 高会使记录的可靠性降低。

2. 磁头材料

目前,磁头铁芯材料主要有合金、铁氧体、非晶态合金、薄膜材料等几类,下面对合金、薄膜、材料和非晶态合金做一简单介绍。

(1)合金材料

1J79 是一种常用的磁头材料,其成分为 4％Mo-79％Ni-l7％Fe。为了进一步提高该合金性能,在上述成分的基础上可加入 Nb、A1、Ti 等元素。加入 Nb 可提高磁性能,得到高硬度,

Nb 的含量一般为 3％～8％；A1 的加入除提高合金磁性能和硬度外,还可增加合金的电阻率,Al 含量以不超过 5％为宜。常用作磁头材料的磁性合金还有 Fe-Si-A1 合金及 Fe-A1 合金。Fe-Si-A1 合金磁晶各向异性常数 K_1 和磁致伸缩系数 λ 都趋近于零,具有良好的直流特性;合金电阻率高,在高频下仍保持较好的磁性和较低的损耗;高的硬度。Fe-Si-A1 合金最大的缺点是难以加工。Fe-Al 合金硬度介于前两种磁性合金之间,磁导率在三种合金中最低。研究表明,可通过各种溅射方法制备 FeSiAl 合金薄膜,并通过调整溅射条件和制作多层膜使性能进一步改善。

（2）薄膜磁头材料

薄膜磁头音频响宽,分辩率高,存取速度快,能够满足高记录密度的要求。薄膜磁头几乎都是 Ni-Fe 合金制成的,成分为 80％Ni-20％Fe。$Ni_{81}Fe_{19}$ 的性能最好。

（3）非晶态合金

非晶态合金作为磁头材料,其频率特性、硬度和丰度比晶态的磁性合金及铁氧体材料好,更符合高密度磁记录的要求。主要缺点是温度稳定性差,加工过程中要严格控制温度,防止晶化。铁基和钴基非晶态合金都适合作磁头材料。

随着信息技术的迅速发展,磁记录材料也取得了不少新进展,以下简介 20 世纪 90 年代以来的一些进展。当然,磁记录材料的进展和磁性材料的进展是紧密联系的,只是各有侧重。

2.4.4　磁记录材料进展

1. 高记录密度磁膜材料

磁记录技术的发展要求有高记录密度的材料,近来报道了 CoCrPtTa 和 CoCrTa 磁膜材料,其磁记录密度分别为 $0.8Gb/cm^2$ 和 $0.128Gb/cm^2$。此外,利用有高矫顽力的铁氧体或稀土合金膜和有高饱和磁化强度的磁性金属膜组成双层膜,也可以得到兼有高矫顽力和高饱和磁化强度的高磁记录密度磁膜材料,如钴铁氧体/铁的饱和磁化强度达 1000kA/m,SmCo/Cr 的矫顽力达 155kA/m。

2. 高频和自旋阀磁头材料

高频和自旋阀磁头材料是磁记录技术发展急需的材料。一般的磁头材料,在高频下性能要变坏。近年来出现了两种高频磁头材料:一种是用电镀法制成的 NiFe(80/20)磁头,其写入气息宽度和窄磁极厚度分别为 0.25mm 和 3mm;另一种是用溅射法制成的多层 FeN 膜磁头,FeN 膜厚 29.7nm,膜间用 2.5nm 的 Al_2O_3 膜隔开,共有 102 层,其写入气息宽度和窄磁极厚度分别为 0.3mm 和 3nm。自旋阀巨磁电阻磁头比一般各向异性磁电阻磁头的磁电阻输出高,响应线性好,不需附加横偏压层,如 NiFe/CoFe 双层膜做软磁自由层,用溅射法在玻璃基片上淀积的 Ta/NiFe/CoFe/Cu/CoFe/FeMn/Ta 多层膜,其磁电阻率为 7％。

3. 低磁场庞磁电阻材料

由于庞磁电阻材料有极高的磁电阻率,所以在磁头、磁传感器和磁存储器中有可能得到重要的应用。一般情况下,庞磁电阻都在很高磁场(1T)中才产生,要在实际应用时,必须研制能在低磁场(如小于 0.1T)下产生庞磁电阻的材料,目前已有所进展,如 $(Nd_{1-x}Sm_y)_{0.5}Sr_{0.5}-MnO_3$ 系材料,在 $y=0.94$、温度略高于居里温度时,在 0.4T 的外磁场中,其庞磁电阻率达 $10^{-3}\mu\Omega/cm^{-1}$ 以上。

4. 巨霍尔效应磁头材料

巨霍尔(Hall)效应磁性材料的霍尔效应比一般磁性材料高几倍到几十倍以上,它能显著提高霍尔效应器件的灵敏度。近年来,有报道 $(NiFe)_x(SiO_2)_{1-x}$ (x 为 0.53~0.61)颗粒型薄膜材料在 0.4T 磁场中,异常霍尔电阻率达 $200\mu\Omega/cm^{-1}$;$(Fe)_x(SiO_2)_{1-x}$ 颗粒型薄膜(膜厚约为 $0.5\mu m$)在其戈小于金属一绝缘体相变成分戈 c 时,室温下的正常霍尔系数和饱和异常霍尔电阻率分别为 $10\mu\Omega\cdot cm/T$ 和 $250\mu\Omega\cdot cm$。

5. 巨磁阻抗材料

继发现巨磁电阻效应后,1994 年又报道了巨磁阻抗效应(GMI,Giant Magneto-Impedance effect):在一非晶态高磁导率软磁细线的两端施加高频电流(50~100MHz),由于趋肤效应,感生的两端阻抗(或电压)随频率变化而有大的变化,其灵敏度高达 $0.125\%\sim1\%/\mu m$。巨磁阻抗效应在磁信息技术中有很多潜在用途。有文献表明,直径 $44\mu m$ 的欧姆合金(Ni-Fe、)丝在 16kA/m 的直流磁场作用下,在 $0.1\sim10^4$ MHz 的频率范围内,有巨磁阻抗效应;在 $0.1\sim50$ MHz 频率区内,磁阻抗率随频率升高而下降到负值;在 $50\sim10^3$ MHz 区,磁阻抗率随频率升高而升高;在频率为 4×10^3 MHz 时,达到最大值 190%;频率大于 4×10^3 MHz 后,磁阻抗率又急剧下降。

2.5　其他磁性材料

2.5.1　磁性塑料

1. 磁性塑料的特点及分类

(1)特点

目前,结构型高分子磁性材料尚处于探索阶段。通常,所谓磁性塑料(magnetic plastice)就是指复合型高分子磁性材料中以塑料为黏结剂的磁性体,俗称为塑料磁铁。

磁性塑料是 20 世纪 70 年代初出现的。1974 年,用钡铁氧体作磁粉,以聚丙烯为黏结剂的磁性塑料产量有了迅速的增长,其加工方法为压制成型。而后,相继研制出各种树脂的磁性塑料,所用磁粉由铁氧体发展到稀土类合金磁粉,并开发了注射成型工艺和磁场注射成型机,使磁性塑料进入实用化阶段。

(2)分类

磁性塑料主要由合成树脂与磁粉构成。合成树脂起黏结剂的作用。磁性塑料所填充的磁粉主要是铁氧体类和稀土类两种。

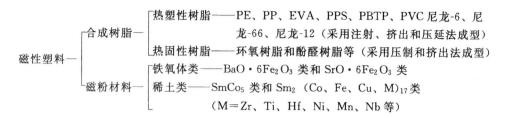

磁性塑料依所用磁粉可分为两类,即铁氧体系磁性塑料和稀土类磁性塑料。

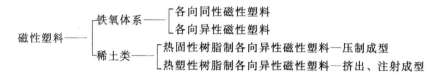

2. 磁性塑料的应用

磁性塑料的特点是密度小,强度高,保磁性强,易加工成尺寸精度高、薄壁复杂形状的制件,且可与元件整件成型,还可进行焊接、层压和压花纹等二次加工。其制品脆性小,磁性稳定,且易于装配。其另一优点是价格便宜。磁性塑料的性能主要取决于磁粉材料,当然与所用树脂、磁粉的填充率及成型加工方法也有密切关系。评价磁性塑料的技术指标包括剩余磁通密度 B_r、矫顽力 bH_c、内禀矫顽力 iH_c 和最大磁能积 $(BH)_{max}$。

3. 典型磁性塑料

(1)氧化铁类磁性塑料

填充铁氧体类磁粉制作的磁性塑料属于铁氧体类磁性塑料。目前,这种磁性塑料占主流。

这类磁性塑料所用铁氧体磁粉一般为钡铁氧体($BaO \cdot 6Fe_2O_3$)和锶铁氧体($SrO \cdot 6Fe_2O_3$)。其粒子呈六角板状,垂直于六角面的 c 轴方向为 NS 方向。其平均粒径为 $1\sim1.5\mu m$。现在常用的磁性塑料的磁粉含量为 $80\%\sim90\%$(质量)。使用的黏结剂有尼龙-6、尼龙-12、聚苯硫醚、聚乙烯、聚丙烯、聚氯乙烯、PBTP、EVA 等热塑性树脂和环氧、酚醛等热固性树脂,其中以使用尼龙-6 者为最多。

与烧结磁铁一样,磁性塑料也有各向同性和各向异性之分。各向同性磁性塑料的磁粉为无规则排列,见图 2-16,而各向异性磁性塑料的磁粉则有规律的定向,见图 2-17。在相同材料及配比条件下,各向同性磁体的磁性仅为各向异性磁体的 $1/2\sim1/3$。

图 2-16 各向同性磁性塑料

图 2-17 各向异性磁性塑料

铁氧体磁性塑料主要用于家用电器、日用品,并正在向电子工业领域发展。在家用电器方向,可用来制作电视机、录像机、扬声器、洗衣机、吸尘器等的零部件;日用品有钟表、照相机、自行车、文具、玩具等；在高技术的有关领域，用于电传、复印机、遥控设备、传感器以及计算机附件等。

（2）稀土磁性塑料

填充稀土类磁粉的磁性塑料属于稀土类磁性塑料。目前，这类磁性塑料产量不大。如美国的稀土类磁性塑料约占整个磁铁的 10%；而日本稀土类磁性塑料仅占塑料磁铁总量的1.4%。但这种磁性塑料的磁性高，是电气电子领域不可缺少的材料之一，很有发展前途。

稀土类磁性塑料有热固性和热塑性两种。前者使用环氧树脂作黏结剂；后者是使用尼龙、聚乙烯、EVA 等作黏结剂。使用的稀土类合金磁粉有两种类型：1 对 5 型（稀土元素与过渡金属元素的组成比例为 1∶5）和 2 对 17 型。1 对 5 型主要为 $SmCo_5$，2 对 17 型主要为 $Sm_2(Co、Cu、Fe、M)_{17}$（M＝Zr、Hf、Nb、Ni、Mn 等）。

如图 2-18 所示，热固性磁性塑料的制备有两种工艺。第一种是涂布法，将稀土类磁粉混入液态双组分环氧树脂中，均匀混合成浆料，再在磁场强度 15kOe 以上的磁场中压制成型，加热固化而制得。其特点是机械强度高，但由于树脂用量较多，磁性较低，其最大磁能积约15MG·Oe。第二种称为真空浸渍法，此法是对磁场中压制成型的磁性体先进行真空脱气，然后再在黏度约 0.2Pa/s^{-1} 的环氧树脂中浸渍，于 100～150℃ 固化，并于 20kOe 以上的磁场中磁化。其特点是磁粉填充率高达 98%（质量），因而磁性高，其最大磁能积为 17MG·Oe 以上。缺点是机械强度有所降低。

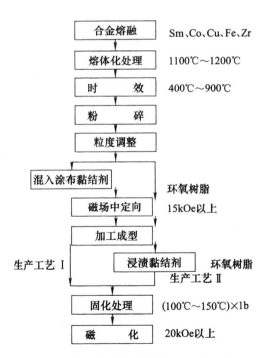

图 2-18 热固型磁性塑料的领证制备工艺图

热塑性磁性塑料最初曾采用过挤出成型法，但目前以注射成型为主流。首先，将选用树脂、稀土类磁粉及助剂等加热混炼，制成模塑物。然后在磁场中注射成型（或挤出）而制得产品，见图 2-19。

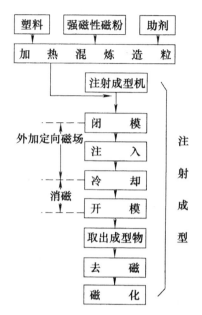

图 2-19　热塑性磁性材料的制备工艺

外加磁场是为了使磁粉定向,并同时在磁化状态取出制品,因此需要极高的磁场,最低需要磁通密度为 10kG。设置这种磁场可采用两种方式:一是把电磁线圈装入模具内(称之为内磁型),二是在成型机上安装电磁线圈(称之为外磁型)。不论哪种方式均要求模具由不导磁的非磁性材料(如黄铜)与普通模(碳素钢等)构成,以便在模腔确定的方向感应磁场。图 2-20 是内部设有电磁的各种定向不同的模具示意图。

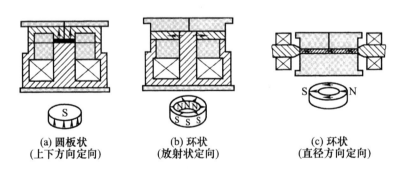

(a) 圆板状
(上下方向定向)

(b) 环状
(放射状定向)

(c) 环状
(直径方向定向)

图 2-20　磁场注射成型用模具及其成型体的磁化方向

▨ 电磁铁线圈;▧ 高磁通密度材料(铁等);▢ 非磁性材料(黄铜等);→磁通的流向

目前,注射成型法存在的缺点是,尽管使用高性能的稀土类磁粉,但磁能积却较低。这是由于模塑物的熔体黏度随着磁粉填充率的增加而提高,使流动性降低,因而不能过高地提高磁粉含量所致。

(3)纳米永磁性塑料

永磁磁粉与某一基体的复合物是兼有磁粉的磁性和基材的力学、加工特性的功能型复合材料,通常也称为黏结型磁体。所用基体材料主要有两类:聚合物(如橡胶、热塑性或热固性树脂)和低熔点金属(如 Zn、Sn、Cu、Al 及其合金等)。目前,树脂黏结磁体在永磁复合材料中居主导地位,虽然其磁性能低于烧结型磁体(磁能积约为烧结磁体的 25%～50%),但具有可加工异型材、易二次加工、尺寸精度高、韧性好、易批量生产、价格便宜、质量轻等优点,在电器、仪表、微型电机等方面有广泛的应用。近 20 年来,国内外关于聚合物基永磁体的专利申请约有 300 多项,塑料黏结永磁体的产量以每年 10%～30% 的速度增长。

稀土永磁材料是近年来最引人关注的永磁材料,其黏结磁体的磁性可超过烧结铁氧体及 AlNiCo 合金。由于钴属战略资源,SmCo 系磁性材料的应用受到了限制。稀土永磁体中钕铁硼(NdFeB)系材料发展最快,其黏结磁体产量逐年递增。20 世纪 90 年代又出现了新型稀土永磁材料:稀土金属间隙化合物[$Sm_2Fe_{17}N_x$、$Nd(Fe,M)_{12}N_x$ 等]、Th_2Mn_{12} 型稀土永磁材料及纳米晶复合交换耦合永磁材料。其中报道多的是氢化—歧化—脱氢—重组法制备的各向异性 NdFeB、$Sm_2Fe_{17}N_3$ 永磁材料和纳米晶交换耦合材料。

纳米永磁塑料的制备可采用共混合原位聚合两种路线。前者为人们熟知,后者是使聚合物单体在磁粉表面聚合,形成磁粉为核并以聚合物为包覆层的复合磁性粒子,例如将催化剂加载在磁粉表面,在聚合物单体溶液中催化聚合,或者用表面活性剂处理磁粉,吸附聚合物单体,然后加热或辐射聚合。有人合成了粒径为 50～500μm 的以 Fe_3O_4 为核、苯乙烯—甲基丙烯酸羟乙酯共聚物为壳层的磁性复合高分子微球。这种微球可进一步制备成体型材料,也适合作为功能性填料制作涂料、屏蔽材料、磁记录材料等,尤其可望用于医疗行业。目前,共混法制备树脂黏结磁体是较为成熟的技术,而原位聚合尚处于实验研究开发阶段。

共混法常用的成型方法有压延成型、模压成型、注射成型和挤出成型等,有关工艺流程已有详细报道。近年来的研究表明,通过加入助剂或提高成型温度的方法可以降低树脂黏度,提高填充率和取向程度并降低空隙率,使磁性能得到提高。目前,各向同性压缩成型永磁体的填充率体积分数可提高到 78%,磁能积达到 12MGOe(96kJ/m²)。Seiko Epson 公司开发出了新型的 NeFeB 黏结磁体的成型技术,可用于制备形状连续的薄壁制品。用注射、模压方法时,制品太长则难以脱模,太薄则充模困难,制品易残缺,一般只适合制备厚度大于 0.9～1.0mm、长度 20～30mm 的制品。而 Seiko Epson 公司的新方法可制备厚度为 0.5mm、长度任意的尼龙-12 黏结磁体。这种方法的特点是在模口后段加热以保持熔体流动性,前段以冷却介质循环强制冷却,使熔体凝固成型。为保证前、后段的温差,在两段之间设有绝热层。图 2-21 为挤出模口的示意图。

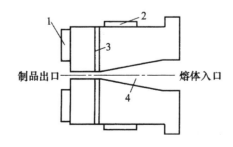

图 2-21　挤出模口的示意图
1—冷却元件;2—加热元件;3—绝缘材料;4—流道

2.5.2 有机磁性材料

有机磁性材料可分为结构型和复合型两大类。结构型有机磁性材料是指分子本身具有强磁性的有机或高分子材料,主要为一些多自由基聚合物和金属配合的聚合物,如聚双炔或聚炔类聚合物、含氮基团取代苯衍生物的聚合物等。结构型有机磁性材料可分为纯有机磁性材料和金属有机磁性材料。复合型有机磁性材料主要是有机化合物(主要是指高分子树脂)和磁粉经成形而制得的具有磁性的复合体系,又包括高分子黏接磁材和磁性高分子微球两大类。

1. 纯有机磁性化合物

所谓纯有机磁性化合物是指不含任何过渡金属或稀土元素,仅由 Cl、H、N、O、S 等组成的有机磁性体。这一类磁体的磁性主要来源于带单电子自旋的有机自由基,其自旋仅限于 p 轨道电子。同过渡金属或稀土元素等主要来源于 3d 和 4f 轨道单电子自旋的磁性体系相比,有机自由基有两个明显的特点:一是只含轻元素的分子中,弱自旋轨道耦合导致了电子自旋极高的各向同性;二是分子内各原子的自旋密度分布,自旋分布调整了不同磁单元间磁性相互作用,也成为衡量磁性相互作用的一个重要参数。纯有机磁性化合物有以下一些种类:

(1)含自由基的结构型有机磁性材料

一种形成有机自旋体系的方法是使有机自由基形成一定的有序结构,进而表现出铁磁性。可以设计分子结构,通过氢键使自由基相互连接,得到磁有序状态,第一个通过氢键组合自由基形成的有机铁磁体 HQNN(结构如图 2-22)是在 1994 年合成的。HQNN 有 α 和 β 两种晶体机构,其中 α-HQNN 在 0.5K 观察到有铁磁性相转变。之后,几种类似结构的苯基—硝基—硝氧基自由基的衍生物也相继被制备出来,其中一种间位结构的 RSNN(见图 2-22)在 0.45K 有铁磁性的相转变。

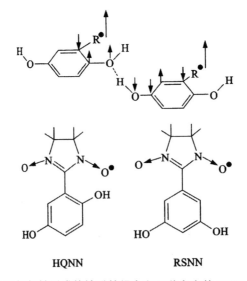

HQNN   RSNN

图 2-22　通过分子间氢键形成的铁磁性耦合和两种自由基 HQNN 和 RSNN 的结构

另一种方法是使有机自由基稳定并呈现铁磁性有序。聚二乙炔衍生物合成的结构型高分子磁性材料比聚乙炔衍生物合成的结构型高分子磁性材料更稳定,更能呈现铁磁性。将含有自由基的单体聚合,通过高分子链的传递作用使自由基中的自旋电子发生耦合,从而宏观表现为具有磁性。图 2-23 是人们制备的第一个高分子磁性单体分子 1,4-双(2,2,6,6-四甲基-4-羟基-1 氧自由基吡啶)丁二炔(简称 BIPO)及具有类似结构的两种单体 BIPENO 和 BIOPC 的结构示意图。可以看出它们均具有两个聚合反应键和两个带有哌啶环的亚硝酰稳定自由塞,可用超交换模型从理论上分析这种含自由基高分子磁性材料的磁性来源。

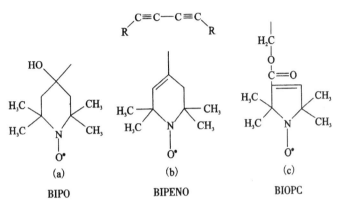

图 2-23　BIPO、BIPENO 和 BIOPC 的结构示意图

(2)高自旋多重度的结构型有机磁性材料

1968 年高自旋多重度模型被提出,指出由间位取代的三线态二苯卡宾组成的大平面交替烃将出现铁磁耦合,从此人们开始设计和合成这类高自旋的分子。高自旋分子具有大量能进行铁磁耦合的单电子,设计和合成这类分子必须克服的问题是在分子中如何保留多重态间的键的相互作用。未成对电子的铁磁耦合使得高自旋高分子材料具有较高的自旋量子数。直到 2001 年,一种具有很大磁矩、在低温下具有磁有序状态的带交联结构的高密度自由基有机共轭高分子(见图 2-24)终于被合成出来。它由带有不相等的自旋量子数的大环结构交联形成:大环的自旋量子数为 2,交联键的自旋量子数为 1/2,在这种高度交联的聚合物中,与有效磁矩相关的平均量子数约为 5000,在温度为 10K 以下时,在很小的外加磁场下就会进行缓慢的重新排列。

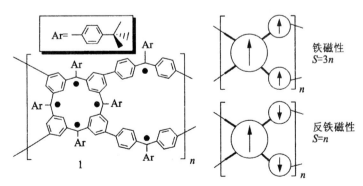

图 2-24　由自旋量子数不等的大环和交联键形成的具有铁磁或反铁磁耦合的高分子

（3）含富勒烯的结构型有机磁性材料

1991 年人们发现 $C_{60}TDAE_{0.86}$［TDAE 表示四（二甲氨基）乙烯］的矫顽力为零，即完全没有磁滞现象，是一个非常软的结构型有机磁性材料。此后人们不断对 TDAE-C_{60} 的晶体结构、导电性、电子自旋进行研究并提出很多种理论假说对其进行多方面解释，主要有自旋玻璃态模型、超顺磁性二巡游铁磁性等。也有人合成了含有 C_{70} 的类似结构物质，但其在 4K 以上没有明显铁磁性，到目前为止这类含富勒烯的结构型高分子磁性材料还是含有 C_{60} 的性能较好，如二茂钴-3-氨基苯基-C_{60}（$T_c=19K$）。

（4）热解聚丙烯腈磁性材料

在 900℃～1100℃ 时热解聚丙烯腈会得到含有结晶相和无定型相、具有中等磁饱和强度（$M_s=15A/m$）的黑色粉末。其中结晶相能起磁化作用，其 M_s 可达 $150～200A/m$，剩磁 M_r 为 $15～20A/m$，电子的自旋浓度为 $1×10^{23}spin/cm^3$。粗制品电导率 $\sigma_{15}=1×10^2 S·cm^{-1}$（$M_s=15A/m$），经磁选后的精制品电导率 $\sigma_{200}=1×10^{-3}S·cm^{-1}$（$M_s=200A/m$）。

2. 金属有机磁性材料

金属有机磁性材料含有多种顺磁性基团，而且合成方法一般较容易，因此人们对其磁性能进行了许多研究。这类材料还可细分为桥联型金属有机磁性材料、Schiff 碱型金属有机磁性材料及二茂金属有机磁性材料。

（1）桥联型金属有机磁性材料

桥联型金属有机磁性材料是指用有机配体桥联过渡金属以及稀土金属等顺磁性离子，顺磁性金属离子通过"桥"产生磁相互作用来获得宏观磁性的一类磁性材料，它被认为是最有希望获得实用价值的金属有机磁性材料。例如人们利用金属离子间容易产生反铁磁性相互作用的特点，设计出含 Mn 和 Cu 两种金属原子的有机高分子配合物（结构见图 2-25）。研究发现该磁性材料在 100K 左右出现链内相互作用，$T_c=4.0K$ 时，结构（1）为反铁磁性，结构（2）为铁磁性的。

X=H（1）反铁磁性，OH（2）铁磁性

图 2-25 桥联型金属有机磁性

此外，二硫化草酸桥联配体为交替排列的双金属有机配合物（结构见图 2-26），也是一类典型的桥联型金属有机磁性材料。

（2）茂金属

20 世纪 90 年代初期，日本科学家合成了一系列十甲基二茂铁—四氰基乙烯（TCNE）类的电荷转移金属有机铁磁体，但不具有实用价值。1989 年我国学者开发了一条成本要低得多的合成路线，他们将含金属茂（C_5H_5）$_n$M 的有机金属单体在有机溶剂中通过多步反应，成功得到多种常温稳定的实用型有机高分子磁性材料（OPM）。与铁氧体比较，OPM 磁体不仅质量轻，易热压成形,而且在很宽的温度范围内磁性能稳定,在高频、微波下低磁损,其磁导率和磁损耗基本不随使用频率和温度变化,适于制高频、微波电子器件。此外,他们还报道了以二茂铁型高分子磁体材料为基料,分别与铜纤维、不锈钢纤维和碳纤维复合,以探索在 $10\sim100\mathrm{MHz}$ 频段下,具有良好屏蔽效果的新型电磁屏蔽复合材料及其应用前景。研究表明用二茂铁型高分子磁体材料制作的电子器件无需进行电容或温度补偿,这对环境变化十分敏感的军工产品有重要的应用。此外,将二茂铁的金属有机高分子磁体经共混或接枝改性制成轻质金属有机分子吸波剂,经初步研究表明,将会有很好的应用前景。

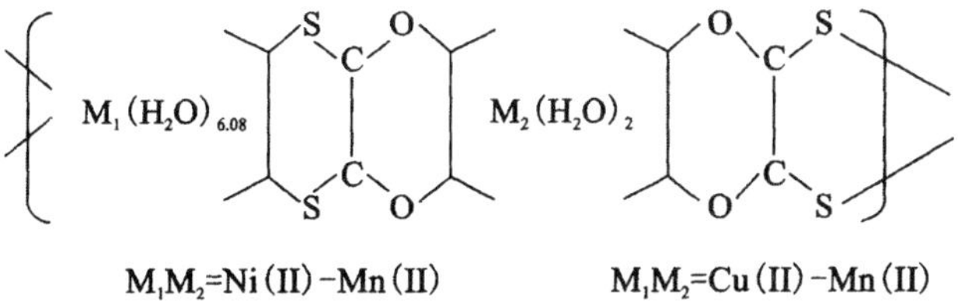

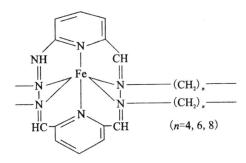

$M_1M_2=Ni(II)-Mn(II)$ 　　　　$M_1M_2=Cu(II)-Mn(II)$

图 2-26　二硫化草酸为桥联配体的金属有机磁性材料结构示意图

（3）Schiff 碱型金属有机配合磁性高分子

近年来,人们对 Schiff 碱金属有机络合物的磁性能产生了浓厚的兴趣,并开展了较多的研究。较早引起人们关注的是 PPH（聚双 2,6-吡啶基辛二腈）-$FeSO_4$ 型高分子磁体（见图 2-27）。这种聚合物呈黑色,耐热性好,在 300℃的空气中不分解,不溶于有机溶剂,其剩磁极小,磁性能甚至可以和磁铁相匹敌。此外,我国科学家发现含双噻唑的芳杂环聚西佛碱与 Fe^{2+} 有良好的配位能力,所得配合物具有良好的铁磁性能,并合成了具有软磁性的含 2,2-二氨基-4,4-联噻唑芳杂环的聚希夫碱-Fe^{2+} 配合物。

图 2-27　PPH-$FeSO_4$ 结构示意图

3. 磁性高分子球

磁性高分子微球（简称磁性微球）是近年发展起来的一种新型多功能材料。它是基于微胶囊化方法,使有机高分子与磁性无机物质（如三氧化二铁、四氧化三铁、铁钴合金等）结合起来形成具有磁响应性及特殊结构的高分子微球。磁性微球既具有有机高分子材料的易加工和柔韧性,又具有无机材料的高密度和高力学性能以及生产成本低、能耗少、无污染等特点,还可以通过改性在其表面形成—OH、—COOH、—CHO、—NH₂、—SH 等极性官能团,从而进一步进行表面接枝共聚。利用磁性物质对外加磁场的响应,可将磁性高分子微球从周围介质中迅速分离纯化,因此在病原细菌分离检测、蛋白质纯化、固定化酶、靶向给药、核酸分离等研究领域具有广阔的应用前景。

磁性高分子微球按结构可分为三大类(见图 2-28):第一类是磁性材料为核,高分子材料为壳型结构[图 2-28(a)];第二类是高分子材料为核,磁性材料为壳的结构[图 2-28(b)];第三类则是夹心式结构,即内外层均为高分子材料,中间夹层为磁性材料[图 2-28(c)]。须指出的是,作为核或壳的聚合物可以是复合结构或多层结构。同样,作为核的无机磁性物质也可以是复相结构;无机物作为壳时,也可能会因反应条件的不同而在聚合物表面有不同的分布状态。

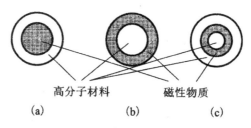

高分子材料 磁性物质

(a) (b) (c)

图 2-28 磁性高分子微球的结构图

不同的高分子材料则决定着磁性微球的溶解性、缓释性、流动性等性能,同时还对微球制作工艺有一定影响。通常要求高分子材料与被吸附物质之间具有良好的相容性,本身具有适宜的渗透性、溶解性、可聚合性、乳化性、黏度、成膜性、稳定性及机械强度等,适合磁性微球的制备要求,来源广泛、易得、成本比较低廉。目前常用的高分子材料有:聚多糖类,包括淀粉、葡聚糖、壳聚糖、阿拉伯胶、糖原等;氨基酸类,包括明胶、白蛋白、聚赖氨酸、聚谷氨酸等;以及其他的一些高分子材料如乙基纤维素、聚乙烯醇、聚丙烯酸、聚苯乙烯等。高分子与磁性粒子的结合主要通过范德华力、氢键、高分子链与金属离子的螯合作用以及高分子的功能基团与磁性粒子表面功能基团形成的共价键等。

4. 有机磁性材料的应用

有机磁性材料同时具有磁性和良好的加工性能,因而在许多领域具有广泛的应用。

(1)医疗诊断领域的应用

磁性高分子微球能够迅速响应外加磁场的变化,并可通过共聚赋予其表面多种功能基团(如—OH、—COOH、—CHO、—NH$_2$)从而连接上生物大分子、细胞等。因此,在细胞分离与分析、放射免疫测定、磁共振成像的造影剂、酶的分离与固定化、DNA 的分离、靶向药物、核酸杂交及临床检测和诊断等诸多领域有着广泛的应用。例如,将酞菁分子共价结合到磁性聚合物链上,利用酞菁分子的光导性作为检测信号来获取生物活性分子间的相互作用信息,进而应用于临床检测诊断。再如,以改良的纤维素多糖(CAEB)—聚苯醚(PAPE)共聚物为骨架,利用包埋的方法制成了三层结构(骨架材料/磁性材料/药物)的磁性顺铂微球。该磁性顺铂微球具有良好的药物控释特性对于治疗恶性肿瘤具有极高的应用价值。

(2)光导功能材料

早期用于传感器的光纤,大多数是直接使用的通信光纤,或是对通信光纤进行简单包层处理后使用。随着光纤传感技术的发展,在许多情况下仅仅使用通信光纤已不能满足要求,因此开发各种适合于传感技术要求的光纤显得非常必要。使用磁致伸缩材料做成圆形磁敏外套,可直接敷在裸光纤上,也可以在光纤的非磁性聚合物的外套上再敷上磁性材料;或是将光纤粘在扁平的矩形磁致伸缩材料片上,均可以制造出磁敏光纤。该光纤中的磁性材料在磁场的作用下对光纤产生轴向应力,而实现对磁场的传感。

(3)吸波材料

目前防止雷达探测所用的微波吸收剂多为无机铁氧体,但因其密度大难以在飞行器上应用。探索轻型、宽频带、高吸收率的新型微波吸收剂是隐身材料今后攻克的难点。根据电磁波理论,只有兼具电、磁损耗才有利于展宽频带和提高吸收率。因此,磁性高分子微球与导电聚合物的复合物具有新型微波吸收剂的特征,在隐身技术和电磁屏蔽上具有广阔的应用前景。

(4)磁分离技术

磁分离技术是根据物质在磁场条件下有不同的磁性而实现的分离操作。它可从比较污浊的物系中分离出目标产物,而且易于清洗,这是传统生物亲和分离所无法做到的。同时,它几乎是从含生物粒子的溶液中吸附分离亚微米粒子的唯一可行方法。目前,以磁性微球为基础的免疫磁性分离技术不但广泛应用于医学、生物学的各个领域,而且在环境和食品卫生检测方面的应用也初见端倪。如沙门氏菌是引起食物中毒最常见的菌属之一,用免疫磁性分离技术从乳及乳制品、肉类和蔬菜中分离出沙门氏菌,其检测限为每克 1×10^2 个细菌。

2.5.3 巨磁化强度材料

巨磁化强度材料也称为高磁化强度材料,是指饱和磁化强度高于传统的 Fe 和 Fe-Co 软磁合金的材料。随着磁记录技术的发展,记录密度的日益提高,对具有高磁化强度的记录介质和磁头材料的需求十分迫切。自 1972 年开始,发现 Fe-N 系化合物 $Fe_{16}-N_2$($\alpha-Fe_{16}-N_2$ 相)的饱和磁化强度的理论值可达 2.83T,80 年代末利用分子束外延法成功地制备了 $Fe_{16}-N_2$ 单晶薄膜,并测得饱和磁化强度为 2.9T,与早期的估算大致相符。$Fe_{16}-N_2$ 的巨饱和磁化强度特性使其受到许多研究者的重视,对其晶体结构和制备方法作了深入研究。$\alpha-Fe_{16}-N_2$ 相为体心正方结构,氮原子有序地进入八面体间隙位置,每个铁原子的磁矩为 $3.0\mu B$。$Fe_{16}-N_2$ 的制备方法目前主要有以下几种:

①物理气相沉积法(PVD 法)。

②对薄膜(如 Fe 膜)进行氮离子注入,生成 $Fe_{16}-N_2$ 相。$Fe_{16}-N_2$ 的制备有一定难度,主要原因是 $Fe_{16}-N_2$ 相是亚稳定相,温度超过 400℃就要发生分解,分解为,$\gamma-Fe_4N$ 相和 $\alpha-Fe$,所以很难获得单相的 $Fe_{16}-N_2$。

③一般在块材中 $Fe_{16}-N_2$ 含量不超过 50%,粉体和薄膜中更低。将铁粉末在 700~750℃下进行氮化反应,得到奥氏体(γ 相),快冷得到马氏体(Fex-N 相),再在 120℃下回火,得到含有 $Fe_{16}-N_2$ 相的多相组织。显然,$Fe_{16}-N_2$ 相是非平衡相。

利用反应式直流磁控溅射法在玻璃或单晶硅(110)基片上淀积的 FeTiN 薄膜,是用 FeTi 合金做靶材,在氮气气氛中制备的。实验结果表明:含 5%(原子百分比)N 的 FeTiN 合金薄膜的饱和磁化强度最高(2T),矫顽力低(约为 $1/4\pi \times 3kA/m$)。磁记录技术、微电子技术、室温磁致冷技术的发展,需要软磁性能良好的巨磁化强度材料,对 $Fe_{16}-N_2$ 的磁性机理及制备技术的研究,是使其走向实用的关键。

第3章　超导材料

3.1　超导现象及超导材料的微观结构

3.1.1　超导现象

1. 超导现象的发现

1911 年荷兰物理学家昂尼斯（Onnes）在研究水银低温电阻时发现：当温度降低到 4.2K 以下，水银的电阻突然变为零；后来又陆续发现一些金属、合金和化合物也具有这种现象，这就是超导现象。如果把超导金属制成一闭合环，且通过电磁感应在环中激起电流，那么，这个电流将在环中维持数年之久。物质在超低温下，失去电阻的性质称为超导电性；相应的具有这种性质的物质称为超导体。超导体在电阻消失前的状态称为常导状态，电阻消失后的状态称为超导状态。

2. 超导现象的发展史

超导现象的发现，引起了众多科学家的高度重视，但是一直没能合理地解释这种现象。直到 20 世纪 30 年代，迈斯纳效应的发现，才奠定了超导的理论基础。1957 年，巴丁、库柏和施里弗发表了经典文章，提出了超导电性的量子理论，即 BCS 超导微观理论。这一理论解释了超导电性的起源。超导真正应用性的突破，却在 20 世纪 60 年代以后。1961 年首次将 Nb 气 Sn 制成实用螺管（磁场 8.8T、电流密度 $10A/cm^2$），接着又研究出、Nb_3A1、Nb_3Si、Nb-Zr、Nb-TiNb$_3$（$A1_{0.75}Ge_{0.25}$）、V_3Si、V_3Ga、$PbMo_6S_8$ 等系列超导合金和化合物。同时约瑟夫森效应的发现，使超导电性的应用进入了低温超导电技术。到了 70 年代初，超导纤维制成，从而使超导技术得到很大发展。

1986 年至今，液氮温区高温超导材料的出现使超导研究中的"温度壁垒"有了戏剧性的突破。超导体的临界转变温度（Tc）由液氦温区提到了液氮温区（77.4K），这一前进被科学界视为一场"飞跃和革命"。1986 年 4 月，美国 IBM 公司在苏黎世实验室的缪勒和柏诺兹两位学者宣布他们发现了转变温度为 35K 的 La-Ba-Cu 氧化物超导体。此后，日、中、美科学家分别宣布通过实验验证了这一发现的可靠性，从而引起世界各国科学家的巨大反响，对高温超导的研究形成了所谓世界性"超导热"。1986 年 12 月 23 日，日本宣布研制出了 Tc＝37.5K 的陶瓷超导材料；紧接着，12 月 26 日，我国中科院物理所赵忠贤等人宣布获得了起始转变温度为 48.6K 的 Sr-La-O 超导材料，并发现 Ba-La-Cu-O 在 70K 时有超导迹象。1987 年 2 月，美国的朱经武等人宣布了在一定的压力下 Ba-La-Cu-O 系中 52.5K 的超导转变。1987 年可谓是超导发展历史上具有特殊意义的一年。这年的 2 月份，朱经武和赵忠贤等先后得到了 T$_c$ 超过

90K 的 Y-Ba-Cu 氧化物(YBCO)超导体,这标志着高温超导体进入液氮温区。在随后的 1988 年,相继发现了一系列不含稀土元素的 Tl-Ba-Ca-Cu-O 体系的高温超导体和 Bi-Sr-Ca-Cu-O (BSCCO)体系。近年来,Hg-Ba-Ca-Cu-O 的 R 超过 134K,在加压下超过 164K。

总体来说,超导材料的发展经历了一个从简单到复杂,即由一元系到二元系、三元系以至多元系的过程,如图 3-1 所示。

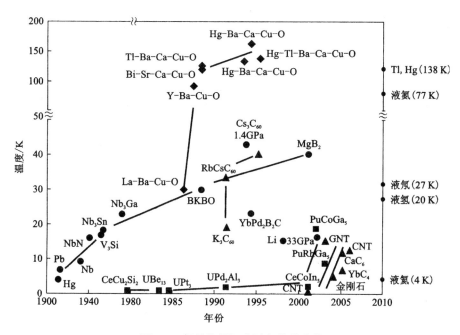

图 3-1　超导临界温度随年代的变化

3.1.2　超导的微观图像

1. 超导能隙

从物质的微观结构看,金属是由晶格点阵与共有化电子组成的。其中,晶格点阵上的离子与离子,共有化电子与共有化电子,离子与共有化电子之间,都存在着相互作用。超导电性的产生,应与晶格点阵上离子的某种行为有关。而超导电性又是与电子的凝聚密切相关的一种现象。因此,处理这个问题时,必须顾及晶格点阵运动与共有化电子两个方面。因此,完全有理由推测,电子与晶格点阵之间的相互作用,可能是导致超导电性产生的根源。

20 世纪 50 年代,人们逐渐认识到在超导基态与激发态之间有能隙存在。图 3-2 是绝对零度下,电子能谱的示意图。

在图的左半部分是正常态的能谱,图的右半部分是超导态的能谱。这种能谱的一个显著特点是,在费米能级 E_F 附近,有一个半宽度为 Δ 的能量间隔,在这个能量间隔内禁止电子占据,人们把 2Δ 或 Δ 称为超导态的能隙。在绝对零度下,处于能隙下边缘以下的各能态全被占据,而能隙上边缘以上的各能态全空着。这种状态就是超导基态。

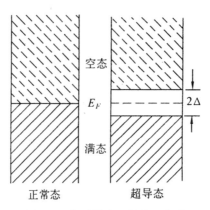

图 3-2　绝对零度下的电子能谱

当频率为 ν 的电磁波照射到超导体上时,由于能隙 E_g 的存在,只有当照射频率满足下式时,激发过程才会发生。

$$h\nu = E_g$$

当照射频率 $\nu = \nu_0 = E_g/h$ 时,超导体就会开始强烈地吸收电磁波。临界频率 ν_0 一般处于微波或远红外频谱部分。

当 $h\nu \gg E_g g$ 时,相当于把 E_g 看成等于零。超导体在这些频段的行为,同正常金属没有什么差别。

实验表明,超导体的临界频率 ν_0,实际上也就是超导体的能隙 E_g,不同的超导体,其 E_g 不同,且随温度升高而减小,当温度达到临界温度瓦时,有 $E_g = 0$,$\nu_0 = 0$。实验结果表明,一般超导体的临界频率 ν_0 为 10^{11} Hz 量级,相应的超导体能隙的量级为 10^{-4} eV 左右。

2. 迈斯纳效应

1933 年迈斯纳(Meissner)和奥森菲尔德(Ochsenfield)首次发现了超导体具有完全抗磁性的特点。把锡单晶球超导体在磁场($H \leqslant H_c$)中冷却,在达到临界温度 T_c 以下,超导体内的磁通线突然被排斥出去;或者先把超导体冷却至 T_c 以下,再通以磁场这时磁通线也被排斥出去。即在超导状态下,超导体内磁感应强度 $B = 0$,这就是迈斯纳效应。

迈斯纳效应的成功之点就是否定了把超导体看成是理想导体,指明了超导态是一个热力学平衡状态,与如何进入超导态的途径无关。超导态的零电阻现象和迈斯纳效应是超导态的两个相互独立、又相互联系的基本属性。单纯的零电阻并不能保证迈斯纳效应的存在,但零电阻是迈斯纳效应的必要条件。因此,衡量一种材料是否是超导体,须看是否同时具备零电阻和迈斯纳效应。

迈斯纳效应产生的原因:当超导体处于超导态时,在磁场作用下,表面产生一个无损耗感应电流。这个电流产生的磁场恰与外加磁场大小相等、方向相反,因而总合成磁场为零。换句话说,这个无损感应电流对外加磁场起着屏蔽作用,因此又称它为抗磁性屏蔽电流。

3. 库柏电子对

在讨论电子—声子相互作用的基础上,库柏证明了,只要两个电子之间有净的吸引作用,不管这种作用多么微弱,它们都能形成束缚态,两个电子的总能量将低于 $2E_F$。此时,这种吸引作用有可能超过电子之间的库仑排斥作用,而表现为净的相互吸引作用,这样的两个电子被称为库柏电子对。从能量上看,组成库柏对的两个电子,由相互作用所导致的势能降低,将超过动能比 $2E_F$ 多出的量,即库柏对的总能量将低于 $2E_F$。

4. BCS 理论

1957 年,美国物理学家巴丁(Bardeen)、库柏(Cooper)和施里弗(Scchrieffer)发表了经典性论文,提出超导电性量子理论,后人称之为 BCS 超导微观理论。该理论是从微观角度对超导电性机理做出合理解释的最富有成果的探索。他们 3 人因此而获得 1972 年诺贝尔物理学奖。

BCS 理论认为:

①超导电性来源于电子间通过声子作媒介所产生的相互吸引作用,当这种作用超过电子间的库仑排斥作用时,电子会形成束缚对,就是上面讲的库柏对,从而导致超导电性的出现。库柏对会导致能隙存在,超导临界场、热力学性质和大多数电磁学性质都是这种库柏对的结果。

②元素或合金的超导转变温度与费米面附近电子态密度 $N(EF)$ 和电子—声子相互作用能 U 有关,可用电阻率来估计。

5. 超导隧道效应

在经典力学中,若两个区域被一个势垒隔开,只有粒子具有足够穿过势垒的能量,才能从一个区域到达另一个区域。但在量子力学中,一个能量不大的粒子,也有可能会以一定的几率穿过势垒,这就是隧道效应。超导体的隧道效应有 2 种情况:一是库柏对分裂成 2 个准粒子后,单电子的隧道效应;另一是库柏对成对电子的隧道效应。超导隧道效应在超导技术中占有重要地位。

正常金属 N 和 2 个超导体 S,中间为绝缘体 I,则形成了 S-I-N 结。如果 I 层足够薄,在几十至几百 nm 之间,电子就有相当大的几率穿越 I 层。S-I-N 隧道效应电子能带示意图见图 3-3。当没有外加电压的情况下,I 层两边均没有可接受电子的能量相同的空量子态,不产生隧道电流;当 S 端加一个正电压 U 时,在 $U < \dfrac{\Delta}{e}$ 时,N 和 S 端没有隧道电流;在 $U = \dfrac{\Delta}{e}$ 时,S 端出现与 N 端中被电子占据、能量相同的空量子态,N 端的电子通过隧道进入 S 端的激发态内相同能级的空量子态中,出现隧道电流;在 $U > \dfrac{\Delta}{e}$ 时,隧道电流随 U 的特性而增加。

正常电子穿越势垒,隧道电流是有电阻的,但如果绝缘介质的厚度只有 1nm 时,则将会出现新的隧道现象,即库柏电子对的隧道效应,电子对穿越势垒后仍保持着配对状态。这就是约瑟夫森(Josephson)隧道效应。在不加任何外电场时,有直流电流通过结,这就是直流约瑟夫森效应。当外加一直流电压时,结可以产生单粒子隧道效应,结区将产生一个射频电流,结将以同样的频率向外辐射电磁波,这就是交流约瑟夫森效应,即在结的两端施加电压能使得结产生交变电流和辐射电磁波。对结进行微波辐照,则结的两端将产生一定电压的叠加。

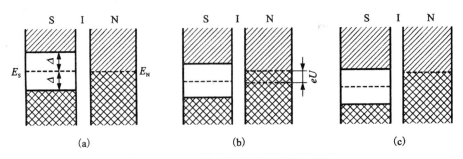

图 3-3　S-I-N 隧道效应电子能带示意图

$(a)U=0;(b)U<\dfrac{\Delta}{e};(c)U>\dfrac{\Delta}{e}$

3.2　超导体的临界参数

超导体有 3 个基本的临界参数,即临界温度 T_c、临界磁场 H_c、临界电流 I_c(或临界电流密度 J_c)。

1. 临界温度 T_c

超导体从常导态转变为超导态的温度就叫做临界温度,以 T_c 表示。也可以说临界温度就是在外部磁场、电流、应力和辐射等条件维持足够低时,电阻突然变为零时的温度。目前已知的铑的 T_c 最低,为 0.0002K;Nb$_3$Ge 的 T_c 最高,为 23.2K。为了便于超导材料的使用,希望临界温度越高越好。在实际情况中,由于材料的组织结构不同,导致临界温度不是一个特定的数值,而是跨越了一个温度区域。从而引入下面 4 个区域温度参数。

①起始转变温度 $T_{c(on\ set)}$。即材料开始偏离常导态线性关系时的温度。

②零电阻温度 $T_{c(R=0)}$。即在理论材料电阻 $R=0$ 时的温度。

③转变温度宽度 ΔT_c。即取 $\left(\dfrac{1}{10}R_n \sim \dfrac{9}{10}R_n\right)$($R_n$ 为起始转变时,材料的电阻)对应的温度区域宽度。如果 ΔT_c 越窄,说明材料的品质越好。

④中间临界温度 $T_{c(mid)}$ 即取 $\dfrac{1}{2}R_n$ 对应的温度。对一般常规超导体,该温度有时可视为临界温度。以上这 4 个区域温度的关系见图 3-4。

2. 临界磁场 H_c

实验表明,对于超导态的物质,若施以足够强的磁场,可以破坏其超导性,使它由超导态转变为常导态,电阻重新恢复。这种能够破坏超导态所需的最小磁场强度,叫做临界磁场,以 H_c 表示。H_c 是温度的函数,一般可以近似表示为抛物线关系,即

$$H_c = H_{c0}\left(1-\dfrac{T^2}{T_c^2}\right)(其中\ T<T_c)$$

在临界温度 T_c 时,磁场 $H_c=0$,式中 H_{c0} 为绝对零度(0K)时的临界磁场。

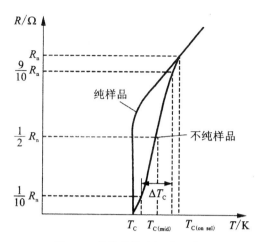

图 3-4　超临界转变温度示意图

　　超导体可分为两类：第一类超导体（除 V、Nb 以外的金属）和第二类超导体（V、Nb 及合金化合物、高温超导体等）。第一类超导体主要用于固体物理、超导理论研究。对于第一类超导而言，在临界磁场以下，即显示其超导性，超过临界磁场立即转变为常导体。具有实用价值的则主要是第二类超导体。对于第二类超导体而言，有 2 个临界磁场，即下临界磁场 H_{c1} 和上临界磁场 H_{c2}，$H_{c1} < H_{c2}$。在 $T < T_c$，外磁场 $H < H_c$ 时，第一、二类超导体相同，处于完全抗磁性状态。而当 H 介乎 H_{c1} 和 H_{c2} 之间时，第二类超导体处在超导态和正常态的混合状态。在混合状态时，磁力线成斑状进入超导体内部。电流在超导部分流动。随着外加磁场的增大，正常态部分逐渐增大，直到 $H = H_{c2}$ 时，超导部分消失，转为正常态。

　　3. 临界电流 I_c

　　破坏超导电性所需的最小极限电流，亦是产生临界磁场的电流，也就是超导态允许流动的最大电流，叫做临界电流。以 I_c 表示，相应的电流密度为临界电流密度 J_c。根据西尔斯彼（Silsbee）定则，对于半径为 a 的超导体所形成的回路中，I_c 与 H_c 的大小有关：

$$I_c = \frac{1}{2} a H_c$$

I_c 与温度的关系也可近似表示为抛物线关系：

$$I_c = I_{c0}\left(1 - \frac{T^2}{T_c^2}\right)$$

式中，I_{c0} 为绝对零度时的临界电流。

　　对于第一类超导体，电流仅在它的表层（$\delta = 10^{-5}$ cm）内部流动，且 H_c 和 I_c 都很小。当到达临界电流时，超导状态即被破坏了。所以，第一类超导体实用价值不大。对第二类超导体，在 H_{c1} 以下也可按第一类超导体考虑。进入混合状态后，超导体中常导部分在磁力线和电流作用下，产生一种力，叫洛伦兹力，使磁通在超导体发生运动，消耗能量。换言之等于产生了电阻，临界电流为零。由于超导体的杂质、缺陷等，其内部总存在着阻碍磁通运动的力（叫钉扎力），只有电流继续增加，洛伦兹力增加至可以克服钉扎力时，磁力线才开始运动，此时的电流即超导体的临界电流。

4. 三个临界参数的关系

要使超导体处于超导状态,必须将它置于三个临界值 T_c、H_c 和 I_c 之下。三者缺一不可,任何一个条件遭到破坏,超导状态随即消失。其中 T_c、H_c 只与材料的电子结构有关,是材料的本征参数。H_c 和 I_c 不是相互独立的,是彼此有关并依赖于温度。三者关系可用图 3-5 所示曲面来表示。在临界面以下的状态为超导态,其余均为常导态。

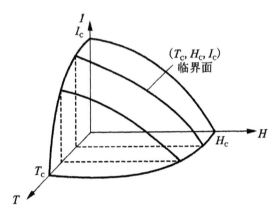

图 3-5 三个临界参数之间的关系

3.3 超导材料的分类

超导材料按其化学组成可分为:元素超导体、合金超导体、化合物超导体。

近年来,由于具有较高临界温度的氧化物超导体的出现,有人把临界温度 T_c 达到液氮温度(77K)以上的超导材料称为高温超导体,上述元素超导体、合金超导体、化合物超导体均属低温超导体。

目前,已发现的超导材料有上千种。大部分金属元素都具有超导电性,在采用了特殊技术后(如高压技术、低温下淀积成薄膜技术、极快速冷却技术等),以前不能变成超导态的许多半导体和金属元素已在一定条件下实现了超导态。

3.3.1 常规超导体

1. 元素超导体

已发现的超导元素近 50 种,如图 3-6 所示。除一些元素在常压及高压下具有超导电性外,另一部分元素在经过特殊工艺处理(如制备成薄膜、电磁波辐照、离子注入等)后显示出超导电性。其中 Nb 的 T_c 最高(9.2K),与一些合金超导体相接近,而制备工艺要简单得多。Nb 膜的 T_c 对氧杂质十分敏感,因而超高真空(氧分压 $<10^{-6}$ Pa)条件下,才能制备优良的 Nb 薄膜。

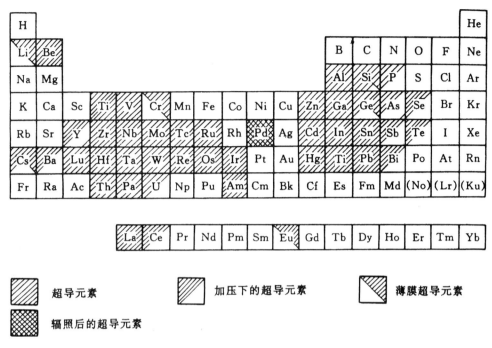

图 3-6 元素周期表中的超导元素

2. 合金超导体

与元素超导体相比,超导合金材料具有塑性好、易于大量生产、成本低等优点。目前常见的超导合金有以下两种。

(1)Nb-Ti 合金

在目前的合金超导材料中,Nb-Ti 系合金实用线材的应用最为广泛。Nb-Ti 合金具有良好的加工塑性、很高的强度以及良好的超导性能。Nb-Ti 合金线材虽然不是当前最佳的超导材料,但由于这种线材的制造技术比较成熟,性能也较稳定,生产成本低,他们是制造磁流体发电机大型磁体的理想材料。Ti 含量为 $50\%\sim70\%$ 的合金已广泛用于发生磁感应强度为 9T 的电磁铁导线。

Nb-Ti 合金的孔随成分而变化,在含 Ti 为 50% 左右时,T_c 为 9.9K,达到最大值。同时,随 Ti 含量及 T_c 的增加,强磁场的特性提高。

(2)Nb-Zr 合金

作为合金系超导材料,最早的超导线为 Nb-Zr 系,用于制作超导磁体。Nb-Zr 合金具有低磁场、高电流的特点,在 1965 年以前曾是超导合金中最主要的产品。Nb-Zr 合金具有良好的 H-J_c 特性,在高磁场下仍能承受很大的超导临界电流密度,而且比超导化合物材料延展性好、抗拉强度高、制作线圈工艺简单,但覆铜较困难,需采用镀铜和埋入法,工艺较麻烦、制造成本高,而与铜的结合性能较差。近年来由于 Nb-Ti 合金的发展,在应用上 Nb-Zr 合金逐渐被淘汰。

为了进一步提高合金超导体的超导性能,有人进行了一系列试验。结果表明,在超导合金中,有些材料在降低温度使用时,其上临界磁场和临界电流可以有大幅度提高;而且合金超导体的临界温度在超高压下有所提高,如 Nb-Zr 合金,在 30GPa 压力下,临界温度达到 17K 左右。表 3-1 为合金系超导材料的基本性质。

表 3-1 合金系超导材料

合金系	成分/%	T_c/K	H_{c2}/T	J_c/(A/cm)	复合加工性	成本	特征
Nb-Zr	75−25	10.2	∼7	$1×10^5$(3T)	难	中	尚未使用
Nb-Ti	40−60	9.0∼9.5	∼12	$2.1×10^5$(5T)	易	低	主流
Nb-Zr-Ti	65−25−10	9.8∼10.0	10∼11	$3×10^5$(5T)	难	中	
Nb-Ti-Ta	36−64−4	9.9	∼12		易	低	
Nb-Ti-V				$1.2×10^5$(3T)	易	低	
Nb-Ti-Zr-Ta	27−61−6−6	9.2	12	$1.85×10^5$(5T)	易	低	

3. 化合物超导体

化合物超导体与合金超导体相比,临界温度和临界磁场(H_{c2})都较高,至 1986 年,Nb_3Ge 的 T_c=23.2K,为超导材料中最高。一般超过 10T 的超导磁体只能用化合物系超导材料制造。化合物超导材料按其晶格类型可分为 Bl 型(NaCl 型),A15 型,C15 型(拉威斯型),菱面晶型(肖布莱尔型)。其中最受重视的是 A15 型化合物,Nb_3Sn 和 V_3Ga 最先引起人们的注意,其次是 Nb_3Ge,Nb_3Al,$Nb_3(AlGe)$ 等。A15 型化合物都具有较高的临界温度,如 Nb_3Sn,18K;V_3Si,17K;Nb_3Ge,23.2K……,表 3-2 为一些合金及其化合物的临界温度。但实际能够使用的只有 Nb_3Sn 和 V_3Ga 两种,其他化合物由于加工成线材较困难,尚不能实用。

表 3-2 一些合金及其化合物的临界温度

结构类型	对称性	化合物	T_c/k
A-2	立方	$Nb_{0.75}Zr_{0.25}$	11.0
A-2	立方	$Nb_{0.75}Ti_{0.25}$	10.0
A-15	立方	Nb_3Ge	23.2
A-15	立方	Nb_3Sn	18.0
C-15	立方	$(Hf_{0.5}Zr_{0.5})V_2$	10.1
A-12	立方	$NbTc_3$	10.5
B-2	立方	VRu	5.0
C-16	四角	$RhZr_2$	11.1
C-14	六角	$ZrRe_2$	6.4

20 世纪 60 年代后期,人们开始研究化合物超导材料的加工方法。目前较成熟的是 Nb_3Sn、V_3Ga 的加工技术。60 年代后期,采用化学蒸镀法和表面扩散法制成 Nb_3Sn 带材;利

用表面扩散法制成 V_3Ga 带材。日本利用 Cu-Ga 合金与 V 的复合,巧妙地制成了 V_3Ga 超细多芯线(太刀川法),使硬而脆的金属间化合物线材化成为可能。与此同时,美国也采用复合加工法制成 Nb_3Sn 线材。由于使用了铜合金(青铜)作为基体,这种方法又称为青铜法,见图 3-7。利用青铜法制作超细多芯线材,由于线材中青铜比例高,与表面扩散法带材相比,临界电流密度低,在强磁场中临界电流密度迅速下降。为了改善这一现象,在制造 Nb_3Sn 线材时,在铌芯中加入 Ta,Ti,Zr 等元素;在青铜中加入 Mg,Ga,Ti,或同时加入 Ga 与 Hf 等元素,可将 Hc 从 21T 提高到 25T。日本开发的用加 Ti 的 Nb_3Sn 线材制成的超导磁体已投入使用。在 V 和 Cu-Ga 合金中加入 Mg,可获得更好的效果。

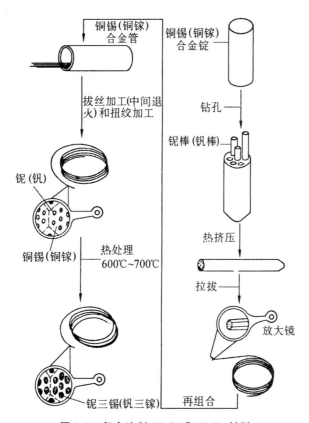

图 3-7　复合法制 Nb_3Sn 和 V_3Ga 材料

目前能够实用的超导材料,如 Nb-Ti 合金、V_3Ga 所产生的磁场均不超过 20T。而其他材料,如 Nb_3Al 和 $Nb_3(AlGe)$ 等临界温度及上临界磁场均高于 Nb_3Sn、V_3Ga。这些材料的加工技术与前述 Nb_3Sn、V_3Ga 的加工方法不同,近年来日本采用熔体急冷法、激光和电子束辐照等新方法,对 Nb_3Al 等化合物进行试验,取得了重要进展。如用电子束和激光束辐照 $Nb_3(AlGe)$,在 4.2K、25T 的磁场下,临界电流密度度达到 $3 \times 10^4 A/cm^2$。

除常规的金属超导材料,近年来非晶态超导体,磁性超导体,颗粒超导体都受到了研究人员的关注。此外,有机超导体自 70 年代问世以来在研究领域取得了较大进展,常压下,超导临界温度达到 8K,而且有不断增加的趋势。自 1986 年以来,高温氧化物超导体的发展,使超导的研究与应用有了突破性的飞跃。

3.3.2 高温超导体

从高温超导体结构的公共特征来看,都具有层状的类钙钛矿型结构组元,整体结构分别由导电层和载流子库层组成,导电层是指分别由 $Cu-O_6$ 八面体、$Cu-O_5$ 四方锥和 $Cu-O_4$ 平面四边形构成的铜氧层,这种结构组元是高温氧化物超导体所共有的,也是对超导电性至关重要的结构特征,它决定了氧化物超导体在结构上和物理特性上的二维特点。超导主要发生在导电层(铜氧层)上。其他层状结构组元构成了高温超导体的载流子库层,它的作用是调节铜氧层的载流子浓度或提供超导电性所必需的耦合机制。导电层(CuO_2 面或 CuO_2 面群)中的载流子数由体系的整个化学性质以及导电层和载流子库层之间的电荷转移来确定,而电荷转移量依赖于体系的晶体结构、金属原子的有效氧化态,以及电荷转移和载流子库层的金属原子的氧化还原之间的竞争来实现。

在费米能级上,铜原子的 $3d_{x^2-y^2}$ 轨道,氧原子的 $2p_\sigma$ 轨道,形成了相关的轨道函数。通过对强相关反铁磁绝缘体掺杂,引入自由载流子,可得到超导体。高温超导体的超导态和正常态都存在强烈的各向异性。虽然传统超导体与高温超导体的超导机理可能不同,但对照 BCS 超导调制合金来研究高温超导体的超导行为是有益的。

高温超导体的点阵常数以和易都接近 0.38nm,这一数值是由结合较强的 Cu-O 键的键强所决定的。而载流子库层的结构则根据来自 Cu-O 键长的限制作相应的调整,这正是载流子库层往往具有更多的结构缺陷的原因。

高温超导体的性质由载流子浓度决定。例如 La_2CuO_4,从实验得到的相图上显示它是反铁磁绝缘体。掺入很少量的 Sr,它将变为自旋玻璃态。进一步的掺杂将引入更多的载流子,它将变为超导体。存在一个最佳的载流子浓度,使临界温度达到极大值。过量掺杂将使该体系变为正常金属。对高温超导体而言,载流子浓度的变化来自氧缺位,相应氧含量可由制备过程或成分的变化来改变。实际上,晶格参数的变化常伴随着载流子浓度的变化。在很多材料中发现调制结构使结构不同于"平均结构"。

表 3-3 列出了人们主要研究的陶瓷超导体的名义成分和超导转变温度。下面就 La 系、Y系、Bi 系、Tl 系和 Hg 系中的主要超导相的结构与性质给以讨论。

表 3-3 高温超导系列

I	$La_{2-x}Ba_xCuO_4$	$0.1 < x < 0.2$	$T_c = 35K$
II	$Nd_{2-x}Ce_xCuO_4$	$x \approx 0.15$	$T_c = 24K$
III	$YBa_2Cu_3O_y$	$y \leqslant 7.0$	$T_c = 93K$
	$YBa_2Cu_4O_y$	$y \leqslant 8.0$	$T_c = 80K$
	$Y_2Ba_4Cu_7O_y$	$y \leqslant 15.0$	$T_c = 40K$
IV	$BiSr_2Ca_{n-1}Cu_nO_{2n+4}$	$n = 1$	$T_c = 12K$
		$n = 2$	$T_c = 80K$
		$n = 3$	$T_c = 110K$
		$n = 4$	$T_c = 90K$

续表

V	$Tl_2Ba_2Ca_{n-1}Cu_nO_{2n+4}$	$n=1$	$T_c=90K$
		$n=2$	$T_c=110K$
		$n=3$	$T_c=122K$
		$n=4$	$T_c=119K$
Ⅵ	$TlBa_2Ca_{n-1}Cu_nO_{2n+2.5}$	$n=1$	$T_c=50K$
		$n=2$	$T_c=90K$
		$n=3$	$T_c=110K$
		$n=4$	$T_c=120K$
		$n=5$	$T_c=117K$
Ⅶ	$HgBa_2Ca_{n-1}Cu_nO_{2n+2.5}$	$n=1$	$T_c=94K$
		$n=2$	$T_c=128K$
		$n=3$	$T_c=134K$
Ⅷ	$K_xBa_{1-x}BiO_3$	x 约 0.4	$T_c=30K$
Ⅶ Ⅴ	$BaPb_{1-x}Bi_xO_3$	x 约 0.25	$T_c=12K$

1. 钇钡铜氧化物 $YBa_2Cu_3O_{7-\delta}$ 超导体

$YBa_2Cu_3O_{7-\delta}$ 是由三个类钙钛矿单元堆垛而成的,图 3-8 描绘了正交相 $YBa_2Cu_3O_7$ 和四方相 $YBa_2Cu_3O_6$ 的结构示意图。单胞中含量最多的氧原子分别占据四种不等价晶位,O(1)、O(2)、O(3)和 O(4)。Y 层两侧占结构 2/3 的铜离子与周围四个氧形成 CuO_2 的弯曲面,在 Ba-O 层之间的其余 1/3 的铜与氧的配位情况与氧含量有密切的关系。随着氧含量的降低其结构由正交相转变为四方相。

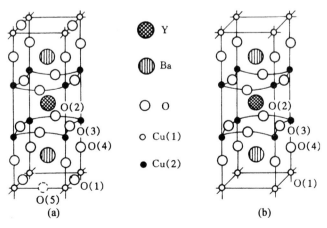

图 3-8　$YBa_2Cu_3O_{7-\delta}$ 晶格结构
$a-\delta=0;b-\delta=0$

对于如图 3-8(a)所示的 $\delta=0$ 的正交相结构 Ba-O 层之间有沿 δ 方向的一维 Cu(1)-O 原子链,沿 a 方向两个 Cu(1)之间的位置上没有氧离子占据,这个位置被称为 O(5)晶位(如图 3-8(a)中的虚线球所示),只有在 Cu(1)被其他三价阳离子替代时,才被氧所占据。这样在 $YBa_2Cu_3O_7$ 晶体结构中便存在 Cu(2)-O 的五配位和 Cu(1)-O 的四配位;而对于 $\delta=1$ 的 $YBa_2Cu_3O_6$ 四方相结构 Cu-O 链完全消失,如图 3-8(b)所示,氧只占据钙钛矿中 2/3 的负离子位置,并且完全有序,从而使得 1/3 的铜形成 Cu(1)-O 二配位,而 2/3 的铜形成 Cu(2)-O 五配位。当氧含量 δ 在 0 与 1 之间时,晶体结构处于从正交相至四方相的渐变过程,如图 3-9 所示;当氧含量 $\delta>0.6$ 时晶体完全变成了四方结构。从 $YBa_2Cu_3O_{7-\delta}$ 相图中看到,当 $0<\delta<0.6$ 时,正交相中有两个超导转变台阶,一是在 $0<\delta<0.15$ 范围内,超导转变温度 $T_c=90K$;另一是在 $0.25<\delta<0.45$ 区域内对应于 $T_c=50\sim60K$。随着 δ 值的增加,结构由正交转变为四方,T_c 逐渐降低。当 $0.6<\delta<1.0$ 时,$YBa_2Cu_3O_{7-\delta}$ 是非超导的四方相,显示出反磁性。

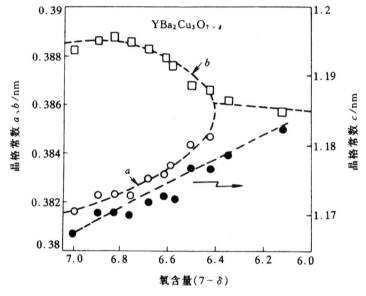

图 3-9　$YBa_2Cu_3O_{7-\delta}$ 晶格参数与氧含量 $7-\delta$

在 $YBa_2Cu_3O_{7-\delta}$ 中,Y 一般用稀土元素来替换后,仍保持 Y-123 结构,而且对 T_c 影响不大。但用 Ce 和 Pr 置换后,由于导致了载流子的局域化,使其丧失了超导电性。在 Y-123 化合物中用过渡族元素 Fe、Ni、Co 和 Zn 以及 Ga、Al、Mg 等置换 Cu 后,导致 T_c 不同程度的下降。

在 Y 系超导体中,除最早发现的 $YBa_2Cu_3O_y$(Y-123)外,还有 $YBa_2Cu_3O_y$(Y-124,$T_c=80K$)和 $Y_2Ba_4Cu_7O_y$(Y-247,$T_c=40K$)超导体。Y-124 与 Y-123 有类似的晶体结构,不同之处在于 Y-123 的 Cu-O 单链被双层 Cu-O 链所替代。Y-124 的优点是它的氧成分配比较稳定,当对 Y-124 相的 Y 用部分 Ca 所替代时,超导转变温度可增加到 90K。Y-247 相的结构是 Y-123 和 Y-124 相的有序排列,其转变温度对氧含量有强烈的依赖关系。

2. 镧锶铜氧化物(La-Sr-Cu-O)超导体

具有 K_2NiF_4 结构的 $La_{2-x}M_xCuO_4(M=Sr,Ba)$ 是由 La_2CuO_4 掺杂得到的。其特点是有准二维的结构特征。图 3-10 给出了 $La_{2-x}Sr_xCuO_4$ 结构示意图。晶体结构属四方晶系,空间群为 $D_{4h}^{17}-I_4/mmm$,每个单胞化合式单位为 2,即每个单胞包含 4(La,M)、2Cu 和 8O。F 晶格常数 $a=0.38nm$ 和、$c=1.32nm$。由于 Jahn-Teller 畸变,二价铜离子是四方拉长的,即 F 铜离子周围在 a-b 平面上有四个短的 Cu-O 键,另外两个长的 Cu-O 键沿 c 轴方向。纯的 La_2CuO_4 是不超导的,有过量氧的 $La_2CuO_{4+\delta}$ 却是超导体。另外,当部分 La^{3+} 离子被二价的 Sr^{2+} 和 Ba^{2+} 所替代时才显示出超导性质,超导转变温度在 20～40K 之间,取决于掺杂元素 M 和掺杂浓度 x,$La_{2-x}Sr_2CuO_4$ 的相图如图 3-11 所示。

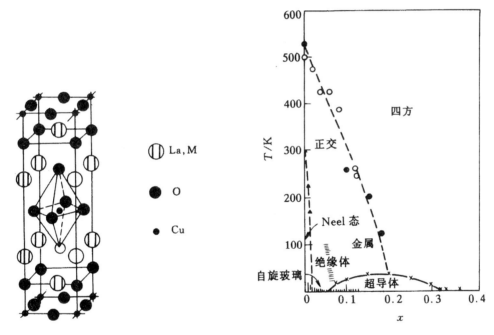

图 3-10　$La_{2-x}M_xCuO_4$ 超导体的晶格结构　　　　图 3-11　$La_{2-x}Sr_2CuO_4$ 超导体的相图

当温度从室温降低时,$La_{2-x}M_xCuO_4$ 发生位移型相变,由四方相转变为正交相,相变发生后使晶格常数 a 和 b 不再相等,另外还使晶胞扩大,结构转变的温度都高于超导转变温度,并且随掺杂元素的种类和掺杂量而改变。

La_2CuO_4 为反铁磁绝缘体,相邻的 Cu 原子自旋反向。按照 Mott-Hubard 模型,引入在位库仑能 U,将使导带劈裂为二,成为 Mott 绝缘体。将一个两价的碱土原子 Sr 置换 La,将在下能级中引入空穴,这就导致绝缘体变为金属。中子衍射的实验结果表明,反铁磁态对于掺杂极为敏感,当 $x=0.02$ 时,长程序就消失,变成关联长度约 4nm 的高关联的二维自旋液体。当 $x=0.05$ 时,发生绝缘体—金属的转变,但对自旋关联影响不大,自旋关联一直延伸到超导态中。

3. 铋锶钙铜氧化物(Bi-Sr-Ca-Cu-O)超导体

在元素周期表中,与稀土元素具有相同的离子价态(3+)和相近离子半径的非稀土元素有 Bi^{3+} 和 Tl^{3+} 等。米切尔(Michel)等人首先在 Bi-Sr-Cu-O 体系中发现了超导转变温度为 7~22K 的超导相。随后 Maeda 等在米切尔研究的体系的基础上加入 CaO,在 Bi-Sr-Ca-Cu-O 的体系中发现了 T_c 为 110K 和 85K 的多晶样品。许多研究人员对 Bi-Sr-Ca-Cu-O 的体系的超导相的晶体结构(如图 3-12 所示)进行了研究。超导相的化学通式为 $Bi_2Sr_2Ca_{n-1}Cu_nO_{2n+4}$, $n=1,2,3,4$,分别称为 2201 相、2212 相、2223 相和 2234 相。

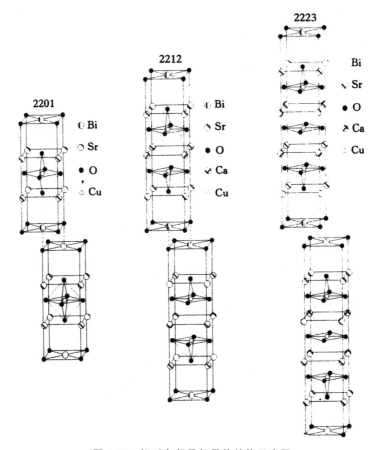

图 3-12　铋系各超导相晶体结构示意图

Bi 系超导相的晶体中所有阳离子都是沿 z 轴的 $(00z)$ 和 $(1/2 \ 1/2 z)$ 交错排列,因此平均晶体粗结构可看成四方晶系,体心点阵。Bi 系四个超导相的晶胞参数 a,b 相近,只是 c 分别为 2.46nm、3.08nm、3.70nm 和 4.40nm。这类超导相的结构特点是结果中的一些 Cu-O 层被 Bi202 双层隔开,不同相的结构差异在于相互靠近的 Cu-O 层的数目和 Cu-O 层之间 Ca 层的数目。各超导相的超导转变温度如表 3-3 所示。由图 3-12 可见,2201 相中,铜只有一个八面体晶位,铜氧之间为六配位。在 2212 相中,在两个 Bi_2O_2 双层之间,有两个底心相对的 Cu-O 金字塔结构,从对称性考虑此结构只有一个 Cu-O 五配位晶位。2223 相的结构与 2212 相相似,所不同的是 2223 相多一个 Cu-O 平面晶位和一个 Ca 层。正是由于铋系各超导相在结构上的相似性,它们的形成能也较接近,因此在制备 2223 相样品时,不可避免地有多相共生的现象。值得注意的是 Bi 系超导相中存在着较强的一维无公度调制结构,这种调制结构的出现使得晶体的整体对称性降低。用 Pb 部分替代 Bi 可以减弱 Bi-Sr-Ca-Cu-O 体系的调制结构,从而对铋系高温相有加固作用。

4. 铊钡钙铜氧化物(Tl-Ba-Ca-Cu-O)超导体

Tl-Ba-Ca-Cu-O 体系中存在着与 Bi-Sr-Ca-Cu-O 体系结构类似的四个超导相。它们的化学式为 $Tl_2Ba_2Ca_{n-1}Cu_nO_{2n+4}$,分别称为 Tl-2201 相、Tl-2212 相,Tl-2223 相和 Tl-2234 相。超导转变温度如表 3-3 所示。晶体结构可参见图 3-12,图中 Bi 用 Tl 替换,Sr 用 Ba 替换,所不同的是 Tl 系中各超导相的一维调制结构比 Bi 系降低了很多,相应的超导转变温度比 Bi 系有不同程度的增加。

在 Tl 系中,除了如上所述的 $Tl_2Ba_2Ca_{n-1}Cu_nO_{2n+4}$ 体系之外,还发现了另一体系的超导相 $TlBa_2Ca_{n-1}Cu_nO_{2n+3.5}$($n=1,2,3,4,5$),这几个相的结构特点是 Cu-O 平面被 Tl-O 单层隔开。实际上相当于 2201,2212 和 2223 结构中以 Tl-O 平面之间所截得的中间部分,其晶体结构可参见图 3-13。

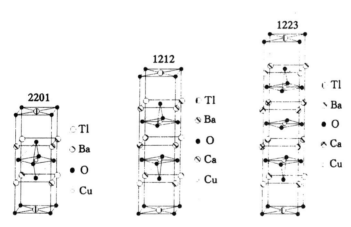

图 3-13　$TlBa_2Ca_{n-1}Cu_nO_{2n+3}$ 的结构图

5. 汞钡钙铜氧化物(Hg-Ba-Ca-Cu-O)超导体

(Hg-Ba-Ca-Cu-O)汞钡钙铜氧化物超导体是目前所发现的超导转变温度最高的超导体,它们的晶体结构与 $TlBa_2Ca_{n-1}Cu_nO_{2n+2.5}$ 超导体十分相似。Hg 系超导体的晶体结构如图 3-14 所示。它们为四方晶系,简单点阵,空间群为 $D_{4h}^1 - P_4/mm$。值得注意的是,La-、Y-、Bi-、Tl-和 Hg-系这五类含铜氧化物超导体结构中都存在 Cu-O 层,Y 系中除了 Cu-O 平面外,还有 Cu-O 链。许多实验表明,Cu-O 层在高 T_c 超导电性中起了关键性的作用,而其它的原子层只起了储备载流子所需的电荷的作用。人们在认识到铜氧层对于超导电性的重要性的同时,也曾想象通过合成铜氧层数 n 较多的超导体 $A_2B_2Ca_{n-1}Cu_nO_{2n+y}$ 和 $AB_2Ca_{n-1}Cu_nO_{2n+y}$,可能达到更高的超导转变温度。但事实并非 n 越大,T_c 就越高,实验证明对于 $A_2B_2Ca_{n-1}Cu_nO_{2n+y}$ 体系和

$AB_2Ca_{n-1}Cu_nO_{2n+y}$ 体系，$n=3,4$ 时，T_c 达到最大。其中的原因是，尽管高 n 体系有足够多的导通层，但是这些铜氧层远离载流子库层，实验表明它们的载流子浓度较低，不能满足超导电性的要求，因此片面增加载流子浓度较低的铜氧层对提高 T_c 无益，只有增加具有活性的铜氧层(有足够多的载流子的铜氧层)才能提高超导转变温度。

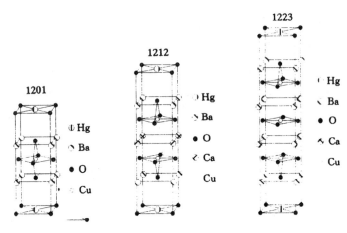

图 3-14　$HgBa_2Ca_{n-1}Cu_nO_{2n+2.5}$ 的结构图

6. 钕铈铜氧化物(Nd-Ce-Cu-O)超导体

$Nd_{2-x}Ce_xCuO_4$ 氧化物超导体是第一个被发现的电子导电型氧化物超导体，尽管它的超导转变温度只有 24K，但因载流子性质和 La-A-Cu-O(A 是碱土金属 Ba 或 Sr)、Y-Ba-Cu-O、Bi-Sr-Ca-Cu-O、T1-Ba-Ca-Cu-O 超导体不同，因而它对超导机制研究有重要意义。$Nd_{2-x}Ce_xCuO_4$ 与其他各类氧化物超导体一样，都有 Cu-O 组成的二维的准正方格子面，具有四方结构，其晶格参数 $a=39469nm$ 和 $b=1.20776nm$。晶体结构如图 3-15 所示。与图 3-10(T 相结构)不同，这里的结构中的铜离子仅与平面内的四个氧离子构成第一近邻，没有上下两个顶点氧。

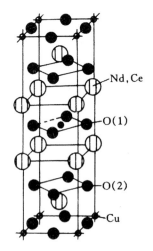

图 3-15　$Nd_{2-x}Ce_xCuO_4$ 的晶体结构

7. 无限层超导体

对于 Bi 系和 Tl 系超导体,它们的成分组成可以用通式 $A_2B_2Ca_{n-1}Cu_nO_{2n+y}$ 和 $AB_2Ca_{n-1}Cu_nO_{2n+y}$(A＝Bi,Tl;B＝Sr,Ba)所描述,如果无限增加铜氧层的数目,即 $n\to\infty$,这时在通式中的 A 和 B 将被忽略,得到的 Ca：Cu：O＝1：1：2。根据这样的思路,人们通过探索合成工艺就有可能得到具有无限多铜氧层的超导体,如 $CaCuO_2$、$SrCuO_2$、$BaCuO_2$ 等。$SrCuO_2$ 被称作"全铜氧层"或"无限铜氧层"结构:这种氧化物的特征是由很多 Cu-O 层和 Sr 层堆垛而成的,近阳离子层 Sr 层是最简单的电荷库,超导所需的载流子是通过 Sr 层的调整来实现的。这种材料的制备是在非常苛刻的高温和高氧压的条件下完成的。依靠不同的制样方式能得到 P 型和 N 型超导体,它们的超导转变温度 T_c 分别是 40K 和 90K。

3.3.3 其他类型超导材料

1. 金属间化合物(R-T-B-C)超导体

早在 20 世纪 70 年代,菲逊革(Feitig)等人就报道了稀土—过渡族元素—硼所组成的金属间化合物的超导电性,如 $ErRh_4B_4$(T_c＝8.7K)、$TmRh_4B_4$(T_c＝9.86K)和 YRh_4B_4(T_c＝11.34K)。这类超导体表现出超导电性与铁磁性共存的复杂现象,故人们又称它们为磁性超导体。这类金属间化合物超导体中以铅钼硫($PbMo_6S_8$)的超导转变温度最高,T_c 达 14.7K。晶体为夏沃尔相结构。

1993 年 2 月,马扎丹(C. Mazumdan)等制备出 YNi_4B 超导体,它的超导转变温度为 12K,具有 $CeCo_4B$ 型结构,晶格参数为 a＝1.496nm 和 c＝0.695nm。同年 9 月,纳戈瑞余(R. Nagarajan)等人又在 Y-Ni-B 体系中加入了 C,制备出了 $YNi_2B_3C_{0.2}$,使超导转变温度提高到 13.5K,晶体属六角密排型结构,晶格参数为 a＝0.49822nm 和 b＝0.9648nm。1994 年 1 月贝尔实验室的卡瓦(Cava)等人制备出了 YNi_2B_2C 超导体,其超导转变温度又提高到 16.6K,接着制备出来的新的四元素硼碳金属间化合物,超导转变温度提高到 23K。

2. 有机高分子超导材料

1979 年巴黎大学的热罗姆(Jerome)和哥本哈根大学的比奇加德(Bechgaard)发现了第一种有机超导体,以四甲基四硒富瓦烯(tetremethyletraselenafulvalene,缩写为 TMTSF)为基础的化合物,分子式为 $(TMTSF)_2PF_6$,其转变温度为 0.9K。从 1979 年以来,人们一直努力发现转变温度更高的有机超导体。就实用意义来看,有机超导体和其他超导体的一个重要区别是有机材料的密度低,约为 $2g/cm^3$,即它们的密度只有一般金属(如铌)的 20%～30%,原因是原子和分子的间距大,且碳原子的质量小。

已经发现 40 多种具有超导性能的电荷转移盐类,但它们的转变温度普遍都比较低,而且它们中的许多只有在高压下才能出现超导。1991 年以前,多数转变温度升高的有机超导体都与有机分子的盐类双(乙撑二硫)四硫富瓦烯(常写作 ET)有关。1983 年美国加州 IBM 实验室的科学家发现了铼的化合物 $(ET)_2ReO_4$,在高压下其转变温度为 2K,次年前苏联科学家发现了第一种常压下的 ET 超导体——碘盐 β-$(ET)_2I_3$,其转变温度为 1.5K。到 1988 年硫氰胺铜的盐，κ-(EF)$_2$Cu[(CN)]Cl 的转变温度达到了 13K。后来改性的该类超导体，例如(EDT-TTF)$_4$Hg$_{3-6}$I$_8$，$\delta=0.1\sim0.2$($T_c=8.1$K)等都没有超过这个纪录。1991 年研究者发现了 K$_3$C$_{60}$，这是球烯 C$_{60}$ 的一种钾盐，其转变温度为 19K。后来经过改进的铷、铯和球烯的化合物(Rb$_2$C$_{60}$)，其 n 均为 33K。现在该类超导体的最高纪录是美国朗讯科技公司发现的具有多孔表面的 C$_{60}$ 单晶，其临界温度达到了 117K 吉 C$_{60}$ 类超导体属于三维结构，是一种很有前途的有机超导体，见图 3-16。

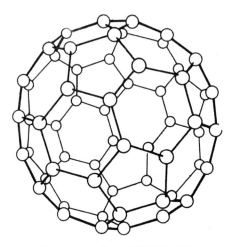

图 3-16　C$_{60}$ 的足球状单壳结构

1993 年，俄罗斯的 Grigorov 发现了经过氧化的聚丙烯体系能在 300K 时呈现超导性。他将用 Ziegler 合成法合成的聚丙烯溶于溶液后，沉积于铜或铟的基体上，形成厚度为 0.3～100ixm 的 PP 薄膜。经过 3 年的空气氧化(或采用紫外线照射后放置几个星期)，他发现产生了一些局部超导点，其转变温度大于 300K，局部超导点的直径小于 0.1μm。虽然这是有机超导体研究中所报道的唯一的室温转变温度，而且还有待进一步证实，但有机超导体出现如此举世瞩目的成果，提示了未来材料化学家追求的目标。

3. 重费米子超导体

重费米子超导体 CeCu$_2$Si$_2$ 是斯泰格里希(Steglich)在 70 年代末首先发现的，它的超导转变温度只有 0.7K。这类超导体的比热测量显示其低温电子比热系数 γ 非常大，是普通金属的几百甚至几千倍。由此可以推断这类超导体的电子有效质量 m^* 比自由电子(费米子)的质量重几百甚至几千倍，由此被称为重费米子超导体。目前有关重费米子超导体的超导机制尚不清楚。尽管目前发现的一些重费米子超导体如 UB$_{l3}$、UPt$_3$、URu$_2$Si 等的转变温度都比较低，在 1K 以下，但是对重费米子超导体的研究，对于超导电性机制研究有特别重要的意义。人们发现了一族新的重费米子超导体其中包括 UNi$_2$Al$_3$ 和 UPd$_2$A$_{13}$(重费米子超导体也有自己的 1-2-3 结构)，前者的 T_c 是 1K 而后者的最高 T_c 为 2K。根据电子比热系数 $\gamma\sim150$ml/(mol. K^2)的结果，计算得到有效质量 $m^*/m_0\approx65\sim70$。

3.4 超导材料的应用

自从超导电性被发现以后,人们就不断地探索它应用的可能性。如超导体的零电阻效应显示了其无损耗输送电流的性质,大功率发电机、电动机如能实现超导化将会大大降低能耗,并使其小型化。若将超导体应用于潜艇的动力系统,可以大大提高它的隐蔽性和作战能力。同时超导体在国防、变通、电工、地质探矿和科学研究(回旋加速器、受控热核反应装置)中的大工程上都有很多应用。利用超导磁体磁场强、体积小、质量轻的特点,可用于负载能力强、速度快的超导悬浮列车和超导船。利用超导隧道效应,可制造世界上最灵敏的电磁信号的探测元件和用于高速运行的计算机元件。用这种探测器制造的超导量子干涉磁强计可以测量地球磁场几十亿分之一的变化,能测量人的脑磁图和心磁图,还可用于探测深水下的潜水艇;放在卫星上可用于矿产资源普查;通过测量地球磁场的细微变化为地震预报提供信息。超导体用于微波器件可以大大改善卫星通讯质量。超导材料的应用显示出巨大的优越性。

在超导应用中,一般分为低温超导材料和高温超导材料应用两大方面。

3.4.1 低温超导材料的应用

1. 强电场方面的应用

在超导电性被发现后首先得到应用的是用它来作导线,导线只有用第 Ⅱ 类超导体制造,因为它能承受很强的磁场,目前最常用的用以制造超导导线的传统超导体是 NbTi 与 NbaSn 合金。NbTi 合金具有极好的塑性,可以用一般难熔金属的加工方法加工成合金,再用多芯复合加工法加工成以铜(或铝)为基体的多芯复合超导线,最后用冶金方法使其由 β 单相变为具有强钉扎中心的$(\alpha+\beta)$双相合金,以获得较高的临界电流密度。每年世界上按这一工艺生产的数百吨的 NbTi 合金,产值可达几百亿美元。Nb_3Sn 线材是按照青铜法制备:将 Nb 棒插入含 Sn 的青铜基体中加工,最后经固态扩散处理,在 Nb 芯丝与青铜界面上形成 Nb_3Sn 层。在 1T 的强磁场下,输运电流密度达 $10^3 A/mm^2$ 以上,而截面积为 $1mm^2$ 的普通导线,为了避免熔化,电流不能超过 $1\sim2A$。超导线圈的主要应用如下:

①用于高能物理受控热核反应用于制造发电机和电动机线圈。

②用于高速列车上的磁悬浮线圈和凝聚态物理研究的强场磁体。

③用于 NMR 装置上以提供 $1\sim10T$ 的均匀磁场$(B_0=\mu_0H)$。

④用于轮船和潜艇的磁流体和电磁推进系统。

物理研究需要很强的磁场,超导磁体被广泛应用,特别是一些特殊的设备如果没有超导磁体就不能使用。中国科学院合肥等离子体研究所已建造了使用超导磁体用于研究受控热核反应的托科马克装置 HT-7。

此外,超导磁体还用于核磁共振层析扫描,这种医用技术是通过对弱电磁辐射的共振效应来确定一些核(如氢)的性质,共振频率正比于磁场强度,先进的核磁共振扫描装置内的磁场为 $15000\sim200000e$(即 $B_0=1.5\sim2T$),借助于计算机,对人体不同部位进行核磁共振分析,可以得到人体各种组织包括软组织的切片对比图像,这是用其他方法很难得到。核磁共振比 X 光技术不仅更加有效及精确而且是一种对人身体无害的诊断手段。

2. 弱电方面应用

根据交流约瑟夫森效应,利用约瑟夫森结可以得到标准电压,而且数值精确,使用方便,在电压计量工作中具有重要意义。它把电压基准提高了两个数量级以上,并已确定为国际基准。超导电子可以穿越夹在两块超导体之间极薄($1\times10^{-9}\sim3\times10^{-9}$ m)绝缘层(这种结构称为超导结)而产生超导隧道效应。利用这一效应可制成各种器件,这些器件具有灵敏度高、噪声低、响应速度快和损耗小等特点。超导体从超导态转变到正常态时,电阻从零变到有限值,利用这种现象可制成各种快动开关元件。按照控制超导体状态改变的不同方式,超导开关分磁控式、热控式和电流控制式等。如按照超导体状态改变时发生突变的性质,则超导开关又可分为电阻开关、电感开关和热开关。一般而言,磁控式开关响应快,但对开关电路会产生一定干扰,且往往体积较大。热控式开关响应慢,但较简便,因此应用较广。

约瑟夫森效应的另一个基本应用是超导量子干涉器(SQUID),它是高灵敏度的磁传感器。在 SQUID 里可以有 1 个或 2 个约瑟夫森结,SQUID 要求没有磁滞的约瑟夫森结,因此可用一个足够小的电阻把薄膜微桥或隧道结并联起来。它的最基本的特点是对磁通非常敏感,能够分辨出 10^{-15} T 的磁场变化。超导量子干涉器又分为直流超导量子干涉器(dc-SQUID)和射频超导量子干涉器(rf-SQUID)。前者的特点是在一个超导环路中有两个约瑟夫森结,它是在直流偏置下工作的;后者为单结超导环,它对直流总是短路的,只能在射频条件下工作。SQUID 可以用于生物磁学。约瑟夫森结还有在计算应用上的巨大潜力,它的开关速度在 10^{-12} s 量级和能量损耗在皮可瓦范围,利用这种特性可开发新的电子器件,如可以为速度更快的计算机建造逻辑电路和存储器。超导电性还在精密测量中被广泛应用,如超导重力仪是用来测量地球重力加速度的仪器。以超导电子器件做成的超导磁强计的灵敏度最高。

高温超导体被发现后,由于低温超导薄膜有均匀性、工艺稳定性以及热噪声低等优点,低温超导材料目前仍在超导器件制造中占有十分重要的地位。其中,具有重要实用价值的有 B-1 型化合物薄膜如 NbN 以及 A-15 超导体膜如 Nb_3Sn、Nb_3Ge 等。

3.4.2 高温超导材料的进展、应用及展望

1. 高温超导材料的进展

(1)单晶

为了揭示氧化物超导体的超导机制和寻求更高 T_c 的新材料,需要对这些氧化物进行精确的物理测量,由于至今所发现的氧化物材料具有复杂的原子结构和强的各向异性,所以要获得高度可信的数据就必须使用高质量的单晶,这种高质量单晶应满足几个条件:大尺寸,好的表面形貌,高纯度,很好的均匀性和晶体缺陷低。此外,高质量、大尺寸氧化物超导单晶是优质的高温超导薄膜基底,大尺寸氧化物超导单晶制造技术的发展促进了超导器件的开发。

由于氧化物超导体是由多种元素(至少 4 种)组成的化合物,再者因为 YBCO 体系相关系的复杂性,这些因素使得直接从 YBCO 组分的液相中得到 YBCO 单晶变得十分困难。因此,直到现在 YBCO 单晶的生长主要是通过各种类型的助溶剂(如 $PbO-B_2O_3$、KCl-NaCl)来实现

的。但是用这些助溶剂要获得高质量的单晶却十分困难。在多数情况下一般采用 BaO-CuO 作助溶剂。但这种方法有许多缺点:首先,BaO-CuO 几乎和任何类型的坩埚都发生反应,从而使单晶受到坩埚材料的污染,所以难以获得高质量的单晶。其次,由于 YBCO 与 BaO-CuO 熔液的化学性质几乎一致,所以从 BaO-CuO 溶剂中分离 YBCO 单晶十分困难。

此外,因为控制 YBCO 成核十分不易,因此用助溶剂法很难合成大尺寸的单晶。

对 Bi 系和 Tl-Ba-Ca-Cu-O 体系(Tl 系)超导体来说,由于它们比 Y 系有更多的元素组分,更复杂的结构和更强的各向异性,所以要获得大尺寸高质量的单晶更加困难,大多数晶体都是 c 方向很薄的片状晶。在 Bi 系超导体中,通过助溶剂法、移动溶剂浮区法(TSFZ)和顶部籽晶生长法均能得到 2212 单晶,1993 年用 TSFZ 法制备了 ab 面为 205.5mm^2 和 e 轴 1.5mm 厚的 Bi-2212 单晶,但至今尚没有报道 Bi-2223 单晶的结果。

最近发展了一种叫做 SRL-CP(溶质富液相晶体提拉)法能够制备出 15mm×15mm×15mm 的大尺寸 YBCO 单晶。晶体沿 C 轴方向以 0.06～0.09mm/h 速度生长。ab 面及 c 轴方向的 T_c 均为 90K,这是很有效的制备大尺寸 YBCO 单晶的方法,它将给薄膜器件的研制、物性研究及揭示高温超导机制带来很大便利,用这种大尺寸 YBCO 单晶做基底成功地制备了高质量的 YBCO 薄膜。

尽管现在可以稳定制备较大尺寸的 YBCO 单晶,但为了尽快推动超导器件的发展,还需要合成更大尺寸、更高质量的单晶,此外,还需要加快单晶的生长速率。

(2)高温超导线(带)材

高温超导体在强电方面众多的潜在应用(如磁体、电缆、限流器、电机等)都需要研究和开发高 J_c 的长线(带)材(约 1km 长度量级)。所以,人们先后在 YBCO,BSCCO 及 Tl-Ba-Ca-Cu-O 等 T_c 高于液氮温度的体系的线材化方面做了大量的工作。目前已在 Bi 系 Ag 基复合带(线)材和柔性金属基 Y 系带材方面取得了很大进展。

①柔性金属基 YBCO 带材进展。YBCO 超导体在液氮温区有较强的本征钉扎特性,但它的晶粒很难通过常规的加工技术来实现取向,所以用 PIT 法及在普通金属基带上涂层后热处理的方法虽然能够制备出长线(带)材,但其 J_c 值均小于 10^3 A/cm^2(77K,0T),并且,随磁场的增加迅速下降。受在单晶基体上通过外延生长制备高 J_cYBCO 薄膜的启发,最近人们发展了"离子束辅助沉积"(IBAD,美国 LANL)和"轧制辅助双轴织构"(RABITS,美国 ORNL)这两种柔性基带,并在这种基带上生长 YBCO 膜取得了成功,获得了高几的带材。这两种基带都是在柔性金属带(如 Ag,Ni 等)上沉积一层取向生长的钇稳定的氧化锆(YSZ),由于 YSZ 与 YBCO 的晶格点阵非常接近,并且具有良好的化学稳定性,它一方面可以诱导 YBCO 晶体取向生长,另一方面又作为阻隔层防止 YBCO 与金属基带反应。目前利用脉冲激光沉积(PLD)和 MOCVD 方法在 IBAD 及 RABITS 带上制备的 YBCO 超导体在 65K 强磁场中的,c 值均已超过低温实用超导体 NbTi 和 Nb$_3$Sn 在 4.2K 的 J_c 值。如:美国 LANL 制备的 IBAD 样品 J_c 最高达到 10^6 A/cm^2(75K,0T),ORNL 的 RABITS 带的几也已达到 $7×10^5$ A/cm^2(77K,0T)、$3×10^5$ A/cm^2(77K,1T)。虽然从目前的研究现状来看,制备长带还存在着一定的技术难度,但这种方法所带来的高 J_c 性能给高温超导体在 77K 温区实现强电应用展示了美好的前景,人们已把它称为继 PIT 法 BSCCO 带后的第二代高温超导带材,并且投入较大的人力和物力进行开发研究。

②Bi 系超导线材。BSCCO 超导体晶粒的层化结构,使得人们能够利用机械变形和热处理来获得具有较好晶体取向的 Bi 系线(带),另外,热处理时液相的存在能够促进材料致密化,并且弥合在变形加工中所产生的裂痕,从而改善晶粒间的连接性。这种优点,使得人们利用粉末套管法(PIT),即把 Bi(Pb)-Sr-Ca-Cu-O 粉装入金属管(Ag 或 Ag 合金)中进行加工和热处理的方法,制备 Bi 系长线(带)材取得了成功,1994 年美国超导公司率先制备出长度达 1000m,J_c 达 $1 \times 10^4 A/cm^2$(77K,0T)的 BSCCO/Ag 带材。目前所制备的 Bi-2223-Ag 带的最高 J_c 值已接近 $10^5 A/cm^2$(77K,0T)。近几年来,随着对该类超导体的结构形成机理、显微结构特征以及超导性能的深入研究,不断改善工艺技术,使 J_c 和带材的均匀性逐年提高。1996 年,美国超导公司(ASC)和日本住友公司制备的 1200m 带材的 J_c 值均超过 $1.2 \times 10^4 A/cm^2$(77K,0T),并且能够稳定生产。这种带材已成功用来绕制小型超导磁体及超导电缆试制等。根据目前的研究结果,人们认为通过进一步改善工艺参数,提高带材的密度和晶粒的结构、改善晶粒间的连接性以及引入有效的磁通钉扎中心,Bi 系带材的,J_c 值将还会有较大幅度的提高。另外,在通过多芯化和基体材料的合金化来改善 Bi 系线(带)材的机械强度方面,也已取得了明显进展。

③薄膜。自从高温超导体发现以来,人们对高温超导薄膜的制备与研究都给予了极大的重视,特别是液氮温度以上的高温超导体的发现,使人们看到了广泛利用超导电子器件优良性能的可能性,科学家们预计,高温超导体将使超导电子学发生一个根本的变革,超导体的临界温度 T_c 高于 77K,大大简化了超导电子器件的使用条件,从而扩大了它的使用范围。

要想得到性能优良的高温超导器件就必须有质量很好的薄膜,但由于高温超导体是由多种元素(至少 4 种)组成的化合物,而且高温超导体往往还有几个不同的相,此外,高温超导体具有高度的各向异性,这些因素使制备高质量高 T_c 超导薄膜具有相当大的困难。尽管如此,通过各国科学家 10 年来坚持不懈的努力,已取得了很大的进展,高质量的外延 YBCO 薄膜的 T_c 在 90K 以上,零磁场下 77K 时,临界电流密度 J_c 已超过 $1 \times 10^6 A/cm^2$,工艺已基本成熟,并有了一批高温超导薄膜电子器件问世。

(3)高温超导块材

经过 10 年的发展,高 T_c 氧化物超导块材取得了很大的进展。首先表现在 J_c 值的提高这方面的工作主要是围绕着 Y 系材料展开的。固态反应法是制备氧化物材料的传统方法。但是人们发现,无论怎样调整工艺参数,也不能使 J_c 突破 $10^3 A/cm^2$(77K,0T)的量级,并且 J_c 值随磁场很快衰减,其 J_c-B 特性类似于约瑟夫森结。人们很快发现,这是由于超导晶粒间的弱连接造成的,产生弱连接的主要原因是超导体具有很强的各向异性和极短的相干长度。克服弱连接必须使晶粒沿 Cu-O 面取向排列,并且晶粒间必须很好的连接。1988 年,熔融织构(MTG)工艺(美国 AT&T Bell 实验室)首先在这方面取得了突破,随后又相继发展出液相处理法(LPP,美国 Houston 大学)、淬火熔融生长(QMG,日本 ISTEC 超导中心)和粉末熔化处理(PMP,中国西北有色金属研究院)等熔化工艺,使 J_c 值超过了 $10^4 A/cm^2$(77K,1T)。PMP 工艺采用 211 与 BaCuO$_2$ 及 CuO 为初始粉末,在超导体中引入了弥散分布的细小 211 粒子,这种细小 211 粒子一方面提供了钉扎力,另一方面又抑制了微裂纹的产生。另外,在 123 相晶体中引入了高密度的层错和位错作为有效的磁通钉扎中心,使 J_c 值大幅度提高。YBCO 超导块材的性能提高见图 3-17,由图可见 PMP 法制备的材料 J_c 达到 $1.4 \times 10^5 A/cm^2$(77K,1T),

处于国际领先水平。

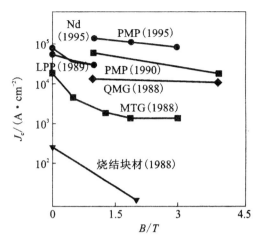

图 3-17　几种融化工艺品的 J_c 比较

研究 YBCO 超导块材的目标之一是利用由于它在超导态下的迈斯纳效应及磁通钉扎特性导致的磁悬浮力,试图应用于超导轴承、贮能以及磁浮列车等。目前 YBCO 体系块材在提高磁悬浮力方面也取得了较大的进展。日本钢铁公司最近制得的 $\phi80mm$ 的一个样品,与永久磁体间的相互作用力达 580N,平均每平方厘米达 8.3N,其制造的 $\phi48mm$ 的 YBCO 单晶畴样品,可悬起 22kg 的重物,平均每平方厘米悬起约 1.5kg 的重物,已接近实用化水平。我国北京有色院、西北有色院制备的 YBCO 块材磁悬力达到 $10N/cm^2$(77K)。

2. 高温超导材料的应用

超导电性的实际应用从根本上取决于超导材料的性能。与实用低温超导材料相比,高温超导材料的最大优势在于它可能应用于液氮温区。目前在强电方面,接近实用要求并已开始商业开发的高温超导材料主要是 PIT 法 Bi 系线(带)材。它在 77K、自场条件下的无阻载流能力是普通导体的 100 倍,但随外磁场的增加衰减很快,所以目前它仅适合于低磁场条件下的应用,如超导输电电缆、超导限流器等,而不具备在 77K 下应用于其他需要较高磁场的强电应用项目,如电动机、发电机和超导磁能储存系统等。被认为第二代的 IBAD 和 RABITS 带材,如果研究开发成功,则可能在 77K 下实现以上应用。但 Bi 系线(带)材在低于 30K 温度下优越的高场性能,可以使它在该温区用于某些强电应用,并可用微型致冷机来进行系统的冷却。在弱电应用方面,由于已获得高质量的薄膜材料,所以 SQUID 等高温超导器件已商品化,但其在使用过程中的稳定性还需进一步改善。以下将概述近年来在高温超导材料应用研究方面取得的主要进展。

(1)磁体

Bi-2223/Ag 长带绕制线圈和磁体是目前研究的重点之一。Bi-2223 具有较高的临界温度,用这种材料绕制的磁体具有高的稳定性和可靠性,因此,这种磁体能够在广阔的范围内得到应用。

日本住友电工的 K. Sato 报道了他们的 61 芯 Bi-2223 带材,采用先反应后绕(R&W)技术制备了一个内径为 80mm，外径为 292mm，总匝数为 6503 匝的磁体，在 4.2K 和 20K，可分别产生 7T 的磁场，为目前高 T_c 超导磁体的最高记录。美国 ASC 在 1994 年报道了利用机械致冷机冷却的高温超导磁体，在 27K 零外场下能产生 2.16T 的磁场，最近又报道了一个在 4.2K 下，产生 3.4T 磁场的磁体。

与低温常规超导体相比，BSCCO 体系的优越性是它的 J_c 值在液氮温区（4.2K）强磁场中随磁场的增加而降低很少，所以可以制成中心磁体插入常规磁体中，产生 20T 以上的强磁场。最近，日本住友电工将 Bi-2223/Ag 多芯带绕制的四双饼高温超导磁体插入 NbTi 及 Nb_3Sn 组合磁体中，在 4.2K 产生了 24T 的磁场，已能满足 1GHz 核磁共振磁体要求，这是目前世界上超导磁体在 4.2K 产生的最高磁场。而如果只用常规低温超导体，这一高磁场值是无法实现的。

（2）电流引线

在给低温环境下工作的超导磁体和电力设备供电时，由低温到高温之间的电流引线会消耗许多液氮，一直是工程应用中的一个难题。高温超导体由于孔高，热导率低，作为由低温区到高温区的过渡，可以在超导态下给磁体供电，从而把热漏减少到了极小的程度。目前用作电流引线的材料主要有 Bi-2212 及 Bi-2223 的棒、管和带材，以及熔化法 YBCO 棒材。根据应用的环境不同，引线的临界电流在 1000～5000A 之间。目前，电流引线已成功地用于微型制冷机冷却的 NbTi 及 Nb_3Sn 磁体系统，第一次实现了不需用液氮的超导磁体应用。

（3）输电电缆

输电电缆由于在低磁场（0.1T）下运行。因而被认为是实现高温超导应用的最有希望的领域。高超导电缆同低温超导电缆和常规地下电缆相比具有明显的优越性，从而有可能替代目前使用的地下电缆。美国、日本、欧洲在这方面已取得一定的进展。

美国 ASC 已开发出 30m 长、3kA 的 Bi-2223 导体，并计划与电力研究所、LANL 和 ORNL 等合作，在 4 年内进行三相 115K、30m 电缆的试验。

日本的东京电力、住友电工、古河电工等联合开发输电电缆，已制成 50m 长、3kA 的电缆。1995 年夏，英国的 BICC 及其意大利子公司及 LEAT 和 CAVI，使用美国 IGC 的线材，已制成 1m 长，在 20K 下输电 11kA 的电缆。1995 年 10 月，美国能源部提出一项新的电缆计划，由 IGC 提供线材，ORNL 和 SC 制备及测试一个 1m 长、2kA 的交流电缆。专家们预测，到 2010 年左右，高温超导输电电缆可能实现商品化。

（4）高温超导器件应用

高温氧化物超导体的出现，无疑给超导电子学带来了更为广阔的应用前景。常规超导电子器件早已显示出巨大的优越性，超导量子干涉器（SQUID）用于测量微弱磁场，灵敏度可比常规仪器高 1～2 个数量级，这使得它在生物磁性测量、寻找矿藏等领域发挥了巨大的作用，超导隧道效应使微波接收机的灵敏度大大提高，超导薄膜数字电路可用来制造高速、超小体积的大型计算机，但由于常规超导器件工作在液氮温区（4.2K）或致冷机所能达到的温度（10～20K）下，这个温区的获得和维持成本相当高，技术也复杂，因而使用常规超导器件的应用范围受到了很大的限制。

高温超导体的临界温度已突破液氮温区（77K），由它所制成的器件可在这个温区下正常地工作，这就打破了常规超导器件的局限性，使超导器件可在更大的范围内发挥作用，而且高温超导体的工作温度和一些半导体器件重合,二者结合起来,就可发展出更多的有用器件。

（5）故障限流器

在电厂、高压输电、低压配电等电力系统中,有时会因闪电轰击、设备故障等引起短路,对50Hz的电力系统而言,一旦发生短路,不可避免会产生很大的故障电流,为此电路上总配有限流装置,常规的故障限流器是非超导的。随着高温超导体的出现及材料工艺的不断改进,在世界范围内掀起了研究高温超导限流器的热潮,美国、日本、德国、法国等都在从事高温超导故障限流器的开发,并取得了较大进展。高 T_c 限流器所用材料有两种:一种是直径为 1m、通过离心熔铸法制成的 Bi-2212 管,一种是 Bi-2223/Ag 线材。

目前,正在研究和开发的其他高温超导材料强电应用项目还有超导电机、超导储能轴承、磁浮列车、超导变压器等。

3. 高温超导材料的展望

高温超导材料经过 20 年的发展,在各个方面都取得了令人振奋的成绩。在线材制造方面,已能制备出 1km 级长度的高 J_c（$>10^4 A/cm^2$,77K,自场）的 BSCCO 带材。用这种带材已制备出可在 77K 运行的超导输电电缆原型,Bi 系磁体也已在 G-M 制冷机冷却下产生了 3T 的磁场（20K）。在块材方面,用 PMP 法制备的 YBCO 超导体的 J_c 高达 $1.4 \times 10^5 A/cm^2$（77K,1T）。大尺寸单晶和 YBCO 体系大块材料的磁悬浮性能,及捕获磁通的能力已接近实用水平。具有上千安培的高温超导电流引线已经实现商品化。第二代导体 IBAD 和 RABITS 带材的出现,给液氮温区的强电应用展示了美好的前景。高质量 YBCO 薄膜材料的制造工艺业已成熟,用它制作的可用于液氮温度的 SQUID 已商品化。

从超导材料的发展历程来看,新的更高临界转变温度材料的发现及室温超导的实现都有可能。单晶生长及薄膜制造工艺技术也会取得重大突破,但超导材料的基础研究还面临一些挑战。目前超导材料正从研究阶段向应用发展阶段转变,且有可能进入产业化发展阶段。超导材料正越来越多地应用于尖端技术中,如超导磁悬列车、超导计算机、超导电机与超导电力输送、火箭磁悬浮发射、超导磁选矿技术、超导量子干涉仪等。因此,超导材料技术有着重大的应用发展潜力,可解决未来能源、交通、医疗和国防事业中存在的重要问题。

尽管高温超导研究已取得很大进展,但仍存在许多困难,对高温超导体在高温高场下钉扎机制的认识还远远不够,钉扎中心与磁通线的相互作用有待于进一步阐明,对不可逆线的性质、起源和理论解释还需要进一步研究。此外,对高 T_c 超导体的成相机理和磁通动力学特性等还缺乏足够的理解,这些问题的解决将会对高 J_c 超导材料的发展提供重要的依据。

第4章　新型合金材料

4.1　贮氢合金

氢是一种燃烧值很高的燃料,为$(1.21 \sim 1.43) \times 10^5 KJ/Kg$,是汽油燃烧值的 3 倍。其燃烧产物又是最干净、无污染的物质水,是未来最有前途、最理想的能源。氢的来源比较广泛,若能从水中制取氢气,则可谓取之不尽、用之不竭。氢能源利用的发展,主要包括两个方面:一是制氢工艺,二是贮氢方法。

贮氢的一种方法是利用高压钢瓶(氢气瓶)来储存氢气,另一种方法是将气态氢气降温到 $-253℃$ 时,储存液态氢。两种方法都有不足之处:高压钢瓶贮氢时存储的容积小,即使加压到 15MPa,所装氢气的质量也不到氢气瓶质量的 1%,而且还有爆炸的危险;液体储存箱非常庞大,需要极好的绝热装置来隔热,才能防止液态氢不会沸腾汽化。近年来,一种新型简便的贮氢方法应运而生,即利用贮氢合金来储存氢气。

贮氢合金是一种能储存氢气的合金,它具有储存的氢的密度大于液态氢,氢储入合金中时,不需要消耗能量反而能放出热量,贮氢合金释放氢时所需的能量也不高,加上工作压力低,操作简便、安全的特点,是最有前途的贮氢介质。贮氢合金的贮氢能力很强,单位体积内,贮氢的密度是同温同压下,气态氢的 1000 倍,相当于储存了 1000 个大气压的高压氢气,需要贮氢时,金属与氢气反应生成金属氢化物且放出热量,需要用氢时,在加热或减压的条件下,使储于其中的氢释放出来。如同铅蓄电池的充、放电。

4.1.1　金属贮氢的原理

许多金属(或合金)可固溶氢气形成含氢的固溶体(MH_x),固溶体的溶解度$[H]_M$与其平衡氢压 p_{H_2} 的平方根成正比。在一定温度和压力条件下,固溶相(MH_x)与氢反应生成金属氢化物,反应式如下

$$\frac{2}{y-x}MH_x + H_2 \Longleftrightarrow \frac{2}{y-x}MH_y + \Delta H$$

式中,MH_y 是金属氢化物;ΔH 为生成热。贮氢合金正是靠其与氢起化学反应生成金属氢化物来贮氢的。

作为贮氢材料的金属氢化物,就其结构而论,有两种类型。一类是 I 和 II 主族元素与氢作用,生成的 NaCl 型氢化物(离子型氢化物)。这类化合物中,氢以负离子态嵌入金属离子间。另一类是 III 和 IV 族过渡金属及 Pb 与氢结合,生成的金属型氢化物。其中,氢以正离子态固溶于金属晶格的间隙中。

金属与氢的反应,是一个可逆过程(如上式)。正向反应,吸氢、放热;逆向反应,释氢、吸热;改变温度与压力条件可使反应按正向、逆向反复进行,实现材料的吸释氢功能。换言之,是

金属吸氢生成金属氢化物还是金属氢化物分解释放氢,受温度、压力与合金成分的控制,由图 4-1 平衡氢压—氢浓度等温曲线($p-C-T$ 曲线)可看出。

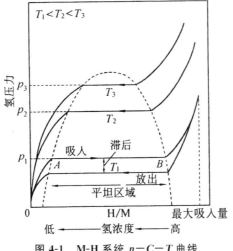

图 4-1　M-H 系统 $p-C-T$ 曲线

在图 4-1 中,由 0 点开始,金属形成含氢固溶体,A 点为固溶体溶解度极限。从 A 点,氢化反应开始,金属中氢浓度显著增加,氢压几乎不变,至 B 点,氢化反应结束,B 点对应氢浓度为氢化物中氢的极限溶解度。图中 AB 段为氢气、固溶体、金属氢化物三相共存区,其对应的压力为氢的平衡压力,氢浓度(H/M)为金属氢化物在相应温度的有效氢容量。显然,高温生成的氢化物具有高的平衡压力,同时,有效氢容量减少。由图中还可以看出,金属氢化物在吸氢与释氢时,虽在同一温度,但压力不同,这种现象称为滞后。作为贮氢材料,滞后越小越好。

根据 $p-C-T$ 图可以作出贮氢合金平衡压—温度之间关系图,如图 4-2 所示。

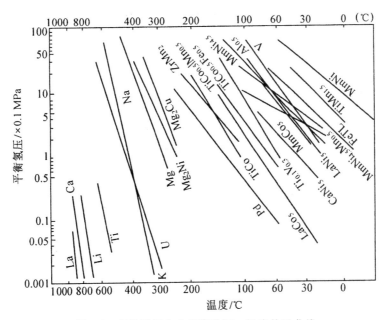

图 4-2　各种贮氢合金平衡分压—温度关系曲线

图 4-2 表明,对各种贮氢合金,当温度和氢气压力值在曲线上侧时,合金吸氢,生成金属氢化物,同时放热;当温度与氢压力值在曲线下侧时,金属氢化物分解,放出氢气,同时吸热。

表 4-1 列出了部分氢化物的含氢量。从表中可以看出,金属氢化物中氢的含量很高。具有单位体积较高的贮氢能力和安全性是金属氢化物贮氢的主要特性。

表 4-1 氢化物中的氢含量

物质	MgH_2	TiH_2	VH_2	$LaNi_5H_6$	Mg_2NiH_4
$\omega(H)/\%$	7.65	4.04	3.81	1.38	3.62

理想的贮氢金属氢化物应具有如下特征:①贮氢量大,能量密度高;②氢解离温度低,离解热小;③吸氢和氢解离的反应速度快;④氢化物的生成热小;⑤质量轻、成本低;⑥化学稳定性好,对 O_2、H_2O 等杂物呈惰性;⑦使用寿命长。

4.1.2 贮氢金属的分类

目前研究和已投入使用的贮氢合金主要有稀土系、钛系和镁系几类,另外可用于核反应堆的金属氢化物和非晶态贮氢合金,复合贮氢材料已引起了人们极大的兴趣。

1. 稀土系合金贮氢材料

人们很早就发现,稀土金属与氢气反应生成热到 1000℃ 以上才会分解的稀土氢化物 REH_2,而在稀土金属中加入某些第二种金属形成合金后,在较低温度下也可吸放氢气,是良好的贮氢合金材料。

典型的贮氢合金 $LaNi_5$ 是 1969 年荷兰菲利浦公司发现的,从而引发了人们对稀土系贮氢材料的研究。到目前为止,稀土贮氢材料是性能最佳、应用最广泛的贮氢材料。金属晶体结构中的原子排列十分紧密,大量的晶格间隙的位置可以吸收大量的氢,使氢处于最密集的填充状态。氢在贮氢合金中以原子状态储存,处于合金八面体或四面体的间隙位置上。图 4-3 氢在 $LaNi_5$ 合金中占有的位置。在 $Z=\frac{1}{2}$ 面上,由 5 个 Ni 原子构成一层。氢原子位于由 2 个 La 原子与 2 个 Ni 原子形成的四面体间隙位置和由 4 个 Ni 原子与 2 个 La 原子形成的八面体间隙位置;在 $Z=0$ 或 $Z=1$ 的面上,由 4 个 La 原子和 2 个 Ni 原子构成一层。当氢原子进入 $LaNi_5$ 的晶格间隙位置后,成为氢化物 $LaNi_5H_6$。随着压力的增大和温度的降低,甚至可形成 $LaNi_5H_9$ 的结构。在 $LaNi_5H_6$ 中,由于氢原子的进入,使金属晶格发生膨胀(约 23%);放氢后,金属晶格又收缩。因此,反复的吸氢/放氢导致晶格细化,即表现出合金形成裂纹甚至微粉化。

为了克服 $LaNi_5$ 的缺点,开发了稀土系多元合金,主要有以下几类。

(1)$LaNi_5$ 三元系

主要有两个系列:$LaNi_{5-x}M_x$ 型和 $R_{0.2}La_{0.8}Ni_5$ 型。$LaNi_{5-x}M_x$(M:Al,Mn,Cr,Fe,Co,Cu,Ag,Pd 等)系列中最受注重的是 $LaNi_{5-x}Al_x$ 合金,M 的置换显著改变了平衡压力和生成热值,如图 4-4 所示。表 4-2 为该系列合金氢化物的基本特征参数。$R_{0.2}La_{0.8}Ni_5$(R=Zr,Y,

Gd,Nd,Th 等)型合金中,置换元素使其氢化物稳定性降低。

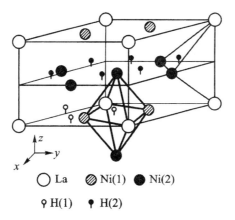

图 4-3　LaNi$_5$ 合金及氢在其中占有的位置

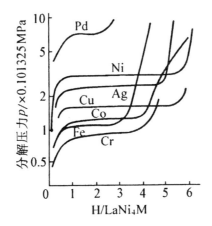

图 4-4　LaNi$_4$M-H 系统 $p-C-T$ 平衡图(40℃)

表 4-2　LaNi$_5$ 三元系合金氢化物的基本特征参数

合金	ΔH^o /4.19(kJ/molH$_2$)	ΔS^o /4.19(kJ/molH$_2$)	温度/℃ (分压为 0.2Mpa)
LaNi$_5$	-7.2	-26.1	～25
LaNi$_{4.8}$Al$_{0.2}$	-8.3	-27.3	～50
LaNi$_{4.6}$Al$_{0.4}$	-9.1	-28.1	～70
LaNi$_{4.5}$Al$_{0.5}$	-9.2	-26.6	～90
LaNi$_4$Al	-12.7	-29.2	～180
LaNi$_{3.5}$Al$_{1.5}$	14.5	-29.6	-240

(2)MlNi$_5$ 系

以 Ml(富含 La 与 Nd 的混合稀土金属,La＋Nd＞70％)取代 La 形成的 MlNi$_5$,价格仅为纯 La 的 1/5,却保持了 LaNi$_5$ 的优良特性,而且在贮氢量和动力学特性方面优于 LaNi$_5$,更具实用性,见图 4-5。在 M1Ni$_5$ 基础上发展了 MlNi$_{5-x}$M$_x$ 系列合金,即以 Mn、Al、Cr 等置换部分 Ni,以降低氢平衡分解压。其中 MlNi$_{5-x}$Al$_x$ 已大规模应用于氢的贮运、回收和净化。

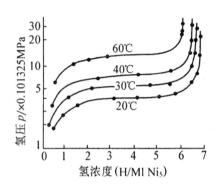

图 4-5 MlNi$_5$-H 系 $p-C-T$ 平衡图

(3)MmNi$_5$ 系

MmNi$_5$ 用混合稀土元素(Ce、La、Sm)置换 LaNi$_5$ 中的 La,价格比 LaNi$_5$ 低得多。MmNi$_5$ 可在室温,6MPa 下氢化生成 MmNi$_5$H$_{6.0}$,20℃分解压为 1.3MPa,由于释氢压力大,滞后大,使 MmNi$_5$ 难于实用。为此,在 MmNi$_5$ 基础上又开发了许多多元合金,如用 Al,B,Cu,Mn,Si,Ca,Ti,Co 等置换 Mm 而形成的 Mm$_{1-x}$A$_x$Ni$_5$ 型(A 为上述元素中一种或两种)合金;用 B,Al,Mn,Fe,Cu,Si,Cr,Co,Ti,Zr,V 等取代部分 Ni,形成的 MmNi$_{5-y}$B$_y$ 型合金(B 为上述元素中的一种或两种)。其中取代 Ni 的元素均可降低平衡压力,Al,Mn 效果较显著,取代 Mm 的元素则一般使平衡压力升高。如 MmNi$_{4.5}$Mn$_{0.5}$,贮氢量大,释氢压力适当,通常用于氢的贮存和净化;MmNi$_{4.15}$Fe$_{0.85}$ 的 $p-C-T$ 图斜度小,滞后小,可作热泵、空调用贮氢材料;MmNi$_{5-x}$Co$_x$ 具有优良的贮氢特征,吸氢量大;吸释氢速度快,而且通过改变 x 值(x 范围为 0.1~4.9),可以连续改变合金的吸释氢特性,图 4-6 为 MlNi$_{5-y}$B$_y$-H 系合金氢化特性。

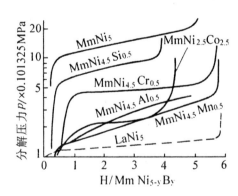

图 4-6 MlNi$_5$-yBy-H 系统 $p-C-T$ 平衡图(20℃)

此外还有许多 MmNi$_5$ 系多元贮氢合金,如(MnCa)(NiAl)$_5$、(MmCa)$_{0.95}$Cu$_{0.05}$(NiAl)$_5$、(MmCa)$_{0.95}$Cu$_{0.05}$(NiAl)$_5$(NiAl)$_5$ 等。多元合金化可以综合提高贮氢特性,并满足某些特殊要求,主要用于制备高压氢,图 4-7 为该系列贮氢合金的开发现状。

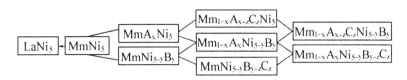

图 4-7　$MmNi_5$ 系合金的开发系统图

2. 钛系合金

(1)钛锆系贮氢合金

钛锆系贮氢合金指具有 Laves 相结构的 AB_2 型间的金属化合物,具有贮氢容量高、循环寿命长的优点,是目前高能量新型电极研究的热点。AB_2 型 Laves 相贮氢合金有锆基和钛基两大类。锆基 AB_2 型 Laves 相合金主要有 Zr-V 系、Zr-Cr 系和 Zr-Mn 系,其中 $ZrMn_2$ 是一种吸氢量较大的合金,为适应电极材料的发展,20 世纪 80 年代末,在 $ZrMn_2$ 合金的基础上开发了一系列具有放电容量高、活化性能好的电极材料。钛基 AB_2 型贮氢合金主要有 TiMn 基贮氢合金和 TiCr 基贮氢合金两大类。在此基础上,通过其他元素替代开发出了一系列多元合金。

(2)钛铁系合金

钛和铁可形成 TiFe 和 $TiFe_2$ 两种稳定的金属间化合物。$TiFe_2$ 基本上不与氢反应,TiFe 可在室温与氢反应生成 $TiFeH_{1.04}$ 和 $TiFeH_{1.95}$ 两种氢化物,如图 4-8 所示。因为出现两种氢化物相,$p-C-T$ 曲线有两个平台。其中 $TiFeH_{1.04}$ 为四方结构,$TiFeH_{1.95}$ 为立方结构。

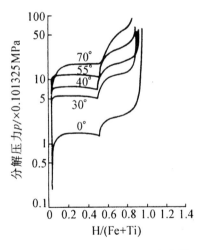

图 4-8　TiFe-H 系 $p-C-T$ 平衡图

TiFe 合金室温下释氢压力不到 1MPa,且价格便宜。缺点是活化困难,抗杂质气体中毒能力差,且在反复吸释氢后性能下降。为改善 TiFe 合金的贮氢特性,研究了以过渡金属(M)Co,Cr,Cu,Mn,Mo,Ni,Nb,V 等置换部分铁的 $TiFeTiFe_{1-x}M_x$ 合金。过渡金属的加入,使合金活化性能得到改善,氢化物稳定性增加,但平台变得倾斜。TiFe 三元合金中具有代表性的是 $TiFe_{1-x}Mn_x(x=0.1\sim0.3)$,见图 4-9。$TiFe_{0.8}Mn_{0.2}$ 在 25℃和 30MPa 氢压下即可活化,生

成的 $TiFe_{0.8}M_{0.2}H_{1.95}$，贮氢量 $1.9\omega\%$，但 $p-C-T$ 曲线平台倾斜度大，释氢量少。日本研制出一种新型 Fe-Ti 氧化物合金，贮氢性能很好。

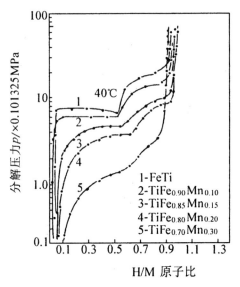

图 4-9　$TiFe_{1-x}Mn_x$ 系 $p-C-T$ 平衡图

（3）钛锰合金

Ti-Mn 合金是拉维斯相结构，Ti-Mn 二元合金中 $TiMn_{1.5}$ 贮氢性能最佳，在室温下即可活化，与氢反应生成 $TiMn_{1.5}H_{2.4}$。TiMn 原子比 Mn/Ti＝1.5 时，合金吸氢量较大，如果 Ti 量增加，吸氢量增大，但由于形成稳定的 Ti 氢化物，室温释氢量减少。

以 TiMn 为基的多元合金主要有 $TiMn_{1.4}M_{0.1}$（M 为 Fe，Co，Ni 等）、$Ti_{0.8}Zr_{0.2}Mn_{1.8}M_{0.2}$（M 为 Co，Mo 等）、$Ti_{0.9}Zr_{0.1}Mn_{1.4}V_{0.2}Cr_{0.4}$ 等，见图 4-10。其中 $Ti_{0.9}Zr_{0.1}Mn_{1.4}V_{0.2}Cr_{0.4}$ 贮氢性能最好，室温最大吸氢量 2.1%，氢化物在 20℃ 的分解压为 0.9MPa，室温下最大释氢量 233ml/g，生成热 $-7.0kcal/mol$。

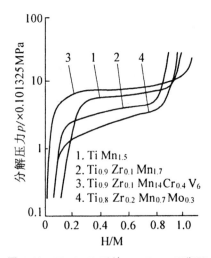

图 4-10　Ti-Mn-H 系统 $p-C-T$ 平衡图

3. 镁系合金贮氢材料

镁作为贮氢材料具有密度小(仅为 $1.74g/cm^3$)、贮氢量大、价格低廉、资源丰富的优点,是很有发展前途的一种贮氢材料。但镁吸、放氢条件比较苛刻,速率慢,且条件较高,在碱溶液中极易被腐蚀。国际能源机构(IEA)确定未来新型贮氢材料的要求为:贮氢容量(质量分数)大于 5%,吸、放氢的反应条件温和。镁资源存储丰富、价格低廉,在氢的规模存储方面有很大的优势,镁基合金具有贮氢量大、寿命长、无污染、体积小的特点,被人们看作是最有希望的燃料电池、燃氢汽车等用的贮氢合金材料,引起了众多科学家致力于镁基合金的研制。

镁与氢在 300℃~400℃ 和较高的氢压下反应生成 MgH_2,具有四方晶金红石结构,属离子型氢化物,过于稳定,释氢困难。在 Mg 中添加 5%~10% 的 Cu 或 Ni,对镁氢化物的形成起催化作用,使氢化速度加快。Mg 和 Ni 可以形成 Mg_2Ni 和 $MgNi_2$ 二种金属化合物,其中 $MgNi_2$ 不与氢发生反应,Mg_2Ni 在一定条件下($2MPa$,$300℃$)与氢反应生成 Mg_2NiH_4,稳定性比 MgH_2 低,使其释氢温度降低,反应速度加快,但贮氢量大大降低。在 Mg-Ni 合金中,当 Mg 含量超过一定程度时,产生 Mg 和 Mg_2Ni 二相,如图 4-11 所示,等温线上出现两个平坦区,低平坦区对应反应

$$Mg + H_2 \Longrightarrow MgH_2$$

高平坦区对应反应

$$Mg_2Ni + 2H_2 \Longrightarrow Mg_2NiH_4$$

Mg 和 Mg_2Ni 二相合金具有较好的吸释氢功能,Ni 含量在 3%~5% 时,可获得最大吸氢量 7%。

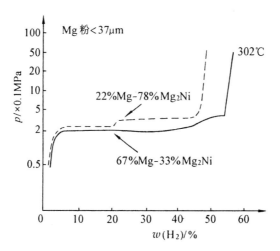

图 4-11　Mg-Mg_2Ni-H 系统 $p-C-T$ 平衡图

日本研制了两种以 Mg_2Ni 为基础的贮氢合金。一种是用 Al 或 Ca 置换 Mg_2Ni 中的部分 Mg,形成 $Mg_{2-x}M_xNi$ 合金(M 代表 Al 或 Ca),其中 $0.01 \leqslant x \leqslant 1.0$。这种合金吸释氢反应速度比 Mg_2Ni 大 40% 以上,且可通过控制 x 值调节平衡压。另一种是用 V,Cr,Mn,Fe,Co 中任一种置换 Mg_2Ni 中部分 Ni,形成 $Mg_2Ni_{1-x}M_x$ 合金,氢化速度和分解速度均比 Mg_2Ni 提高(图 4-12)。

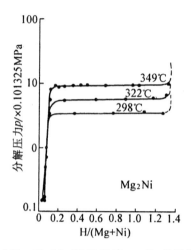

图 4-12 Mg-Mg₂Ni-H 系统 $p-C-T$ 平衡图

Mg 与 Cu 也可形成 Mg_2Cu、$MgCu_2$ 两种金属化合物。Mg_2Cu 与 H_2 在 300℃，2MPa 下反应

$$2Mg_2Cu + 3H_2 \Longleftrightarrow 3MgH_2 + MgCu_2$$

分解压为 0.1MPa 时，温度 239℃，但最大吸氢量仅为 2.7%。

此外，稀土与 Mg 可形成 $ReMg_{12}$，$ReMg_{17}$，Re_5Mg_{41} 等金属化合物，其中 Re 代表 La,Ce 或 Mm(La,Ce,Sm 混合稀土元素)。$CeMg_{12}$ 贮氢量 $6\omega\%$(325℃，3MPa)，$LaMg_{12}$ 贮氢量 4.5%，分解压与 MgH_2 相当。$LaMg_{12}$ 释氢反应速度较 $CeMg_{12}$ 快。

目前镁系贮氢合金的发展方向是通过合金化，改善 Mg 基合金氢化反应的动力学和热力学。研究发现，Ni,Cu,Re 等元素对 Mg 的氢化反应有良好的催化作用，对 Mg-Ni-Cu 系，Mg-R 系，Mg-Ni-Cu-M(M=Cu,Mn,Ti)系，La-M-Mg-Ni(M=La,Zr,Ca)系及 Ce-Ca-Mg-Ni 系多元镁基贮氢合金的研究和开发正在进行(图 4-13)。

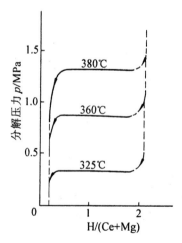

图 4-13 $CeMg_{12}Ni$-H 系统 $p-C-T$ 平衡图

4.1.3　贮氢合金的应用

1. 氢的贮存、净化和回收

使用贮氢合金贮存氢气安全,贮气密度高(高于液氢),并且无需高压(<4MPa)及液化可长期贮存而少有能量损失,是一种最安全的贮氢方法。

市售氢气一般含$(10\sim100)\times10^{-6}$的N_2、O_2、CO_2以及H_2O等不纯物,但经贮氢合金吸收后再释放出来,该氢气的纯度可达 6 个 9 以上。这就是贮氢合金的低能耗超纯净化作用。此项技术已在仪器、电子、化工、冶金等工业中广泛应用。目前深圳特摩罗公司和浙江大学已生产销售小型贮气罐和超纯净化装置。

高纯及超纯氢是电子工业、冶金工业、建材工业以及医药、食品等工业中必不可少的重要原材料。目前这些部门所用高纯及超纯氢均采用电解水生产并附加低温吸附净化处理的方法,不仅耗能巨大,而且投资费用也大。另一方面,全国星罗棋布的大小合成氨厂及氯碱厂,每年则有大量含氢很高的混合气体放空浪费,仅合成氨厂每年放空的氢气达 10 亿 m^3。采用贮氢合金从这些含氢废气中回收氢,简单易行。目前国内已采用贮氢量达 $50\sim70Nm^3$ 的贮氢合金集装箱在合成氨厂或氯碱厂进行氢的回收和净化,具有能耗低和投资少的优点。1989 年中国电力和三菱重工成功地利用 MmNi 贮氢合金在氢冷却的火力发动机内维持机内氢的纯度;1991 年文在杭州应用 $MmNi_{4.5}Mn_{0.5}$ 从一合成氨厂的含氢气 45%～50% 的吹洗气中回收并高纯净化氢。

2. 热—压传感器和热液激励器

利用贮氢合金有恒定的 $p-C-T$ 曲线的特点,可以制作热—压传感器。它利用氢化物分解压和温度的一一对应关系通过压力来测量温度。它的优点在于,有较高的温度敏感性(氢化物的分解压与温度成对数关系),探头体积小,可使用较长的导管而不影响测量精度,因氢气分子量小而无重力效应等等。它要求贮氢材料有尽可能小的滞后以及尽可能大的 $|\Delta H^\circ|$ 和反应速度。

3. 氢化物电极

如图 4-14 所示为以氢化物电极为负极,$Ni(OH)_2$ 电极为正极,KOH 水溶液为电解质组成的 Ni/MH 电池。

充电时,氢化物电极作为阴极贮氢,M 作为阴极电解 KOH 水溶液时,生成的氢原子在材料表面吸附,扩散入电极材料进行氢化反应生成金属氢化物 MH_x;放电时,MH_x 金属氢化物作为阳极释放出所吸收的氢原子并氧化为水。可见,充放电过程只是氢原子从一个电极转移到另一个电极的反复过程。

作为贮氢合金必须满足在碱性电解质溶液中具有良好的化学稳定性;高阴极贮氢容量;良好的电催化活性和良好的抗阴极氧化能力;合适的室温平台压力;良好的电极反应动力学特征;工作寿命必须大于 500 次以上。

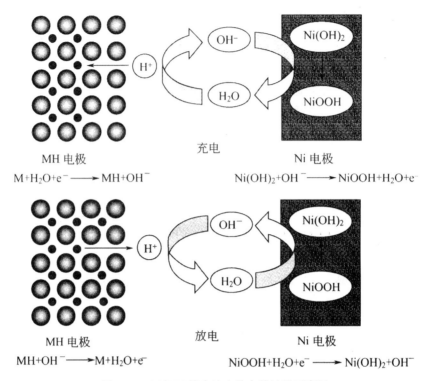

MH 电极　　　　　　　　充电　　　　　　Ni 电极

M+H_2O+e^- ⟶ MH+OH^-　　　　　Ni(OH)_2+OH^- ⟶ NiOOH+H_2O+e^-

MH 电极　　　　　　　　放电　　　　　　Ni 电极

MH+OH^- ⟶ M+H_2O+e^-　　　　　NiOOH+H_2O+e^- ⟶ Ni(OH)_2+OH^-

图 4-14　Ni/MH 镍电池充放电的过程示意图

4. 氢能汽车

贮氢合金作为车辆氢燃料的贮存器,目前处于研究试验阶段。如德国图曾试验氢燃料汽车,采用 200kg 的 TiFe 合金贮氢,行驶 130km。我国也于 1980 年研制出一辆氢源汽车,贮氢燃料箱重 90kg,乘员 12 人,时速 50km,行驶了 40km。当前的主要问题是贮氢材料的重量比汽油箱重量大得多,影响汽车速度。但氢的热效率高于汽油,而且燃烧后无污染,使氢能汽车的前景十分诱人。

5. 氢气静压机

改变金属氢化物温度时,其氢分解压也随之变化,由此可实现热能与机械能之间的转换。这种通过平衡氢压的变化而产生高压氢气的贮氢金属,称为氢气静压机。

到目前为止,已开发了各种氢化物压缩器,如荷兰菲利浦公司研制的氢化物压缩器,使用 LaNi_5 贮氢合金,在 160℃和 15℃下循环操作,氢压从 0.4MPa 增加到 4.5MPa;美国布鲁克赫文实验室使用 VH_2 氢化物,工作温度 18℃~50℃,压力由 0.7MPa 增至 2.4MPa;美国 1981 年研制了一台氢压机样机,使用 LaNi_{4.5}Al_{0.5} 贮氢合金,300℃氢压力可达 7.5MPa。大多数的氢化物压缩器用于氢化物热泵、空调机、制冷装置、水泵等。上述压缩器只具备增压功能,在 100℃以下加热条件下只能获得中等压力的氢气;我国开发的一系列氢化物净化压缩器兼有提纯与压缩两种功能。其中 MHHC24/15 型压缩器使用 (MnCa)_{0.95}Cu_{0.05}(NiAl)_5 作为净化压缩介质,在温度低于 100℃的情况下,可获得 14MPa 的高压氢,可直接充灌钢瓶。

4.2　非晶态合金

4.2.1　非晶态合金的特征

非晶态材料的许多优异的物理和化学性能与其微观结构有关。在非晶态金属中,最近邻原子间距与晶体的差别很小,配位数也接近,但是,在次近邻原子的关系上就有显著的差别。而各原子之间的结合特性与晶体并无本质的变化。

1. 非晶态材料的结构特征

(1)短程有序和长程无序性

晶体的特征是长程有序,原子在三维方向有规则地重复出现,呈周期性。而非晶态的子排列无周期性,是指在长程上是无规的,但在近邻范围,原子的排列还是保持一定的规律这就是所谓的短程有序和长程无序性,短程有序区应小于(1.5±0.1)nm。这种长程无序除结构无序外,对于成分来说,也是无序的,即化学无序。

(2)亚稳态性

在熔化温度以下,晶体与非晶体相比,晶体的自由能比非晶体的自由能低,因此非晶体处于亚稳状态,非晶态固体总有向晶态转化的趋势。这种稳定性直接关系到非晶体的寿命和应用。

(3)均匀性和各向同性

非晶态金属的均匀性也包含两种含义:①结构均匀、它是单相无定形结构,各向同性,不存在晶体的结构缺陷,如晶界、孪晶、晶格缺陷、位错、层错等。②成分均匀,无晶体那样的异相、析出物、偏析以及其他成分起伏。

2. 非晶态材料的结构模型

由于目前难以从实验得到非晶态材料的全部结构信息,必须借助于模型方法。建立的非晶态结构模型要解决什么样的结构能与原子间的作用势相一致,同时这样的结构又不存在规则的晶格的问题。从而将模型预见的性质与实验比较,进而逐步完成非晶态的结构图像。

(1)微晶模型

该模型认为非晶态材料是由"晶粒"非常细小的微晶粒组成。从这个角度出发,非晶态结构和多晶体结构相似,只是"晶粒"尺寸只有几埃到几十埃。微晶模型认为微晶内的短程有序结构和晶态相同,但各个微晶的取向是杂乱分布的,形成长程无序结构。从微晶模型计算得出的分布函数和衍射实验结果定性相符,但细节上(定量上)符合得并不理想。假设微晶内原子按 hcp,fcc 等不同方式排列时,非晶 Ni 的双体分布函数 $g(r)$ 的计算结果与实验结果比较,如图 4-15。另外,微晶模型用于描述非晶态结构中原子排列情况还存在许多问题,使人们逐渐对其持否定态度。

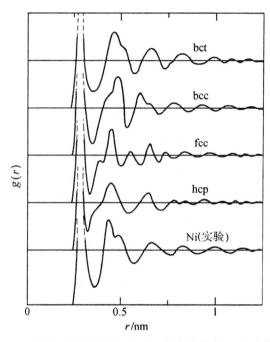

图 4-15   微晶体模型得出的径向分布函数与非晶态 Ni 实验结果比较

（2）拓扑无序模型

该模型认为非晶态结构的主要特征是原子排列的混乱和随机性，强调结构的无序性，而把短程有序看作是无规堆积时附带产生的结果。在这一前提下，拓扑无序模型有多种形式，主要有无序密堆硬球模型和随机网络模型。无序密堆硬球模型是由贝尔纳提出，用于研究液态金属的结构。贝尔纳发现无序密堆结构仅由五种不同的多面体组成的多面体，如图 4-16。这些多面体作不规则的但又是连续的堆积。无序密堆硬球模型所得出的双体分布函数与实验结果定性相符，但细节上也存在误差。随机网络模型的基本出发点是保持最近原子的键长、键角关系基本恒定，以满足化学键的要求。该模型的径向分布函数与实验结果符合得很好。

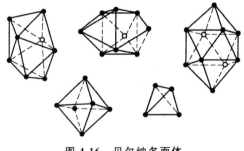

图 4-16   贝尔纳多面体

4.2.2   非晶态的形成条件

1. 临界冷却速度

理论上从结构和动力学两方面，可以对临界冷却速度做出预测性的估计：液体淬火的冷却

速度应在 10^{12} K/s，但在实际上无法达到。因此对纯金属和少量溶质原子的稀合金只能用气相沉积，气相沉积的冷却速度可达到 10^{13} K/s。

2. T_g 温度

T_g 温度称为玻璃化温度，一般定义过冷液体冷却到 T_g 温度以下，它的粘度达到 10^{12} Pa/s^{-1} 时就为非晶态。不同的冷却速度，会有不同的非晶结构，因此 T_g 本身与冷却速度有关。$\Delta T_g = T_m - T_g$（T_m 为熔点），ΔT_g 越小，获得非晶的几率越高。

3. 合金化

通过加入溶质原子，特别是这些溶质原子和基体原子的尺寸和电负性差别较大时，一方面使 T_m 下降，另一方面使 T_g 上升，$\Delta T_g = T_m - T_g$ 变小，有利于非晶形成。也可以用一个约化玻璃转变温度 $T_{rg} = T_g/T_m$ 来分析。如 $Ca_{65}Al_3$ 的 T_{rg} 为 $0.66 \sim 0.69$。随着合金元素含量的增加，液相线下降，并出现深共晶，大多有利于非晶形成。

合金各组元的尺寸相差大，一般原子尺寸差 $10\% \sim 20\%$ 的系统，形成非晶的范围都比较宽，形成非晶容易。原子间的电负性差越大，交互作用越强并可导致形成金属间化合物。金属和类金属原子间的交互作用很强，故非晶合金中常包含有类金属元素。

4.2.3　非晶态合金的制备

1. 非晶态合金带材、线材的制备方法

要获得非晶态，最根本的条件是要有足够快的冷却速度。为了达到一定的冷却速度，已经发展了许多技术，不同的技术，其非晶态形成过程又有较大区别。制备非晶态材料的方法可归纳为三大类：①由液态快速淬火获得非晶态固体，是目前应用最广泛的非晶态合金的制备方法；②由气相直接凝聚成非晶态固体，如真空蒸发、溅射、化学气相沉积等。利用这种方法，非晶态材料的生长速率相当低，一般只用来制备薄膜；③由结晶材料通过辐照、离子注入、冲击波等方法制得非晶态材料；用激光或电子束辐照金属表面，可使表面局部熔化，再以 $4 \times 10^4 \sim 5 \times 10^6$ K/s 的速度冷却，可在金属表面产生 $400 \mu m$ 厚的非晶层。离子注入技术在材料改性及半导体工艺中应用很普遍。

（1）溅射法

溅射法是在真空中通过在电场中加速的氩离子轰击阴极（合金材料制成），使被激发的物质脱离母材而沉积在用液氮冷却的基板表面上形成非晶态薄膜。这种方法的优点是制得的薄膜较蒸发膜致密，与基板的粘附性也较好。缺点是由于真空度较低（$1.33 \sim 0.133$ Pa），因此容易混入气体杂质，而且基体温度在溅射过程中可能升高，适于制备晶化温度较高的非晶态材料。

溅射法在非晶态半导体、非晶态磁性材料的制备中应用较多，近年发展的等离子溅射及磁控溅射，沉积速率大大提高，可制备厚膜。

（2）真空蒸发法

用真空蒸发法制备元素或合金的非晶态薄膜已有很长的历史了。在真空中（$\sim 1.33 \times$

10^4Pa)将材料加热蒸发,所产生的蒸气沉积在冷却的基板衬底上形成非晶态薄膜。其中衬底可选用玻璃、金属、石英等,并根据材料的不同,选择不同的冷却温度。如对于制备非晶态半导体(Si,Ge),衬底一般保持在室温或高于室温的温度;对于过渡金属 Fe,Co,Ni 等,衬底则要保持在液氦温度。制备合金膜时,采用各组元同时蒸发的方法。

真空蒸发法的优点是操作简单方便,尤其适合制备非晶态纯金属或半导体。缺点是合金品种受到限制,成分难以控制,而且蒸发过程中不可避免地夹带杂质,使薄膜的质量受到影响。

(3)化学气相沉积法(CVD)

目前,这种方法较多用于制备非晶态 Si,Ge,Si_3N_4,SiC,SiB 等薄膜,适用于晶化温度较高的材料,不适于制备非晶态金属。

(4)液体急冷法

将液体金属或合金急冷获得非晶态的方法统称为液体急冷法。可用来制备非晶态合金的薄片、薄带、细丝或粉末,适于大批量生产,是目前实用的非晶态合金制备方法。

用液体急冷法制备非晶态薄片,目前只处于研究阶段,根据所使用的设备不同分为喷枪法[图 4-17(a)],活塞法[图 4-17(b)]和抛射法[图 4-17(c)]。在工业上实现批量生产的是用液体急冷法制非晶态带材。主要方法有离心法、单辊法、双辊法。见图 4-18,这种方法的主要生过程是:将材料(纯金属或合金)用电炉或高频炉熔化,用惰性气体加压使熔料从坩锅的喷嘴中喷到旋转的冷却体上,在接触表面凝固成非晶态薄带。

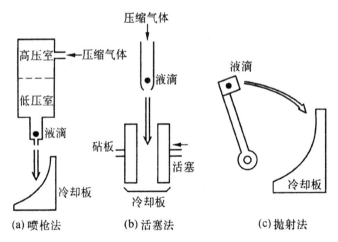

图 4-17　液体急冷法制备非晶态合金薄片

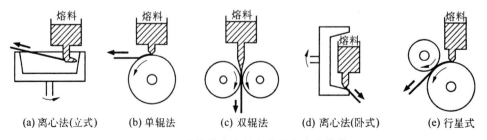

图 4-18　液体淬火法制备非晶态合金薄带

图 4-18 中所示的三种方法各有优缺点,离心法和单辊法中,液体和旋转体都是单面接触冷却,尺寸精度和表面光洁度不理想;双辊法是两面接触,尺寸精度好,但调节比较困难,只能制作宽度在 10mm 以下的薄带。目前较实用的是单辊法,产品宽度在 100mm 以上,长度可达100m 以上。图 4-19 是非晶态合金生产线示意图。

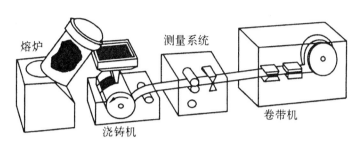

图 4-19　非晶态合金生产线示意图

2. 非晶态合金块的制备

要直接从液相获取大块非晶,要求合金熔体具有很强的非晶形成能力,即低的临界冷却速度(R_c)和宽的过冷液相区。具备该条件的合金系有以下三个共同特征:①合金系由三个以上组元组成;②主要组元的原子要有 12% 以上的原子尺寸差;③各组元间要有大的负混合热。满足这三个特征的合金在冷却时非均匀形核受到抑制;易于形成致密的无序堆积结构,提高了液、固两相界面能,从而抑制了晶态相的形核和长大。可见,大块非晶合金主要是依靠调整成分而获得强的非晶形成能力,与传统的急冷法制备非晶合金的原理不同。

大块非晶合金由于成分上的特殊性,采用常规的凝固工艺方法(水淬、金属模铸造等)即可获得大块非晶。为了控制冷却过程中的非均匀形核,在制备时一方面要提高合金纯度,减少杂质;另一方面采用高纯惰性气体保护,尽量减少含氧量。主要制备方法有以下几种:

①熔体水淬法。将合金铸锭装入石英管再次融化,然后直接水淬,得到大直径的柱状大块非晶。

②射流成型是将合金置于底部有小孔的石英管中,待合金熔化后,在石英管上方导入氩气,使液态合金从小孔喷出,注入下方的铜模内,快速冷却形成非晶态。

③金属模轴造法。将高纯度的组元元素在氩气保护下熔化,均匀混合后浇注到铜模中,可的到各种形状的具有光滑表面核金属光泽的大块非晶。根据具体操作工艺,金属模铸造法又可分为射流成型、高压铸造、吸铸等。

④高压铸。高压铸造是利用活塞,以 50~200MPa 的压力将熔化的合金快速压入上方的铜模内,使其强制冷却,形成非晶态合金。

⑤吸铸。吸铸是在铜模中心加一活塞,通过活塞快速运动产生的气压差将液态金属吸入铜模内。

4.2.4　非晶态合金材料

迄今已对数百种非晶合金进行过研究,这些合金的组元间有强的交互作用,成分处于深共晶温度范围附近,液态的混合热为负值。对目前研究较多,并有一定实用价值的可归纳成如下三类：

1. 过渡族金属与类金属元素形成的合金

这类合金主要包括 ⅦB，Ⅷ族及 IB 族元素与类金属元素形成的合金，如 $Pd_{80}Si_{20}$，$Au_{75}Si_{25}$，$Fe_{80}B_{20}$，$Pt_{75}P_{25}$ 等，合金中类金属元素的含量一般在 $13\% \sim 25\%$（原子百分比）。但近年也发现了一些类金属元素含量可在一定范围内变化的非晶态合金，如 $NiB_{31\sim41}$，$CoB_{17\sim41}$，$PtSb_{34\sim36.5}$ 等。在这类合金基础上可加入一种或多种元素形成三元甚至多元合金，如在 $Pd_{84}Si_{16}$ 中加入 Cu 置换部分 Pd，形成 $Pd_{78}Cu_6Si_{16}$；在 $Pd_{80}P_{20}$ 中加入 Ni，形成 $Pd_{40}Ni_{40}P_{20}$；在 $Ni_{92}Si_8$ 中加入 B，形成 $Ni_{92-x}Si_8Bx$ 等。研究表明，这种三元合金形成非晶态要比对应的二元合金容易得多。

此外，ⅣB 和 ⅥB 族金属与类金属也可以形成非晶态合金，其中类金属元素的含量一般在 $15\% \sim 30\%$（原子百分比）。如 $TiSi_{15\sim20}$，$(W,Mo)_{70}Si_{20}B_{10}$，$Ti_{50}Nb_{35}Si_{l5}$，$Re_{65}Si_{35}$，$W_{60}Ir_{20}B_{20}$ 等。

2. 含ⅡA族（碱金属）元素的二元或多元合金

如 $Ca-A1_{12.5\sim47.5}$，$Ca-Cu_{12.6\sim62.5}$，$Ca-Pd$，$Mg-Zn_{25\sim32}$，$Be-Zr_{50\sim70}$，$Sr_{70}Mg_{30}$ 等。这类合金的缺点是化学性质较活泼，必须在惰性气体中淬火，最终制得的非晶态材料容易氧化。

3. 过渡族金属元素之间形成的合金

这类合金在很宽的温度范围内熔点都比较低，形成非晶态的成分范围较宽。如 $Cu-Ti_{33\sim70}$，$Cu-Zr_{27.5\sim75}$，$Ni-Zr_{27.5\sim75}$，$Ni-Zr_{33\sim42}$，$Ni-Zr_{60\sim80}$，$Nb-Ni_{40\sim66}$，$Ta-Ni_{40\sim70}$。

除以上三类非晶态合金外，还有以锕系金属为基的非晶态合金，如 $U-Co_{24\sim40}$，$Np-Ca_{30\sim40}$，$Pu-Ni_{l2\sim30}$ 等。

总之，相对容易获得非晶态的合金，其共同特点是组元之间有强的相互作用；成分范围处于共晶成分附近；液态的混合热均为负值。具备上述条件的合金能否成为实用的非晶态材料，还与许多工艺因素有关。

4.2.5 非晶态合金材料的性能

1. 机械性能

表 4-3 列出了几种非晶态材料的机械性能指标。由表中可以看出，非晶态材料具有极高的强度和硬度，其强度远超过晶态的高强度钢。表中 δ_f/E 的值是衡量一种材料达到理论强度的程度，一般金属晶体材料 $\delta_f/E \approx 1/500$，而非晶态合金约为 $1/50$，材料的强度利用率大大高于晶态金属；此外，非晶态材料的疲劳强度亦很高，钴基非晶态合金可达 $1200MPa$；非晶态合金的延伸率一般较低，如表 4-3 所示，但其韧性很好，压缩变形时，压缩率可达 40%，轧制率可达 50% 以上而不产生裂纹；弯曲时可以弯至很小曲率半径而不折断。非晶态合金变形和断裂的主要特征是不均匀变形，变形集中在局部的滑移带内，使得在拉伸时由于局部变形量过大而断裂，所以延伸率很低，但同时其他区域几乎没有发生变形。在改变应力状态的情况下，可

以达到高的变形率(如压缩)。

表 4-3 非晶态合金的机械性能

合金		硬度 HV (N/mm^2)	断裂强度 δ_f (N/mm^2)	延伸率 $\delta/\%$	弹性模量 E (N/mm^2)	E/δ_f
非晶态	$Pd_{73}Fe_7Si_{20}$	4018	1860	0.1	66640	
	$Cu_{57}Zr_{43}$	5292	1960	0.1	74480	0.6×10^7
	$Co_{75}Si_{15}B_{10}$	8912	3000	0.14	53900	
	$Ni_{75}Si_8B_{17}$	8408	2650	0.03	789400	
	$Fe_{80}P_{13}C_7$	7448	3040	0.1	121520	1.1×10^7
	$Fe_{72}Ni_8P_{13}C_7$	6660	2650	0.1		
	$Fe_{60}Ni_{20}P_{13}C_7$	6470	2450	0.05		
	$Fe_{72}Cr_8P_{13}C_7$	8330	3770	40	93100	
	$Pd_{77.5}Cu_6Si_{16.5}$	7450	1570	(压缩率)		
晶态	18Ni-9Co-5Mo		1810~2130	10~12		
	X-200					1.7×10^6

非晶态合金的机械性能与其成分有很大关系,尤其是其中类金属与过渡族金属元素的种类及含量。如图 4-20、图 4-21 所示。此外,制备时的冷却速度和相关的热处理工艺对非晶合金的延性与韧性有重要影响。

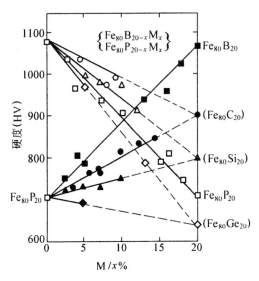

图 4-20　铁基非晶态合金的硬度与类金属(M)的关系

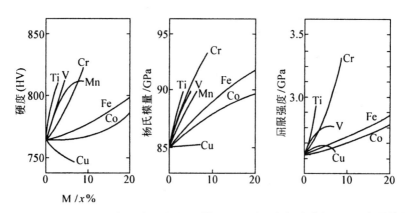

图 4-21 $(Ni-M)_{75} Si_8 B_{17}$ 合金的硬度、杨氏模量和屈服强度与过渡金属(M)含量的关系

2. 光学性能

金属材料的光学特性受其金属原子的电子状态所支配,某些非晶态金属由于其特殊的电子状态而具有十分优异的对太阳光能的吸收能力。所以利用某些非晶态材料能够制造出相当理想的高效率的太阳能吸收器。非晶态金属具有良好的抗辐射(中子、γ 射线等)能力,使其在火箭、宇航、核反应堆、受控热核反应等领域具有良好的应用前景。

3. 电学性能

①电阻率。非晶态合金在室温下的电阻率约为 $50 \sim 350 \times 10^{-8} \Omega m$,比晶态大二倍。电阻率温度系数比晶态合金小,并常常是负值。

②低温区电阻率出现极小。ρ 随 T 的变化分成三个阶段,在温度 20K 附近有一极小。极小值的温度与合金元素有关,而与居里温度不存在关系。

4. 热学性能

①热稳定性。非晶合金的居里点 T_c 和晶化温度 T_x 低时,稳定性就差。通过成分调节,可提高非晶热稳定性。如在 Co-Fe-Si-B 非晶中,添加镍、铌、铬、钼、锗、钨、锡、钛、锆、钒、钽等元素可提高热稳定性,其中 $(Co_{0.93}Fe_{0.07})_{75-x}Cr_x Si_{15} B_{10}$ 非晶由于铬的加入而显著提高热稳定性。

②因瓦(Invar)效应。指在一定的温度范围内,热膨胀系数极微的效应。晶态的 $\omega_{Ni} = 36\%$ 的铁镍合金,用于制造标准量具、钟、表、天平等精密仪器的部件。但晶态的因瓦合金在低温时发生相变而不能使用。而非晶态的 Fe-B 基因瓦合金从 $-195℃ \sim 300℃$ 温区其膨胀系数 α 在 $-8 \times 10^{-6} \sim 8 \times 10^{-6} /℃$ 之间,在室温 α 值达 $10^{-7}/℃$。非晶态的 Fe-Ni-Zr,Fe-Co-Zr 合金的抗拉强度为 2500MPa,比晶态的 450MPa 要高许多。一些三元的非晶态合金,在低于居里温度时有很大的负温度系数,通过成分的调整,可获得膨胀系数等于零的非晶态因瓦合金。

5. 化学性能

(1)催化性能

非晶态金属表面能高,可以连续改变成分,具有明显的催化性能。非晶态金属作为催化剂被应用始于 20 世纪 80 年代。非晶态金属催化剂主要应用于催化剂加氢、催化脱氢、催化氧化及电催化反应等。触媒剂在化学工业中具有相当重要的地位,高效率的触媒剂对化学工业生产效率的提高、能源的节约以及新化工产品的产生起着重要的作用。不同的化学反应要求特定的触媒剂,非晶态合金具有传统材料无法比拟的优异触媒性能。

(2)耐蚀性

结构的长程无序,无晶界,快速冷却,无偏析和夹杂,使非晶具有良好的抗局部腐蚀能力。但这类非晶合金中必须加入铬,含 $\omega_{Cr}=10\%$ 的非晶态铁基合金在浓盐酸的耐蚀性优于不锈钢(不锈钢有严重的点腐蚀)。含 $7\%\sim9\%$(摩尔分数)铬的镍基非晶晶态合金 $Ni_{72}Cr_8P_{15}B_5$ 在 $60℃$ 的 $\omega_{FeCl_6 H_2O}=10\%$ 溶液中,不显示腐蚀,而不锈钢却产生点腐蚀。对 Fe-Cr 合金,则需 $\omega_{Cr}=30\%$ 才可在上述溶液中不产生腐蚀。

金属一类金属非晶态合金的抗蚀性依赖于合金中的主金属元素、添加金属元素、类金属元素的性质。无第二、第三添加金属时,合金的腐蚀速度是按铁基、钴基、镍基非晶态金属的顺序减少,当添加适量的第二、第三金属元素时,这些非晶态金属的抗蚀性将大大改善。改善其抗蚀性的最佳第二添加金属是铬,第三添加金属元素是钼,类金属元素是磷。当铬、钼、磷同时存在于金属一类金属非晶态合金中时,合金的腐蚀速度按铁基、钴基、镍基的顺序增加。

(3)贮氢性能

非晶态金属还具有优良的贮氢性能。某些非晶态金属通过化学反应可以吸收和释放出氢,可以用作贮氢材料。一些非晶态合金具有优良的贮氢性能,贮氢后非晶态的结构也相当稳定,但原子间距膨胀。有些非晶态金属由于吸氢后转变成为晶态,这是由于氢化物形成是放热反应,非晶合金吸氢时,由于发热而升温产生晶化。非晶态金属的吸氢量是随氢原子能占据的场所的数目以及易产生氢化物的元素含量的增加而增加。根据这个道理,若在氢原子能占据的场所填入了类金属元素的原子,那么将不能贮氢。如 TiNi 合金中添加硼、硅时,吸氢量减少。

4.2.6　非晶态合金的应用

1. 磁头

磁头是磁记录系统中的关键部件,如录音、录像、计算机中磁头。要求高磁导率,高磁感,良好的热稳定性,耐磨性和耐蚀性。由于技术的发展,对磁头的要求日益提高,原来的常规材料坡莫合金,铁磁铝磁合金,铁氧体等都不能满足新型磁头的要求。

目前磁头的非晶合金如 $(Co_{0.90}Fe_{0.06}Ni_{0.02}Nb_{0.02})_{78}Si_{22-x}B_x$,其磁导率可达 22×10^5,而 Fe-Si-Al 仅为 0.3×10^5,坡莫合金的最高值为 10×10^5;非晶合金的硬度(HV900)远高于 Fe-Si-Al(HV500)和坡莫合金(HV200~300);耐磨性极好,与 Fe-Si-Al 相当,磨耗量约为坡莫合金的 1/10。由于录放同用一个磁头,则要求磁头合金要兼顾高磁导率的同时,具有高磁感。目前,这方面已有很多探索。

2. 磁屏蔽

利用非晶磁致伸缩零特性,将非晶合金带编织成网,然后涂上聚合物。与相同重量的多晶 $Ni_{80}Fe_{20}$ 相比,具有可弯性、韧性好,不易断裂,对力学应变不敏感等优点。并且高、低频磁特性都很好。目前,国外已有商品出售。

3. 开关电源和磁放大器

不同的开关要求不同的磁滞回线,当铁心的饱和磁化强度正负变化时,需要同时具有低的动态矫顽力和磁损耗的方形回线材料。开关型电源正向 100kHz 的频率范围发展,细晶粒各向同性结构、小损耗需要 $0.03\sim0.015$mm 薄带。以 $Fe_{40}Ni_{40}$ 为基的非晶态合金有高的感生各向同性,极平的磁滞回线($B_r/B_1\approx0.01$),$B_s\approx0.77$T。使用温度达 120℃,在 100kHz 损耗低于标准的 MnZn 铁氧体。

要求方形磁滞回线的磁放大器铁心,以往也使用坡莫合金。钴基非晶低磁致伸缩合金经纵向磁场的磁场退火处理可以得到方形回线,使用频率可超过 100kHz,温度可达 80℃。

4. 钎焊

现在镍基非晶钎焊合金已系列化和商业化。这种钎焊无粘剂污染,钎焊质量高,可实现点焊。如 MBF-30/30A 在高温和室温下都有高强度,可用于不锈钢和耐热钢的焊接,已应用于航空喷气发动机中焊接。MBF-60/60A 已用于核反应堆中低应力到中等应力部件的钎焊,及铜、铁和镍基合金的钎焊。

5. 延迟线

各种超高频系统要求十分之几纳秒到几十微秒的可变延迟。非晶态合金可获得高的磁致伸缩和低的各向异性,从而在低偏场下,可获得比较大的延迟变化,这种非晶合金制成的由磁致伸缩调谐的表面声波器件相当合适。

6. 热敏器件

热敏磁性材料的磁性对温度敏感,居里温度较低并接近于工作温度。这类材料多数是软磁材料,故一般磁导率较高,矫顽力较低。通常要求饱和磁感应强度 B_m 的温度系数大,居里温度低,接近于工作和环境温度,比热容小,散热或吸热快,易加工。晶态有 NiCu、NiCr 等合金,热敏铁氧体有 MnZn、NiZn、MnCu 等。但其饱和磁感强度低,在居里温度附近的磁导率变化较小,热导率低,热响应迟缓。$(T_{1-a}Cr_a)_{100-z}X_z$(T=Fe 或 Co,X=P 或 B 或 Si,至少一种)。当 $0.05\leqslant a\leqslant0.20$、$15\leqslant z\leqslant30$ 时的非晶合金具有优异的热敏特性,性能优于晶态合金和铁氧体材料。用于保护架空线,在温度低于热敏材料的居里温度时,磁性变为铁磁,热敏材料中产生磁滞损耗,使外包皮次级回路(铝皮)产生感应电流发热,这两项都产生热,可防止电线结冰。温度升高,恢复原状。将热敏磁心作多谐振荡器或电容回授振荡器电路的电感元件,随温度变化,电感变化,使振荡频率变化,当达一定温度时,使振荡停止。可实现过热监视。

4.3　形状记忆合金

4.3.1　形状记忆的原理

形状记忆材料是指具有一定初始形状的材料经形变并固定成另一种形状后,通过热、光、电等物理刺激或化学刺激的处理又可恢复成初始形状的材料,包括合金、复合材料及有机高分子材料。记忆合金的开发时间不长,但由于其在各领域的特效应用,正广为世人所瞩目,被誉为"神奇的功能材料"。材料在某一温度下受外力作用而变形,去除外力后,仍保持变形后的形状,升高温度到达某一值后,材料会自动恢复到原来的形状是记忆合金的特性。

马氏体相变是一种非扩散型转变,母相向马氏体转变,可理解为原子排列面的切应变。由于剪切形变方向不同,而产生结构相同,位向不同的马氏体——马氏体变体。以 Cu-Zn 合金为例,合金相变时围绕母相的一个特定位向常形成四种自适应的马氏体变体,其惯习面以母相的该方向对称排列。四种变体合称为一个马氏体片群,如图 4-22 所示。

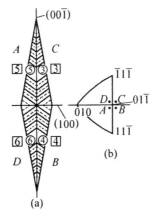

图 4-22　一个马氏体片群

(a)实线:孪晶界及变体之间的界面,虚线—基准面;(b)在(01$\overline{1}$)标准投影面中,四个变体的习惯法线位置

通常的形状记忆合金根据马氏体与母相的晶体学关系,共有六个这样的片群,形成 24 科马氏体变体。每个马氏体片群中的各个变体的位向不同,有各自不同的应变方向。每个马氏体形成时,在周围基体中造成了一定方向的应力场,使沿这个方向上变体长大越来越困难,如果有另一个马氏体变体在此应力场中形成,它当然取阻力小、能量低的方向,以降低总应变能。由四种变体组成的片群总应变几乎为零,这就是马氏体相变的自适应现象。如图 4-23 所示,记忆合金的 24 个变体组成六个片群及其晶体学关系,惯习面绕 6 个{110}分布,形成 6 个片群。

每片马氏体形成时都伴有形状的变化。这种合金在单向外力作用下,其中马氏体顺应力方向发生再取向,即造成马氏体的择优取向。当大部分或全部的马氏体都采取一个取向时,整个材料在宏观上表现为形变。对于应力诱发马氏体,生成的马氏体沿外力方向择优取向,在相变同时,材料发生明显变形,上述的 24 个马氏体变体可以变成同一取向的单晶马氏体。将变

形马氏体加热到 A_s 点以上,马氏体发生逆转变,因为马氏体晶体的对称性低,转变为母相时只形成几个位向,甚至只有一个位向——母相原来的位向。尤其当母相为长程有序时,更是如此。当自适应马氏体片群中不同变体存在强的力学偶时,形成单一位向的母相倾向更大,逆转变完成后,便完全回复了原来母相的晶体,宏观变形也完全恢复。

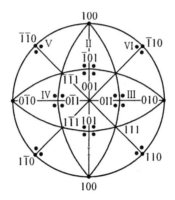

图 4-23   24 个适应马氏体变体

　　形状记忆合金的这种"记忆"性能,源于马氏体相变及其逆转变的特性。以镍—钛合金为例,其母相为有序结构的奥氏体,结构示意如图 4-24(a)所示。当降温时,原子发生位移相变,变为如图 4-24(b)的马氏体,将这种马氏体称为热弹性马氏体,通常它比母相还要软。在马氏体存在的温度区间中,受外力作用发生的形变为马氏体形变,其结构示意如图 4-24(c)所示。在此过程中,存在马氏体择优取向,处于和应力方向有利的马氏体片增多,而处于和应力方向不利的马氏体减少,形成单一有利取向的有序马氏体。当加热到一定程度时,这种马氏出现逆转变,马氏体转变为奥氏体,晶体恢复到高温母相(a),其宏观形状也恢复到原来的状态。具有形状记忆效应的合金现已发现很多。主要有 Ni-Ti 体系合金、Cu-Zn-A1 合金以及 Cu-Al-Ni 系合金。

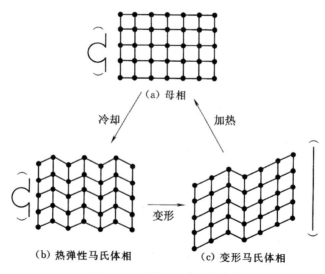

图 4-24   形状记忆合金的变化

4.3.2　形状记忆效应与伪弹性

根据不同材料的不同记忆特点,将形状记忆合金有三种形式:

①一次记忆。如图 4-25(a)所示,材料加热恢复原形状后,再改变温度,物体不再改变形状,此为一次记忆能力。

②可逆记忆。如图 4-25(b)所示,物体不但能记忆高温的形状,而且能记忆低温的形状,当温度在高低温之间反复变化时,物体的形状也自动反应在两种形状间变化。

③全方位记忆。图 4-25(c)所示,除具有可逆记忆特点外,当温度比较低时,物体的形状向与高温形状相反的方向变化。一般加热时的回复力比冷却时回复力大很多。

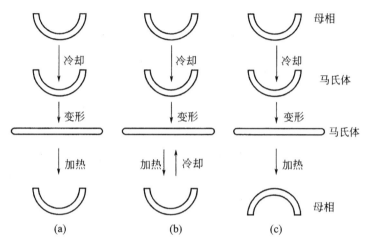

图 4-25　形状记忆合金的三种工作模式

应力弹性马氏体形成时会使合金产生附加应变,去除应力后,马氏体消失,应变也随之回复,这种现象称为伪弹性或超弹性。

形状记忆效应和伪弹性的出现与温度和应力有直接关系。如图 4-26,Cu-14.5％Al-4.4％Ni 合金单晶体在各种温度下拉伸时的应力应变曲线。图 4-25 中(a)表示合金在 M_f 温度以下的拉伸。在 M_f 以下,马氏体相在热力学上是稳定的,应力除去后,有一部分应变残留下来。这时如果在 A_s 以上温度加热,变形会消失,即出现形状记忆效应。图 4-25(b)中表示合金在 M_s 和 A_s 之间的温度范围拉伸,由于应力诱发马氏体相变,使合金产生附加应变,加热可使变形消失。与图 4-25(a)相同,属于形状记忆效应。图 4-25(c)、(d)中表示合金在 A_f 以上温度进行拉伸,此时马氏体只有在应力作用下才是稳定的,合金的变形是由于应力诱发马氏体相变引起的,应力卸除,变形即消失,马氏体逆转变为母相。这种不通过加热即恢复到母相形状的现象称为超弹性或伪弹性。

不仅对母相施加应力诱发马氏体相变会产生伪弹性,而且在 M_f 温度下,应力能诱发具其它结构的马氏体。这种应力诱发马氏体在热力学上是不稳定的,仅能在应力下存在,应力除去后,逆转变为原始结构马氏体而出现伪弹性。图 4-27 给出了 Cu-Al-Ni 合金单晶体的内部组织变化及相变点温度、应力的关系。由图可见,随着应力的增加,合金的 M_s 点向高温移动。当合金急冷至 M_s 点以下时,首先生成 γ'_1(2H)马氏体,β'_1(18R_2)是由 γ'_1 应力诱发产生的,β'_1 是

由 β_1 应力诱发产生的。进一步加载，β_1'' 和 β_1' 均转变为 α_1'。即应力改变了热力学条件，诱发一种结构的马氏体向另一种结构的马氏体转变，从而使合金呈现伪弹性。

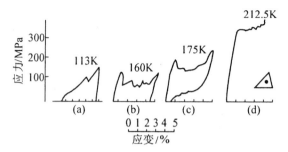

图 4-26　Cu-14.5％Al4.4％Ni(重量)合金单晶体在不同温度延伸时的应力—应变曲线

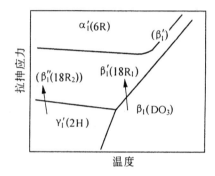

图 4-27　(Cu,Ni)₃Al 合金单晶的温度、应力状态图

从逆转变引起形状恢复这个角度来看，形状记忆合金都会表现出超弹性(在原理上)。二者本质是相同的，区别只是变形温度与最初状态(马氏体还是母相)不同。图 4-28 为形状记忆效应与伪弹性产生条件的示意图。如果合金塑性变形的临界应力较低[如图中(B)线]，在应力较小时，就出现滑移，发生塑性变形，则合金不会出现伪弹性。反之，当临界应力较高[图中(A)线]时，应力未达到塑性变形的临界应力(未发生塑性变形)就出现了超弹性。

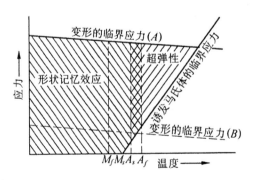

图 4-28　形状记忆效应与超弹性出现条件的模式图

图 4-28 中从 M_s 点引出的直线表示温度高于 M_s 时，应力诱发马氏体相变所需的临界应力。直线的斜率 $d\sigma/dT = -\Delta H/T\Delta\varepsilon(\sigma，$临界应力；$T$，温度；相变热，$\Delta H$，相变应变)。从图

中可以看出,在施点以下温度对合金变形只产生形状记忆效应,不出现伪弹性;在今以下温度对材料施加应力,只出现伪弹性。

4.3.3　形状记忆合金材料

到目前为止,已发现的记忆合金体系有十几种,如表 4-4 为一些比较典型的记忆合金材料及其特性。记忆材料包括 Ti-Ni 系、铜系、铁系三大合金类。它们具有两个共同的特点:弯曲量大,塑性高;在记忆温度以上恢复到原来的性状。

表 4-4　具有记忆效应的合金

合金	组成	相变性质	TMs/℃	热滞后/℃	体积变化/%	记忆功能
Ag-Cd	44～49Cd(原子分数)	热弹性	−190～−50	约 15	−0.16	S
Au-Cd	46.5～50Cd(原子分数)	热弹性	−30～100	约 15	−0.41	S
Cu-Zn	46.5～50Cd(原子分数)	热弹性	−180～−10	约 10	−0.5	S
Cu-Zn-X	38.5～41.5Zn(原子分数)	热弹性	−180～100	约 10		S,T
Cu-Al-Ni	X-Si,Sn,Al,Ga(质量分数)	热弹性	−140～100	约 35	−0.30	S,T
Cu-Sn	14～14.5Al-3～4.5Ni(质量分数)	热弹性	−120～−30			S
Cu-Au-Sn	约 15Sn(原子分数)		−190～−50	约 6	−0.15	S
Fe-Ni-Co-Ti	23～28Au-45～47Zn(原子分数)	热弹性	约−140	约 20	0.4～2.0	S
Fe-Pd	33Ni-10Co-4Ti(质量分数	热弹性	约−100			S
Fe-Pt	30Pd(原子分数)	热弹性	约−130	约 3	0.5～0.8	S
In-Tl	25Pt(原子分数)	热弹性	60～100	约 4	−0.2	S,T
Mn-Cu	5～35Cu(原子分数)	热弹性	−250～185	约 25		S
Ni-Al	36～38Al(原子分数)	热弹性	−180～100	约 10	−0.42	S
Ti-Ni	49～51Ni(原子分数)	热弹性	−50～100	约 30	−0.34	S,T,A

注:S—为单向记忆效应;T—双向记忆效应;A—全方位记忆效应

1. Ti-Ni 系形状记忆合金

Ni-Ti 形状记忆合金具有优异的形状记忆和超弹性性能、良好的力学性能、耐蚀性和生物相容性以及高阻尼特性。是目前应用最为广泛的形状记忆材料,其应用范围已涉及航天、航空、机械、电子、交通、建筑、能源、生物医学及日常生活等领域。部分合金及其转变温度见表 4-5。

表 4-5　部分 Ni-Ti 系形状记忆合金及其转变温度

合　金	成　分	$M_s/℃$	$A_s/℃$
NiTi	Ti-50Ni	60	78
	Ti-51 Ni	-20	-12
Ti-Ni-Cu	Ti-20Ni-30Cu	80	85
Ti-Ni-Fe	Ti-47Ni-3Fe	-90	-72

　　Ti-Ni 合金中有三种金属化合物：Ti_2Ni，$TiNi$ 和 $TiNi_3$，见图 4-29。$TiNi$ 的高温相是 CsCl 结构的体心立方晶体（B_2），低温相是一种复杂的长周期堆垛结构（B19），属单斜晶系。高温相（母相）与马氏体之间的转变温度（M_s）随合金成分及其热处理状态而改变。Ni 成分变化 0.1％，M_s 变化 10K。为了得到良好的记忆效应，通常在 1000℃左右固溶后，在 400℃时效，再淬火得到马氏体。时效处理一方面能提高滑移变形的临界应力，另一方面能引起 R 相变。R 相是 B2 点阵受到沿〈111〉方向的菱形畸变的结果。通过时效处理，反复进行相变和逆转变及加入其他元素，当母相转变为 R 相时，相变应变小于 1％，逆转变的温度滞后小于 1.5K。

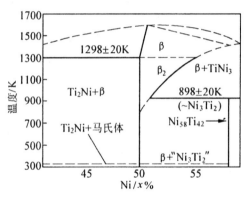

图 4-29　Ti-Ni 二元合金状态图

　　由于形状记忆合金在许多应用中，都是在热和应变循环过程中工作的，因此材料可以反复使用到什么程度是设计者关心的、也是形状记忆合金实用化最突出的问题。如反复形变过程中，相变温度和形变动作的变化也影响材料的疲劳寿命；合金在加热—冷却循环中，伴随着相变温度的变动。因为相变温度的变动和形变动作的变化可使元件动作温度失常，形变动作的变化可以使调节器的作用力不稳定，而材料的疲劳寿命则决定着元件的使用限度。Ni-Ti 合金从高温母相冷却到通常的马氏体相变之前，要发生菱形结构的 R 相变，使电阻率陡峭增高。在马氏体相变发生后，电阻率又急剧降低，形成一个独特的电阻峰，在反复进行马氏体相变的热循环之后，合金相变温度将可能发生变化。见图 4-30，N 为热循环数，箭头所指为相变点位置。由图可见，热循环使 M_s-M_f，相变温度区增大了。如果对该状态的材料进行应变量大于 20％的深度加工，产生高密度位错提高 σ_s，可消除上述影响。采取时效处理使合金形成稳定析出物，也可以阻止滑移形变的进行，达到稳定相变温区的目的，如图 4-31 中除了热循环的影响外，反复变形（形变循环）下工作的材料同样存在伪弹性的稳定性问题。形变循环对伪弹性的影响除应力大小外，与形变方式也有很强的依存关系。如果对时效处理材料进行冷加工的综合处理或"训练"，可以维持更稳定的伪弹性动作，见图 4-32。冷加工与时效的复合处理也可以改善 Ti-Ni 合金的疲劳寿命。

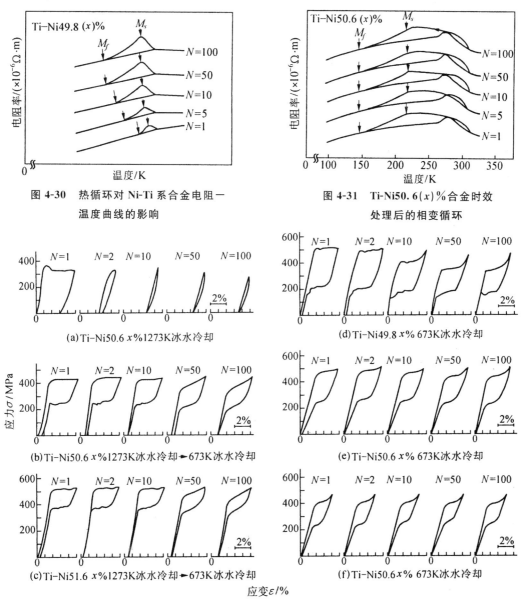

图 4-30　热循环对 Ni-Ti 系合金电阻—温度曲线的影响

图 4-31　Ti-Ni50.6(x)%合金时效处理后的相变循环

(a)Ti-Ni50.6 x%1273K冰水冷却

(b)Ti-Ni50.6 x%1273K冰水冷却→673K冰水冷却

(c)Ti-Ni51.6 x%1273K冰水冷却→673K冰水冷却

(d)Ti-Ni49.8 x% 673K冰水冷却

(e)Ti-Ni50.6 x% 673K冰水冷却

(f)Ti-Ni50.6x% 673K冰水冷却

应变ε/%

图 4-32　形变循环对 Ti-Ni 合金的伪弹性影响
(a)固溶处理；(b)、(c)时效处理

近年来在 Ti-Ni 合金基础上，加入 Nb，Cu，Fe，Al，Si，Mo，V，Cr，Mn，Co，Zr，Pb 等元素，开发了 Ti-Ni-Cu，Ti-Ni-Nb，Ti-Ni-Pb，Ti-Ni-Fe，Ti-Ni-Cr 等新型 Ti-Ni 合金。上述合金元素对 Ti-Ni 合金的丝点有明显影响，也使 As 温度降低，即使伪弹性向低温发展。Ti-Ni 系合金是最有实用前景的形状记忆材料，性能优良，可靠性好，并且与人体有生物相溶性；但成本高，加工困难。

2. 铜基形状记忆合金

与 Ti-Ni 合金相比,Cu-Zn-Al 制造加工容易,价格便宜,并有良好的记忆性能,相变点可在一定温度范围内调节,不同成分的 Cu-Zn-Al 合金相变温度不同。且随热循环次数的增加,Cu-Zn-Al 合金的 M_s 和 A_f 点一起升高,见图 4-33。与此不同,Cu-Al-Ni 合金的 M_s 和 A_f 却随热循环次数的增加而缓慢降低,这些影响因素可以用热循环过程中位错的增殖来说明。在 Cu-Zn-Al 合金中,位错成为马氏体的形核点,而在 Cu-Al-Ni 合金中,位错使 DO_3 型结构的母相的有序度下降。前者由于生成残留马氏体,在约 10^3 次热循环后,已能看到形状记忆效应衰退,而后者由于不生成残留马氏体,可以期望得到更稳定的性能。考虑到特性变化的原因在于位错的导入,故为改善热循环特性,可采用细化晶粒的办法提高滑移形变抗力 σ_s,如加入 Ti,Mn,V,B 及稀土元素。

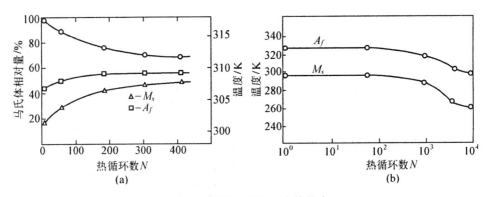

图 4-33　热循环相变温度的影响

(a)Cu-Zn-Al 合金;(b)Cu-Al-Ni 合金

一般铜基合金在 A_f 点以上经过最初几个应力循环后即出现应变残留,在 Cu-Zn 三元系合金中,对相变不利的〈111〉方向晶粒滑移形变特别显著,残留有相当的应变。对于 Cu-Al-Ni 合金,由于母相强度高,滑移变形难以进行,单晶中,在 $\beta_1 \rightleftharpoons \beta_1'$ 相变伪弹性循环时尽管应力很高,回线的形状却几乎不变。但在多晶中,由于难以引起滑移形变,残留应变小则应力集中未能缓和,因此变得非常脆。

Cu-Zn-Al 合金通过粉末压制的方法,可以使疲劳寿命大幅度改善;Cu-Al-Ni 合金由于调整应变不协调,滑移形变难以进行,在哪一种形变方式下,多晶的疲劳寿命都比单晶低。可以通过晶粒细化和加工一时效处理来改善疲劳特性。

总之,铜系形状记忆合金由于热稳定性差、晶界易断裂、多晶合金疲劳特性差等弱点,大大限制了其实用化。不过铜基合金的优势也不容忽视。

3. 铁基形状记忆合金

20 世纪 70 年代在铁基合金中发现了形状记忆效应,与 Ni-Ti 基及 Cu 基合金相比,铁基合金价格低、加工性好、机械强度高、使用方便,在应用方面具有明显的竞争优势。

铁基形状记忆合金具有良好记忆效应的前提条件是:①尽可能低的层错能,使 Shockley

不全位错容易扩展及收缩,以减少应力诱发马氏体相变时的阻力;②较低的铁磁—反铁磁转变温度(TN)以消除奥氏体稳定化对应力诱发 $\gamma \rightarrow \varepsilon$ 相变的阻碍;③相当的母相强度,以抑制应力诱发相变时产生永久位移;④合金母相为单一奥氏体,并存在一定数量的层错。记忆性能较好的铁基形状记忆合金是 FeNiCoTi 系和 FeMnSi 系。由于 FeNiCoTi 系合金中含有价格昂贵的 Co 而导致其成本提高;另外,该合金在预应变超过 2% 后记忆效应下降到 40% 以下,严重影响实用。目前的研究主要集中在 FeMnSi 系合金上,对于合金元素、预变形、热—机械训练对其记忆效应的影响均有较深入的研究。一般来说,Mn、Si、Ni、Mo、Al、Cu、Cr、Re 等合金元素在适当的成分范围内对记忆效应或其他性能有利,$Fe_{14}Mn_6Si_9Cr_5Ni$ 成分的合金记忆性能最好,形状恢复率达 5%,有很强的实用价值。随着预变形量的增加,合金形状记忆效应降低。因为小变形时母相中的层错沿最易开动的滑移系扩展,易形成单变体 ε 马氏体;预变形量增加,母相中多个位向层错扩展,会形成 ε 马氏体的重叠和交叉;更大的预变形量会使材料发生永久变形,记忆效应降低。合金经热—机械训练(重复形变热处理)可明显改进记忆性能。热—机械训练提高记忆效应的原因主要是训练使母相中形成层错,减少诱发 ε 马氏体相变所需的临界切应力,增加 ε 马氏体的形核部位,增加 ε 马氏体的转变量;训练也使形成单变体马氏体的几率增加。

铁基形状记忆合金是一类很有实用价值的材料。除了记忆功能,耐蚀性也非常出色。FeMnSi 合金中加入 Cu,Ni,Cr,N,Co 等合金元素,耐腐蚀性能大大提高,FeMnSiCrNi 在碱性介质中耐蚀性是奥氏体不锈钢的 4~5 倍,抗晶间腐蚀性也优于不锈钢。此外,FeMnSi-CrNi 合金还具有良好的抗蠕变和应力松弛性能。

4.3.4　形状记忆合金的应用

1. 工程应用

(1)连接紧固件

利用形状记忆合金优良的形状记忆效应,可制成各种连接紧固件,如管接头、紧固圈、连接套管和紧固铆钉等。记忆合金连接件结构简单、重量轻、所占空间小,安全性高、拆卸方便、性能稳定可靠,已被广泛用于航天、航空、电子和机械工程等领域。

①管接头。形状记忆合金目前使用量最大的是用来制作管接口。将形状记忆合金加工的管接口内径比管子外径略小的套管,在安装前将该套管在低温下将其机械扩张,套接完毕后由于管,在接口的使用温度下因形状记忆效应回复到原形而实现与管子的紧密配合(见图 4-34)。

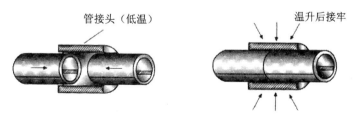

管接头（低温）　　　　温升后接牢

图 4-34　形状记忆合金管接头

②紧固圈。美国 Rachem 公司研制生产的 NiTiNb 宽滞后记忆合金同轴电缆屏蔽网和接头的紧固圈,紧固圈由丝材焊接而成,表面涂一层可随温度改变颜色的化学涂料,安

装前可在常温下储存,安装时用小型加热器加热到涂料改变颜色即可。这种紧固圈在美国通信工程和信号装置中已广泛应用。连接强度大于 890N,连接电阻小于 1mQ,与普通钎焊、胶皮箍以及其他机械紧固法相比,体积小、重量轻、安装方便、连接无漏丝、安全可靠等优点。

③紧固铆钉。把铆钉在干冰中冷却后把尾部拉直,插入被紧固件的孔中,温度上升产生形状恢复,铆钉尾部叉开实现紧固。可用于不易用通常方法实现铆接的地方。见图 4-35。

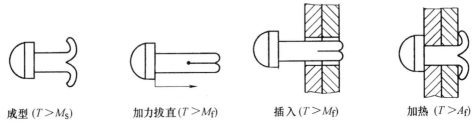

成型($T>M_S$)　　加力拔直($T>M_f$)　　插入($T>M_f$)　　加热($T>A_f$)

图 4-35　形状记忆合金铆钉连接

④套管连接。用铜套导记忆合金的套管进行加热,实现安装连接,其原理图如图 4-36 所示。俄罗斯曾在 MR 空间站上使用这种方法,成功地连接了长 15m 空间桁架。

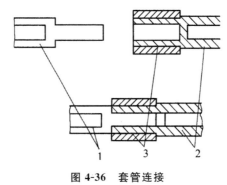

图 4-36　套管连接
1—插杆;2—插孔;3—记忆合金

(2)驱动元件

利用记忆合金在加热时形状恢复的同时其恢复力可对外作功的特性,能够制成各种驱动元件。这种驱动机构结构简单,灵敏度高,可靠性好。对只需一次性动作的驱动元件,要求记忆合金具有较大的恢复力和良好的记忆效应;对于需多次使用的温控元件,则要求记忆合金具有优良稳定的记忆性能、疲劳性能和较窄的相变滞后,以保证动作安全可靠,响应迅速。

①汽车发动机冷却风扇。在汽车冷却风扇上安装铜基形状记忆合金的螺旋弹簧,随发动室的温度变化发生形状记忆,使在温度高到一个规定值时,离合器接触,风扇转动,温度降低时,离合器分离,风扇停止转动,可降低汽车噪声和油耗。

②温室窗控制。图 4-37 是用于温室恒温控制的动作元件,利用铜基形状记忆合金的弹簧的双程记忆效应,随温度变化的伸长和缩短,可控制温室窗的开闭大小,自动调节温室的温度,热滞后可保持在 1.2℃。

图 4-37 温室温度控制元件

③宇宙飞船的通信天线。1970 年,美国将 NiTi 形状记忆合金用于宇宙飞船天线。在宇宙飞船发射之前,室温下将经过形状记忆处理的 NiTi 合金丝折成直径在 5cm 以下的球状放入飞船,飞船进入太空轨道后,通过加热或者是利用太阳热能,升温到 77%,被折成球状的合金丝就完全打开,成为原先设定的抛物面形状天线,解决了大型天线的携带问题。

2. 医学应用

钛镍形状记忆合金用于脊柱矫形、断骨再接、心脏收缩、过滤凝血等医疗方面。

(1)牙齿矫形

为了矫正牙齿前后不齐、啮合不正的畸形,过去都是用一个托架连在牙齿上,然后用一根有弹性的金属丝穿过托架预先设置的缝槽和牙齿直接接触,利用金属丝的弹性使错列不齐的牙齿移动一定的位置,如图 4-38(a)所示。利用 Ni-Ti 加工硬化后所具有的"超弹性"特性开发的 NiTinol 丝,用来取代不锈钢丝,目前美国国内绝大多数矫形使用 Ni-Ti 矫形丝。1982 年,中国、日本等利用 Ni-Ti 从合金相变伪弹性特点,开发出相变超弹性 Ni-Ti 合金丝,来代替传统合金丝,如图 4-38(b)所示。

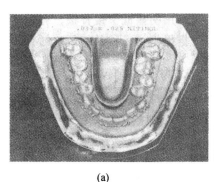
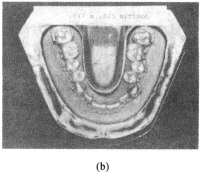

(a)   (b)

图 4-38 Ni-Ti 合金在牙齿矫正中的应用

(a)用一般金属丝矫形;(b)用 Ni-Ti 合金丝矫形

(2)脊柱矫形

利用 Ni-Ti 记忆合金形状回复力达到矫正畸形的作用,畸形在 35°～105°的纠正角度百分比平均为 51.8%,疗效高,矫形后角度丢失较小、无骨折、无神经损伤等严重并发症,术前不用牵引,术后不用石膏固定。Ni-Ti 记忆合金矫形棒进行脊柱矫形,其最大特点是在体内有持续矫形的能力,起到持续矫形的目的,如图 4-39 所示。

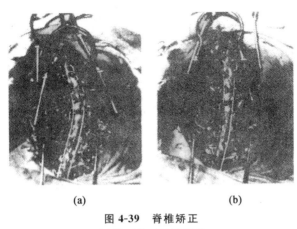

(a)   (b)

图 4-39　脊椎矫正

(a)矫正前；(b)矫正后

（3）血管凝块过滤

在心脏、下肢和骨盆静脉中形成的血栓，被剥离后通过血管游动到肺部时发生肺栓塞，通常服用抗凝剂或进行外科切除手术，但这两种治疗方法都有危险性。制作一个容易进入血管的形状简单马氏体 Ni-Ti 直丝，当其进入体内，由于体温的作用，变成复杂的母相过滤器形状，可阻挡凝结物进入心脏、肺。图 4-40 是在狗的静脉中的试验照片。

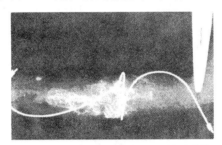

图 4-40　在狗的静脉植入的血管过滤器

（4）骨折固定

经动物与体外力学试验证实，Ni-Ti 记忆合金的环抱器有良好的抗弯和抗扭作用，而对压缩应力的对抗作用明显低于接骨板，有利于促进骨折愈合，减小固定后骨质疏松，为长骨固骨折提供了一种新的简单的有效治疗手段，图 4-41 是它的使用情况。

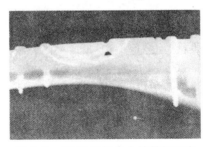

图 4-41　Ni-Ti 记忆合金的骨折固定

第5章 光学材料

5.1 激光材料

1960年,世界上第一台以红宝石($Al_2O_3：Cr^{3+}$)为工作物质的固体激光器研制成功,这在光学发展史上翻开了崭新的一页。

光只不过是从无线电波经过可见光延伸到宇宙射线的电磁波谱中很窄的一段,见图5-1。激光与一般的光不同的是纯单色,具有相干性,因而具有强大的能量密度。激光(LASER)是经受激辐射引起光频放大的英文 Light Amplification by Stimulated Emission of Radiation 的缩写。

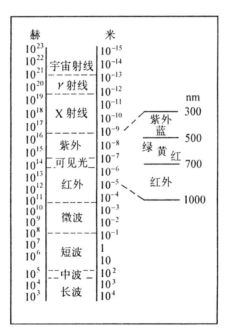

图5-1 电磁波谱

5.1.1 激光的产生

光的产生总是和原子中电子的跃迁有关。假如原子处于高能态 E_2,然后跃迁到低能态 E_1,则它以辐射形式发出能量,其辐射频率为

$$\nu = \frac{E_2 - E_1}{h}$$

能量发射可以有两种途径:一是原子无规则地转变到低能态,称为自发发射;二是一个具

有能量等于两能级间能量差的光子与处于高能态的原子作用,使原子转变到低能态同时产生第二个光子,这一过程称为受激发射,见图 5-2。受激发射产生的光就是激光。

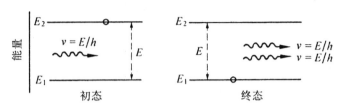

图 5-2　受激发光

当光入射到由大量粒子所组成的系统时,光的吸收、自发辐射和受激辐射三个基本过程是同时存在的。在热平衡状态,粒子在各能级上的分布服从玻耳兹曼分布律:$N_i = N_e e^{-E_i/kT}$,其中,N_i 为处在能级 E_i 的粒子数;N_e 为总粒子数;k 为玻耳兹曼常数;T 为体系的绝对温度。因为 $E_2 > E_1$,所以高能级上的粒子数 N_2 总是小于低能级上的粒子数 N_1,产生激光作用的必要条件是使原子或分子系统的两个能级之间实现粒子数反转。

5.1.2　激光的特征及激光器

1. 激光的特性

激光较普通光有 4 个突出的特点:①单色性好,其波长单一,而普通光是由不同频率的光组成的;②定向性或准直性好,而普通光是发散开来的;③具有相干性,它的一系列光波都是同相位的,可以互相增强,而普通光是非相干的;④强度大,亮度高。激光的这 4 个特性都很重要,每一个特性都能开发出许多重要的应用。

2. 激光器的基本结构

激光是受激辐射的结果,它要求在激光介质中必须反复地发生这类辐射,并且被约束在一个方向上,这样才能得到强的激光束。因此,激光器必须具有三个基本的组成部分才能达到它的功能,如图 5-3 所示。

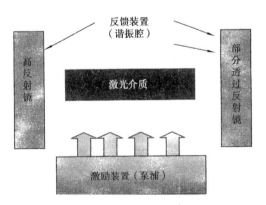

图 5-3　激光器的三个基本组成部分

①产生某一波长的激光活性介质,即激光材料。正是通过激光材料中原子能级的特点,得出不同波长的激光。

②反馈系统。反馈系统经常是两端各一个的反射镜,镜子能将激光介质所产生的相干光反射回到介质中。这返回的光可以进一步诱发更多的高能态粒子受激辐射而产生出同样波长与相位的光来。这样多次的来回振荡,使光子越积越多,产生了一种"放大"的作用。并且镜面对得很准,也起到对光束的准直作用和过滤作用。这两面镜子,一个是希望达到 100% 的反射作用,另一面镜子则是半透过性的,可以让腔内的一部分激光引导出来加以使用,这个腔也称为谐振腔。

③激励装置。这是激光产生的能源,它的作用是将很多原子源源不断地激励到高能级上,而且保证处在高能级的粒子要比处在低能级的数目多,即"粒子数反转"。有了大量的高能态粒子,才能保证光子的释放大于光子被无效的吸收。激励装置也称为"泵浦",它可以是光源泵、电流泵,也可以是激光器泵另一个激光器。

激光材料按照材料的性质可以分为气体、固体、半导体和染料(液体)四种。本节将重点介绍固体激光器材料和半导体激光器材料。

5.1.3　固体激光器材料

固体激光材料应具有良好的物理化学性能,即要求热膨胀系数小,弹性模量大,热导率高,化学价态和结构组分稳定,以及良好的光照稳定性等。在光学性能方面,它应具有合适的光谱特性和良好的光学均匀性,以及对激发态的吸收要小等。

1. 固体激光工作物质

固体激光工作物质是激光技术的核心,其中激光晶体是一类应用广泛的固体激光工作物质,它通常是在基质晶体中掺入适量的激活离子,即由基质晶体和激活离子组成。

（1）基质晶体

固体激光介质一般是单晶体,由熔体中定向结晶出来。制备单晶要求工艺水平很高,特别是加入和控制掺杂离子的浓度难度很大。这些晶体都是一些"宝石"。一些激光晶体如图 5-4 所示。

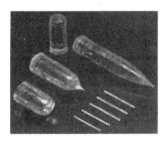  

(a)Nd∶YAG（$Y_3Al_5O_{12}$）　　　(b)KTP（$KTiOPO_4$）　　　(c)CLBO（$CsLiB_6O_{12}$）

图 5-4　一些激光晶体

基质晶体要求具有良好的机械强度、良好的导热性和较小的光弹性。为了降低热损耗和输入,基质对产生激光的吸收应接近零。用做基质的晶体应能制成较大尺寸,且光学性能均匀。

基质晶体种类很多,至今已有 350 多种。研究较多的主要是化合物,基本上分为 3 类。

①金属氧化物晶体。这类基质晶体通常熔点高、硬度大、物理化学性能稳定,如 Al_2O、$Y_3Al_5O_{12}$、Er_2O_3、Y_2O_3 等,是研究最多,应用最广泛的一类激光基质晶体。掺杂的激活离子多为三价过渡金属离子或三价稀土离子,如 Cr^{3+}、Nd^{3+} 等。这类晶体中最有实用价值的是红宝石(Cr^{3+}:Al_2O_3)和钕钇铝石榴石(Nd^{3+}:YAG),常用做连续激光器和高重点频率激光器的工作物质,需要量大,已实现产业化。

②含氧金属酸化物晶体。含氧金属酸化物晶体(阴离子络合物)主要有 $CaWO_4$、$CaMoO_4$、$LiNbO_4$、$Ca(PO_4)_3F$ 等,也是较早研究的激光材料之一,它们均以三价稀土离子为激活离子,掺杂时需要考虑电荷补偿问题。Nd^{3+}:$CaWO_4$ 是这类晶体中最早实现室温下受激发射的激光晶体。由于 Nd^{3+} 离子在工作温度下,激光终态几乎没有被粒子填充,因而产生激光的阈值极低,并能实现连续运转。

③氟化物晶体。CaF_2、BaF_2、SrF_2、LaF_3、MgF_2 等氟化物晶体具有像萤石(CaF_2)那样的立方形晶体结构。作为激光晶体需掺入二价稀土离子(如 Tm^{2+})、三价稀土离子(如 Nd^{3+}、Sm^{3+}、Dy^{3+}、Tm^{3+} 等)或锕系离子 U^{3+}。作为早期研究的激光晶体材料,这类晶体熔点较低,易于生长单晶。但是,它们大多要在低温下才能工作,现在较少应用。

(2)激活离子

激活离子的作用是在固体中提供亚稳态能级,由光泵作用激发振荡出一定波长的激光,即实现将低能级上的粒子"抽运"到高能级上去,它们是激光晶体的发光中心,激光的波长就是由激活离子的种类决定的。现有的激活离子已发展到 20 多种,主要有 4 类,它们是过渡族金属离子、三价稀土离子、二价稀土离子和锕系离子,其中前两类是应用最为广泛的激活离子。

①过渡族金属离子。过渡族金属离子的 3d 电子无外层电子屏蔽,在晶体中受到周围晶体场的直接作用,在不同类型的晶体中,其光谱特性有很大的差异。这类离子包括:TP^{3+}、V^{3+}、Cr^{3+}、Co^{2+}、Ni^{2+} 和 Cu^+ 等。

②二价稀土离子。这类离子的 4f 电子比三价稀土离子多一个,使 5d 态的能量降低,4f-5d 跃迁的吸收带处于可见光区,有利于泵浦的吸收。但这类离子不大稳定,会使激光输出特性变差。典型的有 Sm^{2+}、Tm^{2+}、Er^{2+} 和 Dy^{2+} 等。

③三价稀土离子。与过渡族金属离子不同,三价稀土离子的 4f 电子受 5s 和 5p 外壳层电子的屏蔽,使得周围晶体场对 4f 电子的作用减弱。因此,这类激活离子对一般光泵的吸收效率较低,为了提高效率必须采用一定的技术,如敏化技术和提高掺杂浓度等。这类离子最常用的是 Nd^{3+},还有 Pr^{3+}、Sm^{3+}、Eu^{3+}、Dy^{3+}、Ho^{3+}、Er^{3+}、Tm^{3+} 和 Yb^{3+} 等,它们均属于镧系稀土元素。

④锕系离子。锕系离子大部分是人工放射性元素,不易制备,而且放射性处理复杂,因而应用较困难,目前也仅有 U^{3+} 离子在 CaF_2 中得到应用。

近年来,其他金属离子作为激活离子的可能性逐渐受到重视,如 Po^{2+} 离子已实现了受激发射。

2. 红宝石激光晶体（$Al_2O_3:Cr^{3+}$）

红宝石是世界上第一台固体激光器的工作物质,它是由刚玉单晶(α-Al_2O_3)为基质,掺入 Cr^{3+} 激活离子所组成的。α-Al_2O_3 为六方晶系,铬原子的外层电子为 $3d^5 4s^1$。将铬原子掺杂至 α-Al_2O_3 晶格中去后,铬原子失去 $3d^2 4s^1$ 三个电子,只剩下 $3d^3$ 三个外层电子,成为 Cr^{3+}。从激光器对工作物质的物化性能和光谱性能要求来看,红宝石激光器堪称一种较为理想的材料。

红宝石晶体的主要优点是:晶体的物化性能很好,材料坚硬、稳定、导热性好、抗破坏能力高,对泵浦光的吸收特性好,可在室温条件下获得 $0.6943\mu m$ 的可见激光振荡。主要缺点是属三能级结构,产生激光的阈值较高。

红宝石的激光发射波长为可见光~红光的波长,这一波长的光,不但为人眼可见,而且对于绝大多数的各种光敏材料和光电探测元件来说,都是易于进行探测和定量测量的。因此红宝石激光器在激光器基础研究、强光(非线性)光学研究、激光光谱学研究、激光照相和全息技术、激光雷达与测距技术等方面都有广泛的应用。

3. 钕钇铝石榴石激光晶体

钕钇铝石榴石晶体($Nd^{3+}:YAG$)的激光工作物质是 $YAG(Y_3Al_5O_{12})$ 作为基质,Nd^{3+} 作为激活离子。YAG 属立方晶系,$Nd^{3+}:YAG$ 激光跃迁能级属于四能级系统,具有良好的力学、热学和光学性能。用 Nd^{3+} 取代 YAG 中的 Y^{3+},这不需要电荷补偿,而且它从基态被激发至吸收带(即高能态)的频率相当于钨灯的输出频率。这样就可以不用闪光灯和电容组,而只用白炽灯就可以作泵浦。

图 5-5 所示为 Nd^{3+} 能级图。基态 Nd^{3+} 吸收不同波长的泵浦光被激发至 $^4F_{3/2}$ $^4F_{5/2}$ $^4F_{7/2}$ 等激发态能级。这些能级上的 Nd^{3+} 以非辐射跃迁的形式跃迁至亚稳态 $^4F_{3/2}$ 能级(寿命约 0.2ms)。从 $^4F_{3/2}$ 可辐射跃迁至 $^4I_{9/2}$ $^4I_{11/2}$ $^4I_{13/2}$ 能级,分别发出 $0.914\mu m$、$1.06\mu m$ 和 $1.34\mu m$ 的激光。其中由于能级距基态很近,激光器一般需在低温工作。

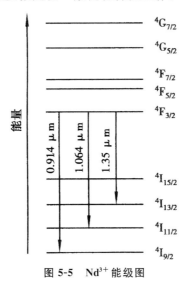

图 5-5　Nd^{3+} 能级图

Nd^{3+} 的辐射中等通道有三条,在激光产生过程中,将发生竞争,由于 $^4F_{3/2} \longrightarrow ^4I_{11/2}$ 通道的荧光分支比最大,即产生荧光的几率最大,一般 Nd^{3+}：YAG 激光器以发出 1.06m 波长的激光为主,次之为 $1.34\mu m$ 的激光。

与红宝石相比,Nd^{3+}：YAG 晶体的荧光寿命较短,荧光谱线较窄,工作粒子在激光跃迁到高能级上不易得到大量积累,激光储能较低,以脉冲方式运转时,输出激光脉冲的能量和峰值功率都受到限制。鉴于上述原因,Nd^{3+}：YAG 器件一般不用来作单次脉冲运转。由于其阈值比红宝石低,且增益系数比红宝石大,因此适合于作重复脉冲输出运转。重复率可高达每秒几百次,每次输出功率达百兆瓦以上。

以 Nd^{3+} 为激活离子的激光工作物质还有 Nd^{3+}：YVO_4、Nd^{3+}：YIG($Y_3Fe_5O_{12}$)等,尽管这些工作物质的基质不同,但其工作原理基本相同。

Nd^{3+}：YAG 激光器主要应用于军用激光测距仪和制导用激光照明器。这种激光器还是唯一能在常温下连续工作,且有较大功率的固体激光器。

5.1.4 半导体激光材料

半导体激光器是固体激光器中重要的一类。这类激光器的特点是体积小、效率高、运行简单、便宜。目前,制作半导体激光器的材料很多,有短波也有长波,它的激发方式可以是电注入式,也有电子束激励及光激励等方式。

半导体激光器的基本结构极为简单,见图 5-6,从图中可知,半导体激光器是半导体器件 p-n 结二极管,在电流正向流动时会引起激光振荡。

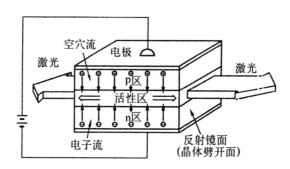

图 5-6 半导体激光器的基本结构

但是,在普通电路用的二极管中,即使有电流流动也不会产生激光振荡。引起激光振荡的第一个条件是,利用电流注入的少数载流子复合时放出的能量必须以高效率变换为光。因此,在进行复合的区域(在 p-n 结附近,称此区域为活性区),一般必须是具有直接迁移型能带结构的材料。在这一方面,最常用的半导体材料 Si 与 Ge 已失去作为激光材料的资格。以 Ga-As 为代表的许多ⅢA-ⅤA族化合物由于具有直接迁移型能带结构,可作为激光材料,大部分ⅡA、ⅥA族半导体也有可能作为激光材料。

半导体激光器的第二个条件是,在引起反转分布时要注入足够浓度的载流子。某阈值以下的电流,在普通的发光二极管中会引起注入发光,但不会发生激光。

第三个条件是有谐振器(空腔)。半导体激光器由于增益极高,不一定要求具有高反射率的反射镜,利用垂直于结面而且平行的二极管两个侧面作为反射镜。

目前大部分半导体激光器具有双异质结结构,该结构可减小阈值电流密度,可在室温下连续工作。双异质结激光器的 p-n 结是用带隙和折射率不同的两种材料在适当的基片上外延生长形成的。不同种类的材料所形成的结(异质结),由于晶格常数不同而易于产生晶格缺陷结面的晶格缺陷作为注入载流子的非发光中心而使发光效率下降,器件寿命缩短。因此,作为双异质结激光器材料,要求采用晶格常数大致相同的两种材料来组合。在室温下 GaAs 和 AlAs 的晶格常数分别为 0.5653nm 和 0.5661nm,两者仅差 0.14%。

5.2　光纤材料

5.2.1　光纤的结构

光纤是用高透明介电材料制成的非常细的低损耗导光纤维,其外径为 125~200μm,它不仅具有束缚和传输从红外到可见光区域内的光的功能,而且也具有传感功能。

一般通信用光纤的横截面的结构如图 5-7 所示,光纤本身由纤芯和包层构成。其中纤芯为高透明固体材料,如高二氧化硅玻璃,多组分玻璃、塑料等制成。包层则由有一定损耗的石英玻璃、多组分玻璃或塑料制成。纤芯的折射率大于包层的折射率。这样就构成了能导光的玻璃纤维,即光纤。光纤的导光能力就取决于纤芯和包层的性质。

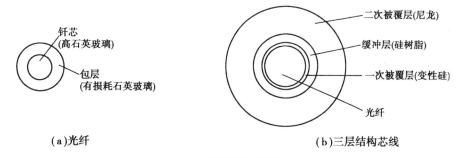

(a)光纤　　　　　　　　　　　　　　**(b)三层结构芯线**

图 5-7　光纤的横截面结构示意图

上述的光纤是很脆的,还不能付诸实际应用。要使它具有实用性,还必须使其具有一定的强度和柔性。通常采用图 5-7(b)所示的三层芯线结构。在光纤的外面是一次被覆层,它的作用是防止玻璃光纤的玻璃表面受损伤,并保持光纤的强度。因此,在选用材料和制造技术上,必须防止光纤的玻璃表面受损伤。通常采用连续挤压法将热可塑硅树脂被覆在光纤外而制成,这一层的厚度为 100~150μm。在一次被覆层之外是外径约 400μm 的缓冲层,目的是防止光纤因一次被覆层不均匀或受侧压力作用而产生微弯,带来额外损耗。基于此,缓冲层须选用缓冲效果良好的低杨氏系数材料。缓冲层的外面是二次被覆层,一般由尼龙制成,外径常为 0.9mm。

5.2.2　光导原理

1. 光的全反射现象

光纤传输光的原理是光的全反射现象。如图 5-8 所示,当一束光投射到折射率为 n_1 和 n_2

的两种介质的交界面上时，入射角 θ_1 和折射角 θ_2 之间服从光的折射定律，即

$$\frac{\sin\theta_1}{\sin\theta_2} = \frac{n_2}{n_1}$$

由于 $n_1 > n_2$，即纤芯为光密介质，包层为光疏介质，因此当 θ_1 逐渐增大到某一临界角 θ_c 时，θ_2 就变为 $\pi/2$，此时光不再进入折射率为 n_2 的包层中，而是全部返回到纤芯中来，这就是光的全反射。

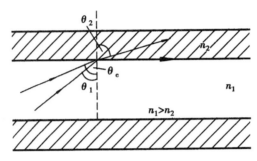

图 5-8 光的全反射原理

按照光的全反射原理，光将在光纤的纤芯中沿锯齿状路径曲折前进，而不穿出包层，从而完全避免了光在传输过程中的折射损耗，如图 5-9 所示。

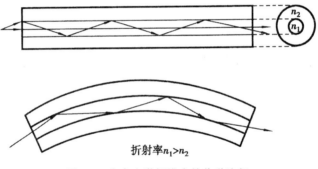

折射率 $n_1 > n_2$

图 5-9 光在光学纤维中的传送途径

2. 子午光线和斜光线

如图 5-10 所示，如果光学纤维具有均匀的芯子（半径为 r，折射率为 n_1）和均匀的包层（折射率为 n_2，$n_2 < n_1$），则通过这种光学纤维的光线就有子午光线和斜光线两种。子午光线是在一个平面内弯曲行进的光线，它在一个周期内和光学纤维的中心轴相交两次。斜光线是不通过光学纤维的中心轴的光线。

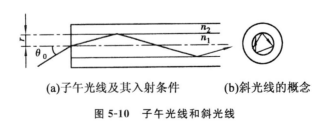

(a)子午光线及其入射条件   (b)斜光线的概念

图 5-10 子午光线和斜光线

作为子午光线行进的条件为：

$$\sin\theta_0 < \sqrt{n_1^2 - n_2^2}$$

3. 光的传输模式

光在纤维中传输有一定的传输模式。光学上将具有一定频率、一定的偏振状态和传播方向的光波称为光波的一种模式，或称为光的一种波型。传输模式是光纤最基本的传输特性之一，根据模式不同，光纤有单模光纤和多模光纤之分。单模光纤的直径非常细，只有 $3 \sim 10\mu m$，同光波的波长相近，只允许传输一个模式的光波；而多模光纤直径为几十至上百微米，允许同时传输多个模式的光波。

4. 数值孔径

习惯上将 $\sqrt{n_1^2 - n_2^2}$ 称为光学纤维的数值孔径 N·A，即

$$N·A = \sqrt{n_1^2 - n_2^2}$$

根据子午光线行进的条件，N·A 值越大，θ_0 可以越大，因而有较多的光线进入芯子，可见数值孔径是表征光纤集光本领的一种量度。但 N·A 太大时，对单模传输不利，因为它易激发光的高次模传播方式。

5.2.3　光纤分类

光纤的种类很多，下面按不同的方式给光纤分类。

（1）按纤芯的折射率

按纤芯折射率分布之不同，光纤可分为阶跃型光纤和梯度型光纤两大类。常用通信光纤的种类和光的传播如图 5-11 所示，主要有阶跃型多模光纤［图 5-11（a）］、梯度型多模光纤［图 5-11（b）］、单模光纤［图 5-11（c）］。

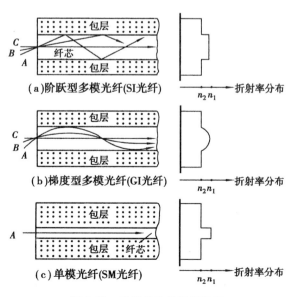

图 5-11　光纤的种类和光传播

阶跃型多模光纤和单模光纤的折射率分布都是突变的,纤芯折射率均匀分布,而且具有恒定值 n_1,而包层折射率则为稍小于 n_1 的常数 n_2。

阶跃型多模光纤和单模光纤的区别仅在于,后者的芯径和折射率差都比前者小。设计时,适当地选取这两个参数,以使得光纤中只能传输最低模式的光,这就构成了单模光纤。

在梯度光纤中,纤芯折射率的分布是径向的递减函数,而包层折射率分布则是均匀的。

(2)按传输模式

按光的传输模式的不同,光纤可分为多模光纤和单模光纤两大类。

(3)按材料组分

按材料的组分不同,光纤可分为石英玻璃光纤、多组分玻璃光纤和塑料(聚合物)光纤等。

5.2.4 光纤材料

1.石英玻璃光纤

目前,国内外所制造的光纤绝大部分都是高二氧化硅玻璃光纤。为降低石英光纤的内部损耗,现都采用化学气相反应淀积法制取高纯度的石英预制棒,再拉丝,制成低损耗石英光纤。CVD 法是根据半导体气相生长法发展起来的,这种方法是用超纯氧气作载气,把超纯原料气体四氯化硅($SiCl_4$)和掺杂剂四氯化锗($GeCl_4$)、三溴化硼(BBr_3)、三氯氧磷($POCl_3$)等气体输送到以氢氧焰作热源的加热区。混合气体在加热区发生气相反应,生成粉末状二氧化硅及添加氧化物。继续升温加热,使混合粉料熔融成玻璃态,制成超纯玻璃预制棒。然后,把预制棒从一端开始加热至 1600℃ 左右(加热方式可采用高频感应加热、电阻加热、氢氧焰加热等)使料棒熔化,同时进行拉丝。纤维的外径由牵引机自动调节控制,折射率可通过添加氧化物的浓度加以调节。

2.晶体光纤

晶体光纤可分为单晶与多晶两类。单晶光纤的制造方法主要有导模法和浮区熔融法。

导模法是把一支毛细管插入盛有较多熔体的坩埚中,在毛细管里的液体因表面张力作用而上升,将定向籽晶引入毛细管上端的熔体层中,并向上提拉籽晶,使附着的熔体缓慢地通过一个温度梯度区域,单晶纤维便在毛细管的上端不断生长,见图 5-12。

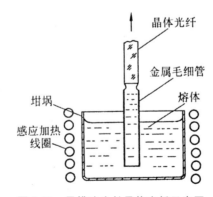

图 5-12 导模法生长晶体光纤示意图

浮区熔融法是先将高纯原料做成预制棒,然后使用激光束在预制的一端加热,待其局部熔融后把籽晶引入熔体并按一定速率向上提拉便得到一根单晶纤维,见图 5-13。

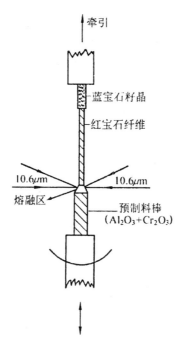

图 5-13　激光区熔法生长红宝石示意图

3. 多组分玻璃光纤

多组分玻璃光纤的成分除石英(SiO_2)外,还含有氧化钠(Na_2O)、氧化钾(K_2O)、氧化钙(CaO)、三氧化二硼(B_2O_3)等其他氧化物。

多组分光纤采用双坩埚法制造。坩埚是尾部带漏管的内外两层铂坩埚同轴套在一起所组成。多组分玻璃料经过仔细提纯,芯料玻璃放在内层坩埚里,包层玻璃放在外层坩埚里。玻璃料经加热熔化后从漏管中流出。在坩埚下方有一个高速旋转的鼓轮,将熔融状态的玻璃拉成一定直径的细丝。漏孔的直径大小和漏管的长度,决定着芯子的直径与包层厚度的比值。如果把漏管加长,使芯子与包层材料在高温下接触,通过离子交换,形成折射率成梯度分布的结构。通过调节加热炉炉温及拉丝速度,可控制纤维的总直径。

4. 红外光纤

近年来,随着高功率激光器的出现,需要与之相配的红外光纤。目前正在研究的有重金属氧化物玻璃、卤化物玻璃、硫系玻璃和卤化物晶体等。

重金属氧化物玻璃主要指比重较石英玻璃大的氧化物玻璃如 GeO_2,GeO_2-SbO_3,CaO-Al_2O_3 等。

卤化物玻璃主要有 BeF_2,BaF_2-CaF_2-YF_3-AlF_3,GdF_3-BaF_2-ZrF_4 等。

硫系玻璃主要指以 S,Se,Te 等元素为主体的单元或多元玻璃化合物。

5.2.5　光纤的应用与展望

光纤用途很多,利用其透光性好、直径可调(几到几百微米)、可挠性好而制成各种规格的光纤传光束和传像束,用来改变光线的传输方向,移动光源的三维位置;用来改变图像(或光源)的形状、大小和亮度;还可以解决光通量从发射源到接收器之间的复杂传输通道问题。

光纤在光学系统中可以用于光学纤维潜望镜、自准直系统、平像场器、光学纤维换向器等方面,在光电系统中主要用于像增强器、X 射线像增强器、阴极射线管和变像管等。

光纤可用于传感技术,做成各种光纤传感器,如光纤声、光纤磁、光纤温度、光纤网络和光纤辐射类型的传感器。

在医学上利用光纤可制作内窥镜(如腹腔镜、胃镜等)和"光刀",用于诊断和手术。

光纤通信是光纤的重要应用领域。光纤通信具有通信容量大、抗干扰、保密性好、重量轻、抗潮湿和抗腐蚀等优点。

光纤还可以做成光纤转换器,用于高空侦察系统和星光摄谱系统等方面。

近年来,光纤不仅是被动的传导光束,而且还可以自身主动发出激光。这就是"有源光纤"。制造有源光纤是在石英或多组分玻璃光纤中掺入某些离子,这些离子可以在泵浦作用下也受激发射,例如,Er^{3+} 在用 $0.98\mu m$ 或 $1.48\mu m$ 光泵浦时,可以在它的特定能级间跃迁,产生出 $1.54\mu m$ 的光束。掺铒(Er)光纤有增益和放大的作用,因而称为掺铒石英光纤激光放大器,这将使更长距离的光纤通信成为可能。有人称它是光纤通信的第二个里程碑。

另一种"有源光纤"是制造高功率的光纤激光器,医学、航空、材料加工、军事的发展都需要高功率($5\sim10W$)或高脉冲能量(耐)的小型全固化激光器。目前这类小型纤维激光器已经试验成功。高功率光纤激光系统有可能在相当大的范围内代替目前的一些商用激光器,它的小型化、灵活化预示着光纤材料仍有美好的前景。

5.3　发光材料

发光是一种物体把吸收的能量,不经过热的阶段,直接转换为特征辐射的现象。

发光现象广泛存在于各种材料中,在半导体、绝缘体、有机物和生物中都有不同形式的发光。发光材料的种类也很多。它们可以提供作为新型和有特殊性能的光源,可以提供作为显示、显像、探测辐射场及其他技术手段。

5.3.1　光致发光材料

光致发光材料一般可以分为荧光灯用发光材料、长余辉发光材料和上转换发光材料。如果按发光弛豫时间分类,光致发光材料又可分为荧光材料和磷光材料两种。

1. 荧光材料

通常,荧光材料的分子并不能将全部吸收的光都转变为荧光,它们总是或多或少地以其他形式释放出来。将吸收光转变为荧光的百分数称为荧光效率。荧光效率是荧光材料的重要特性之一,在无干扰的理想情况下,材料的发射光量子数等于吸收光量子数,即荧光效率为 1。

而实际上,荧光效率总是小于 1。

一般来说,荧光强度和激发光强度关系密切,在一定范围内,激发光越强,荧光也越强。定量地说,荧光强度等于吸收光强度乘以荧光效率;荧光效率与激发光波长无关。在材料的整个分子吸收光谱带中,荧光发射对吸收的关系都是相同的,即各波长的吸收与发射之比为一常数。

光的吸收和荧光发射均与材料的分子结构有关。材料吸收光除了可以转变为荧光外,还可以转变为其他形式的能量。因而,产生荧光最重要条件是分子必须在激发态有一定的稳定性,即如前所述的能够持续约 10^{-8} 的时间。多数分子不具备这一条件,它们在荧光发射以前就以其他形式释放了所吸收的能量。只有具备共轭键系统的分子才能使激发态保持相对稳定而发射荧光。因而,荧光材料主要是以苯环为基的芳香族化合物和杂环化合物。例如:酚、蒽、荧光素、罗达明、9-氢基吖啶、荧光染料以及某些液晶。荧光材料的荧光效率除了与结构有关外,还与溶剂有关。

2. 磷光材料

磷光材料的主要组成是基质和激活剂两部分。用做基质的有第 Ⅱ 族金属的硫化物、氧化物、硒化物、氟化物、磷酸盐、硅酸盐和钨酸盐等,如 ZnS、BaS、CaS、$CaSiO_3$、$Ca_3(PO_4)_2$、$CAWO_4$、$ZnSiO_3$、Y_3SiO_3 等,用做激活剂的是重金属。所用的激活剂可以作为选定的基质的特征。针对不同的基质就选择不同的激活剂,例如,对 ZnS、CdS 而言,Ag、Cu、Mn 是最好的激活剂。碱土磷光材料可以有更多的激活体,除 Ag、Cu、Mn 外,还有 Bi、Pb 和稀土金属等。就应用而言,磷光材料比荧光材料更为普遍一些。一些灯用荧光粉,实际上就是磷光材料。荧光灯最初使用的是锰激活的硅酸锌和硅酸锌铍荧光粉,但以后逐渐被卤磷酸盐系列的光粉替代。

3. 光致发光材料的应用

光致发光材料主要用于显示、显像、照明及日常生活中。

在日常生活用品中,如洗涤增白剂、荧光涂料、荧光化妆品、荧光染料等都使用了荧光材料。一些灯用荧光粉材料都属于磷光材料,用它可制成高光效和高显色性的荧光灯。上转换发光材料可直接显示红外光:例如,显示红外激光的光场,已在 $1.06\mu m$ 激光显示和 $0.9\mu m$ 半导体激光显示中获得广泛应用。也可以涂在发红外光的二极管上,如 $GaAs$,将它的发光变成可见光。

5.3.2 有机电致发光材料

有机电致发光显示(Organic Electroluminesence Display)是一种平面显示技术,因其发光机理与发光二极管相似,所以又称之为有机电致发光二极管(organic light emitting diode, OLED)。OLED 是基于有机材料的一种电流型半导体发光器件,其典型结构是在 ITO 玻璃上制作一层几十纳米厚的有机发光材料作发光层,发光层上方一层低功函数的金属电极。当电极上加有电压时,发光层就产生光辐射。

与液晶显示相比,这种全新的显示技术具有更薄更轻、主动发光(即不需要背光源)、视角广、响应快速、工作温度范围宽和抗震性能优异等显示器件所要求的优异特征。

在信息化、网络化的 21 世纪，随着人们对使用电子邮件、随车地图、全球定位、便携电脑、大屏显示的需求日增，需要各种尺寸的高密度显示屏作为信息显示的终端界面，以适应不同场合的需求。有机电致发光器件由于所具有的诸多优点而在平板显示领域有着美好的应用前景。

有机电致发光现象最早报道于 1963 年，是 Pope 等在蒽单晶中发现的，当时必须在蒽晶片两侧施以高达 400V 的电压才能观察到蒽发出的蓝光。在随后的很长一段时间里，虽然对于有机晶体的电致发光研究积累了很多经验，但是由于器件的量子效率很低、寿命短，从而限制了它们在实际中的应用。直到 1987 年，美国 Eastman Kodak 公司的 Tang 等用 8-羟基喹啉铝作为电子传输和发光材料，制成了第一个高亮度、低驱动电压的双层有机电致发光器件，该器件在低于 10V 的直流电压驱动下，发光亮度超过 $1000cd/m^2$。这项工作使有机电致发光研究获得了划时代的发展。

另一项里程碑式的工作，是 1990 年 Friend 等报道，以共轭聚合物聚苯撑乙烯（PPV，图 5-14）作为发光材料，制备了结构为 ITO/PPV/Al 的单层高分子 OLED 器件（其中，ITO 为阳极，indium tin oxide；Al 为阴极）。在 PPV 主链上引入合适的取代基，可以增加 PPV 在有机溶剂中的溶解性。1991 年，Heeger 等报道了以可溶性共轭高分子 MEH-PPV（图 5-14）为发光材料的电致发光器件 ITO/MEH-PPV/Ca，在施加约 4V 电压后，便发出橙红色光，最大量子效率达到了 1‰。这些突破引起国内外学术界和工业界的广泛兴趣，为 OLED 的实际应用开发出各种新材料。在过去的十几年中，有机电致发光材料和器件研究有了长足的进步，器件的效率、操作稳定性以及色彩方面已经取得了很大的进步，发光亮度、效率、使用寿命已达到或接近实用水平。

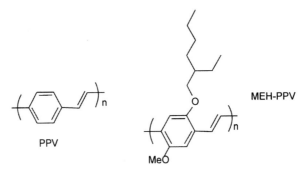

图 5-14　PPV 和 MEH-PPV 的结构式

1. 结构及类型

有机电致发光器件多采用图 5-15 所示的夹层式三明治结构，即有机层夹在电极之间。OLED 常用的阳极和阴极分别为氧化铟锡（Indium Tin Oxide，ITO）透明电极和低功函数的金属（如 Mg，Li，Ca 等）。

有机材料的电致发光机理属于注入式的复合发光，空穴和电子分别由正极和负极注入，并在有机层中传输，在发光材料中相遇后复合成激子，激子的能量转移到发光分子，使发光分子中的电子被激发到激发态，而激发态是一个不稳定的状态，从激发态回到基态的过程产生可见光。

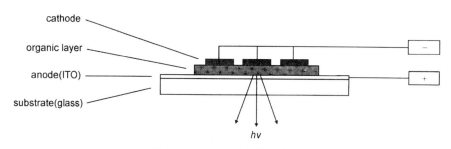

图 5-15　OLED 的结构示意图

经过十几年的发展,OLED 的结构类型也越来越多,各层的功能也有越来越细致的区分。其中结构最简单的是单层有机薄膜被夹在 ITO 阳极和金属阴极之间形成的单层 OLED 器件,如图 5-16(a)所示,其中的有机层既作发光层(EML),又兼作空穴传输层(HTL)和电子传输层(ETL)。因为大多数有机材料是对单种载流子优先传输的,所以这种单层结构往往造成器件的载流子注入和传输的不平衡,从而影响器件的效率。

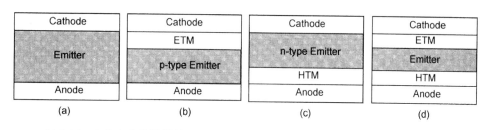

图 5-16　含有空穴传输材料(HTM)和电子传输材料(ETM)的 OLED 的常见结构

为了增强器件的电子和空穴的注入和传输能力,通常又在 ITO 和发光层间增加一层空穴传输材料,或者在发光层与金属电极之间增加一层电子传输材料,制备双层器件[图 5-16(b)、(c)],解决电子和空穴的注入和传输的不平衡问题,以提高发光效率。

图 5-16(d)所示的是由空穴传输层(HTL)、电子传输层(ETL)和发光层(EML)组成的三层结构。这种器件结构的优点是三层材料各司其职,对优化器件的性能十分有利。

在实际的器件设计中,为了更好地优化器件的各项性能,可以引入多种不同作用的功能层,如电子注入层、空穴阻挡层、空穴注入层、电子阻挡层。这些功能层的能级结构及其载流子传输性质决定了它们能在器件中起到不同的作用。

2. OLED 最近的重要进展

与液晶显示 LCD 相比,OLED 这种全新的显示技术具有更轻薄、主动发光、广视角、高清晰、响应快速、低能耗、耐低温、抗震性能优异、柔性设计等优异特征,被业界认为是最具发展前景的下一代显示技术。尤其是其具备柔性设计的特征,使得令人神往的可折叠电视、电脑的制造成为可能。

(1)PLED 技术发展日趋成熟

1989 年,剑桥大学 Cavendish 实验室发现了在某些聚合物中通过电流会激发出光,这就是 PLED 的工作原理。剑桥显示技术公司(Cambridge Display Technology,CDT)成立于

1992 年,开始研究这项发现,并获得了 PLED 的基础知识产权。CDT 在 PLED 研究中取得的另一个重要的革新是采用喷墨印刷(ink-jetprint)的方式,将发射出光的聚合物印刷在玻璃或塑料上来制成 PLED 显示器。这一革新提供了一种低成本的彩色显示器制作方法,不但为 PLED 的产业化提供了可能,还使得它可以以柔软的塑料作为基底层,甚至可以是在一个不平整的表面上。

目前从事 PLED 研究的公司有:Philips、Toshiba-Matsushita 显示器、Du-Pont、Microemissive 显示器、Samsung SDI 和 Seiko-Epson 等。在我国,从事 PLED 研究的单位还比较少,就申请的中国专利来看,有如下一些单位:中国科学院化学研究所、中国科学院广州化学研究所、复旦大学、华南理工大学。

作为率先推出 PLED 的公司,CDT 与日本精工爱普生展示了一款 2.8 英寸的聚合物 OLED 显示器,其厚度不到十分之一英寸。一台喷墨打印机按每英寸 100 像素的密度将发红光、蓝光和绿光的聚合物材料喷射在基底上,这样可以按要求点亮或熄灭图像的不同色彩。

(2)高色纯度红色 OLED 发光材料的开发

色纯度是与亮度和寿命并列的 OLED 特性,对于生产色彩更鲜艳的显示器来说,色纯度的重要性正在逐步增强。2005 年,三洋电机与大阪大学平尾研究室联合开发成功了高色纯度红光磷光材料,结构式如图 5-17 所示。这种红光磷光材料是一类铱配合物,包括"$(QR)_3Ir$"和"$(QR)_2Ir(Acac)$"等几种衍生物,如图 11-4 所示,可发出波长为 $653\sim675nm$ 的光,在亮度为 $600cd/m^2$ 时,$(QR)_3Ir$ 的色度在 CIE 色度图坐标中相当于($x=0.70,y=0.28$)。根据 CIE 色度图,x 坐标值越接近 0.73,y 坐标越接近 0.27,红光的色纯度就越高。过去作为高色纯度红光磷光材料而广泛使用的"$Btp_2Ir(acac)$"的色度坐标为($x=0.67,y=0.31$)。

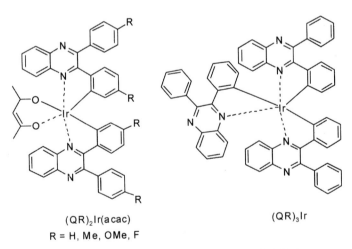

(QR)₂Ir(acac)
R = H, Me, OMe, F

(QR)₃Ir

图 5-17　高色纯度红色 OLED 发光材料的结构式

这类新材料可在高亮度、高效率下进行发光,而且色度稳定性高,其绝对量子效率为 $50\%\sim79\%$。把新材料作为掺杂物,n-型有机半导体作为主体材料而形成的薄膜即便在接近 $100cd/m^2$ 的亮度下,色纯度也不会下降。

(3)柔性显示器

最初用塑料制造显示器的动机是获得耐久性,但新的观点认为,它的价值在于,利用它的柔性特点可以创造出创新性的产品形式。这些显示器可以用于时尚产品中,如移动消费电子产品,也可以用于制作新颖广告。

生产柔性显示器面临的挑战在于,在设计的每个环节都需要进行改进,这包括基板、电子部件、显示方式、辅助薄膜和生产工艺。虽然进展比较迅速,但把这些因素整合为成功的批量产品仍然需要假以时日。

柔性显示器研究的一个领域将会很快取得成果:即用于柔性显示器背板的有机半导体。因为硅不适合于在应力下工作,所以在弯曲的基板上有机材料是较好的选择。

(4)新型白色OLED光源问世

日本丰田自动织机日前通过结合使用荧光与磷光材料,成功开发出一种新型白色OLED光源,并在与"2005年显示信息学会(SID 2005)"同期举办的展览会上展出了样品。这种白色OLED光源,在红色和绿色中引进了高效率的磷光材料。在蓝色方面,由于现有的磷光材料寿命较短,因此使用了荧光材料。此次的白色OLED光源的亮度半衰期在$3000cd/m^2$的初始亮度下为5000个小时,基本上与过去仅使用荧光材料时相同。

3. OLED研发重点

(1)主动化

被动矩阵型式因依次顺序驱动的缘故,一个点的画素劣化的话,会以劣化点为中心,于纵横两方向发生画素低落的现象,但主动驱动则即使发生缺陷亦仅限于劣化点缺损,故就显示器的全体显示而言,可将缺损抑制于最小限度。

2004年,日本Sony与日本东北Pioneer进行了主动驱动OLED的生产,铼达等业者亦有转移至主动矩阵驱动的计划。

(2)高精细化

就高精细化而言,OLED的规格比现有的非晶TFT液晶分辨率低。高分子材料可通过喷墨打印的方法形成薄膜,于基板上利用间壁所形成的画素上喷射液状材料,但如果精度低的话可能造成颜色的混杂。此外愈是高精细化,所喷射材料的使用量愈是微量。高分子材料如果是以单色所采用的旋涂法来成膜的话,高精细化则是可能的。

(3)大型化

OLED屏幕尺寸的大型化主要是以电视用途为目标,因此不单是面积的扩大,同时还要求色再现性及亮度、寿命的提升等。面积大型化与正进行的大型基板相对应。以前的做法是将成膜基板置于真空状态下,一面旋转一面进行真空镀膜,因此基板尺寸的大型化势必引起制造设备投资的增加。目前开发的真空蒸镀装置则让基板一面滑动一面进行蒸镀。另外,为了提高材料的利用效率,于蒸镀装置的壁面上采用热墙(hot-wall)等以改善材料的使用效率。

4. OLED存在的问题与前景展望

(1)OLED存在的主要问题

有机电致发光器件是一个涉及物理学、化学、材料和电子学等多学科的研究领域,经过了几十年的研究发展已经取得了巨大的成就。就目前情况来说,以有机小分子材料做成的电致发光器件已经实用化,产品主要集中在小屏幕显示方面,主要用于生产手机和其他手提电子设备的背光显示;而以有机聚合物材料为主的发光器件相对滞后一点,目前已在进行实用化的研究。

尽管世界上众多国家和地区的研究机构和公司投入巨资致力于有机平板显示器件的研究与开发,但其产业化进程远远低于人们的预料,其原因主要是该领域研究中尚有许多关键问题还没有得到解决。主要在 OLED 的发光材料的优化、彩色化技术、制膜技术、高分辨显示技术、有源驱动技术、封装技术等方面仍存在着重大基础问题尚不清楚,使得器件寿命短,效率低等成为制约其广泛应用的"瓶颈"问题。要解决这一系列重大问题,必须从材料的性能、新型器件结构、器件制备过程、器件工作原理、器件中界面特性、器件老化的物理机制、器件封装、先进的驱动和控制技术等方面入手。从技术角度,目前无论在高效稳定的电致发光材料制备、效率,还是在彩色化实现方案、驱动技术、电路、大面积成膜技术、高分子材料成膜的均匀性、封装技术、制备方法、制备工艺等方面都存在较多问题。例如,目前材料本身首先并不过关,在高分子电致发光材料方面,绿光材料的性能最好,如 Covion 生产的绿光材料效率可达 15cd/A,Dow Chemical 的绿光材料也达到相近水平,但对高分子红光和蓝光材料,目前性能尚不能满足商业化要求,Covion 的红光材料效率只有 1~2cd/A,Dow Chemical 的蓝光材料效率也只有 1~4cd/A。在彩色化方面寿命也只有几十个小时。从科学角度上来说,还有许多重大关键问题仍然没有解决。

(2)OLED 展望

电子显示技术是 21 世纪电子工业继微电子和计算机之后的又一次大的发展机遇。总结历史经验,在 CRT 的发展上,我国是被动的;在 LCD 的发展上,我国是落后的。在 CRT 和 LCD 等技术的应用方面,因为其生产工艺和核心技术等方面都已比较成熟,国外公司垄断着几乎所有相关核心专利技术和知识产权。面对国外 CRT 和 LCD 等成熟的技术、大规模的生产、我国远远落后的地位和庞大的研究与开发费用,我们除了全面直接引进技术和产品生产线外,别无选择。因此,虽然我国是显示器生产大国,但由于我国在前两代显示器材料的早期发展阶段,没有能够及时进入,导致关键部件或重要材料等方面缺乏核心技术和竞争能力,完全依赖国外公司。

与此不同,在有机/高分子平板显示领域,尽管器件制备及结构方面主要的核心专利也都掌握在一些国外大公司手中,如美国 Kodak 公司在 1987 年底的专利(US 4769292),第一次提出了"三明治"式的有机平板显示器结构,并首次引入空穴传输层。这项突破性的研究工作,不但显示了 OLED 的突出优点和巨大应用前景,而且揭示了 OLED 设计的关键所在。在高分子平板显示方面:1990 年,英国剑桥大学卡文迪许实验室的专利(US 5821690)发表的高分子(聚对苯撑乙烯,PPV)电致发光器件,是第一个有关高分子电致发光器件的专利,发明了高分子发光二极管的组成和构造;1993 年,美国 Uniax 公司的专利(US 5408109)提出了可溶性的共轭高分子旋涂成膜制作高分子电致发光器件的方法;1996 年,美国 Princeton 大学的专利(US 6365270)发明了采用柔性材料作基底,制备可卷曲全高分子电致发光器件的方法,并提出了具有应用前景的有机彩色显示的器件结构。这几个专利构成了高分子平板显示技术的基础,在器件组成和构造方面,要突破这些专利难度很大。但是,平板显示材料与器件方面,我们尚有赶上国际先进水平、跟上国际产业化步伐的机会。这是由于如下原因。

①平板显示产业初具规模,至今尚未实现大规模的产业化(只有小批量的单色显示器生产)。

②平板显示的研制费用相对较低,工艺技术和所需设备均较简单,研究与开发所需投入不像其他显示技术那么巨大,为我国在该研究领域降低了商业风险和进入成本。

③平板显示的技术尚未完全成熟,与成熟的无机半导体理论相比,有机半导体尚未形成一套自己的理论体系。

④平板显示器对材料的依赖性大,而这些材料主要是各类化合物。在材料的分子设计及材料合成制备上我国并不落后,完全有可能利用平板显示器件相关材料结构设计的多样性和所用材料的丰富性,通过对材料分子结构的设计、组装和剪裁,实现在分子、超分子水平上具有特定功能发光器件的设计,满足不同的需要。在新型电致发光材料和显示器件的新型结构等方面,我们完全有可能有所突破,争取到自主的知识产权,建立一套全新的标准化体系和批量生产机制,并形成我们自己的知识产权。

有机信息产业的前景已展现在我们面前,OLED 显示器件的产业化时代正在到来,这既是一次挑战,也是一次机遇。我们相信,只要加强电致发光材料和器件的研究工作,增强学术界和企业界的联系与合作,就一定能够在新材料、新结构、新方法等方面形成具有我国特色的研究方向和光电信息产业,提高我国在有机信息功能材料领域研究的整体水平,在国际上争得一席之地,为发展我国的信息产业做出贡献。

5.3.3　等离子发光材料

1. 等离子的概念

等离子体是高度电离化的多种粒子存在的空间,其中带电粒子有电子、正离子(也许还有负离子),不带电的粒子有气体分子、原子、亚稳原子、受激原子等。由于气体的高度电离,所以带电粒子的浓度很大,而且带正电与带负电粒子的浓度接近相等。等离子体有如下特征。

①气体高度电离。在极限情况下,所有中性粒子都被电离。

②等离子体具有电振荡的特性。在带电粒子穿过等离子体时,能够产生等离子激元,等离子激元的能量是量子化的。

③具有很大的带电粒子浓度,一般为 $10^{10} \sim 10^{15}$ 个/cm³。由于带正电与带负电的粒子浓度接近相等,等离子体具有良导体的特征。

④等离子体具有加热气体的特性。在高气压收缩等离子体内,气体可被加热到数万摄氏度。

⑤在稳定情况下,气体放电等离子体中的电场相当弱,并且电子与气体原子进行着频繁的碰撞,因此,气体在等离子体中的运动可以看作是热运动。

2. 等离子发光机理

等离子体发光主要是利用了稀有气体中冷阴极辉光放电效应。其发光的基本原理是:气体的电子得到足够的能量(大于气体的离化能)之后,可以完全脱离原子(即被电离),这种电子比在固体中自由得多,它具有较大的动能,以较高的速度在气体中飞行,而且电子在运动过程中与其他粒子会产生碰撞,使更多的中性粒子电离。在大量的中性粒子不断电离的同时,还有一个与电离相反的过程,就是复合现象,如图 5-18 所示。这里所说的复合就是两种带电的粒子结合,形成中性原子。在复合过程中,电子将能量以光的形式释放出来,即能辐射出频率为 ν 的光。自由电子同正离子复合时,辐射出的光能等于电子的离化能 E_i 与电子动能之和,即

$$h\nu = qE_i + \frac{1}{2}mu^2$$

式中,q 为电子的电量;m 为电子的质量;u 为电子运动速度;h 为普朗克常数。

另外,正、负两种离子复合也可以发光。采用不同的工作物质,可以产生不同波长的光,这种工作物质就是等离子发光材料。

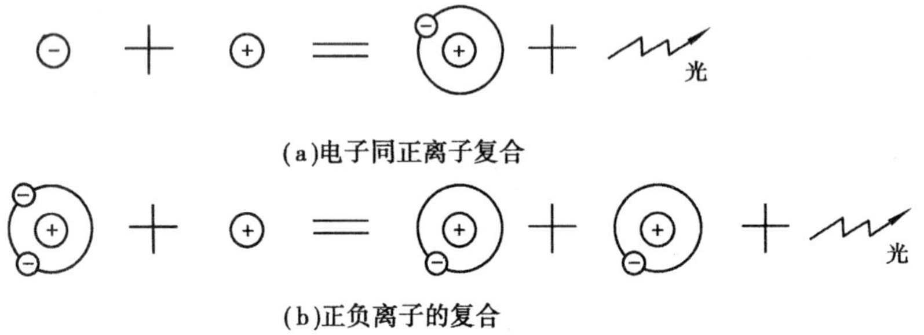

(a)电子同正离子复合

(b)正负离子的复合

图 5-18　等离子体复合发光示意图

3. 等离子体发光显示屏及材料

等离子体发光材料的主要应用是制造等离子体发光显示屏,是目前显示技术中很受重视的显示方式之一。

等离子发光显示屏分交流驱动和直流驱动两种。直流等离子显示屏是在直流驱动方式下的发光屏。这种显示屏有灰度级,可显示彩色,但发光效率低,分辨率也不高,结构还较复杂。在交流驱动方式下的等离子体显示屏,发光亮度高,对比度好,寿命长,响应速度快,视角宽。但是,驱动电压较高,功耗大,实现灰度级及彩色显示有一定难度。

等离子体发光材料主要是惰性气体。采用以氖气为基质,另外,掺一些其他气体(如氦气、氩气等),这些气体主要发橙红色光。如果掺加一些氙气,则可以发出紫外光,在放电管的近旁涂上发光粉后,便能实现彩色显示。

等离子体发光显示具有高亮度、高对比度,能随机书写与擦除,长寿命,无视角,以及配计算机时有较好的互相作用能力等优点,因而发展速度很快。作为信息处理终端装置的显示板已开始普及,作为壁挂电视,也表现出较好的性能。另外,等离子发光材料还可用于照明,如氖灯、氙灯等。

5.4　红外材料

1. 红外线的基本性质

红外线同可见光一样在本质上都是电磁波。它的波长范围很宽,从 $0.7\mu m$ 到 $1000\mu m$。

红外线按波长可分为三个光谱区：近红外（$0.7\sim15\mu m$），中红外（$15\sim50\mu m$）和远红外（$50\sim1000\mu m$）。红外线与可见光一样，具有波的性质和粒子的性质，遵守光的反射和折射定律，在一定条件下产生干涉和衍射效应。

红外线与可见光不同之处：①红外线对人的肉眼是不可见的；②在大气层中，对红外波段存在着一系列吸收很低的"透明窗"。如 $1\sim1.1\mu m$，$1.6\sim1.75\mu m$，$2.1\sim2.4\mu m$，$3.4\sim4.2\mu m$ 等波段，大气层的透过率在 80% 以上。$8\sim12\mu m$ 波段，透过率为 $60\%\sim70\%$。这些特点导致了红外线在军事、工程技术和生物医学上的许多实际应用。

2. 红外材料

在红外线应用技术中，要使用能够透过红外线的材料，这些材料应具有对不同波长红外线的透过率、折射率及色散，一定的机械强度及物理、化学稳定性。

在红外技术中作为光学材料使用的晶体主要有碱卤化合物晶体、碱土—卤族化合物晶体、氧化物晶体、无机盐晶体及半导体晶体。

氧化物晶体中的蓝宝石（Al_2O_3）、石英（SiO_2）、氧化镁（MgO）和金红石（TiO_2）具有优良的物理和化学性质。它们的熔点高、硬度大、化学稳定性好，作为优良的红外材料在火箭、导弹、人造卫星、通讯、遥测等方面使用的红外装置中被广泛地用作窗口和整流罩等。

碱卤化合物晶体是一类离子晶体，如氟化锂（LiF）、氟化钠（NaF）、氯化钠（$NaCl$）、氯化钾（KCl）、溴化钾（KBr）等。这类晶体熔点不高，易生成大单晶，具有较高的透过率和较宽的透过波段。但碱卤化合物晶体易受潮解、硬度低、机械强度差、应用范围受限。

碱土—卤族化合物晶体是另一类重要的离子晶体，如氟化钙（CaF_2）、氟化钡（BaF_2）、氟化锶（SrF_2）、氟化镁（MgF_2）。这类晶体具有较高的机械强度和硬度，几乎不溶于水，适于窗口、滤光片、基板等方面的应用。

在无机盐化合物单晶体中，可作为红外透射光学材料使用的主要有 $SrTiO_2$，$BasTa_4O_{15}$，$Bi_4Ti_3O_2$ 等。$SrTiO_2$ 单晶在红外装置中主要做浸没透镜使用，$Ba_5Ta_4O_{15}$ 单晶，是一种耐高温的近红外透光材料。

金属铊的卤化合物晶体，如溴化铊（$TlBr$）、氯化铊（$TlCl$）、溴化铊—碘化铊（KRS-5）和溴化铊—氯化铊（KRS-6）等也是一类常用的红外光学材料。这类晶体具有很宽的透过波段且只微溶于水，所以是一种适于在较低温度下使用的良好的红外窗口与透镜材料。

在半导体材料中，有些晶体也具有良好的红外透过特性，如硫化铅（PbS）、硒化铅（$PbSe$）、硒化镉（$CdSe$）、碲化镉（$CdTe$）、锑化铟（$InSb$）、硅化铂（$PtSi$）、碲镉汞（$HgCdTe$）等。其中 $HgCdTe$ 材料是目前最重要的红外探测器材料，探测器可覆盖 $1\sim25\mu m$ 的红外波段．是目前国外制备光伏列阵器件、焦平面器件的主要材料。

5.5　光存储材料

5.5.1　光存储技术的特点

光信息存储是利用激光的单色性和相干性，将要存储的信息、模拟量或数字量通过调制激光聚焦到记录介质上,使介质的光照微区(线度一般在 $1\mu m$ 以下)发生物理或化学的变化,以实现信息的"写入"。取出信息时,用低功率密度的激光扫描信息轨道,其反射光通过光电探测器检测、调解,从而取出所要的信息,这就是信息的"读出"。

光盘是目前光存储技术的典型形式,由具有光学匹配的多层膜材料组成,如图 5-19 所示。记录介质层是光存储材料的敏感层,根据光盘种类的不同由多层工作薄膜构成。为了避免氧化和吸潮,记录介质需要用保护层将它们封闭起来。光盘的多层膜结构通常用物理和化学方法沉积在衬底上。

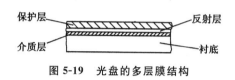

图 5-19　光盘的多层膜结构

与磁存储技术相比,光盘存储技术具有以下特点:

(1)高存储密度

存储密度是指记录介质单位面积或信息道单位长度所能存储的二进制位数,前者是面密度,后者是线密度。光盘的线密度一般是 10^4 位$/cm^2$,信息道的密度约 6000 道$/cm$,故面密度可达 $10^7 \sim 10^8$ 位$/cm^2$。直径 20cm 的光盘,单面可存储 640MB;直径 30cm 的光盘,容量在 1GB 以上。

(2)高载噪比

载噪比是载波电平与噪声电平之比,以分贝(dB)表示。光盘的载噪比通常在 50dB 以上且多次读写不降低,因而音质和图像清晰度远高于磁带和磁盘。

(3)非接触式读/写和擦

从光头目镜的出射面到激光聚焦点的距离有 $1 \sim 2mm$,也就是说,光头的飞行高度较大,这种"非接触式读/写和擦"不会使光头或盘面磨损、划伤,并能自由地更换光盘。

(4)长存储寿命

只要光盘存储介质稳定,一般寿命在 10 年以上,而磁存储的信息一般只能保存 $3 \sim 5$ 年。

(5)低信息位价格

光盘易于大量复制,容量又大,因而存储每位信息的价格低廉,是磁记录的几十分之一。

目前光盘存储技术也存在一些不足之处,如常见的光盘机(或称光盘驱动器)比磁带机或磁盘驱动器要复杂一些,且光盘机的信息或数据传输率比磁盘机低,平均数据存取时间在 $20 \sim 100ms$ 之间。

5.5.2　光存储材料的记录和读出原理

光盘上的信息位由激光束径准直、整形、分束和聚焦后产生的微小光斑(直径约为 $1\mu m$)进行擦除、记录和读取。图 5-20 所示为随录随放光盘系统及记录/读出原理框图。激光束通过调制器受输入信号调制,成为载有信息的激光脉冲。经光学系统、偏振分束棱镜和 $\frac{\lambda}{4}$ 波片导入大数值孔径物镜,在光盘介质表面汇聚成直径小于 $1\mu m$ 的光斑。激光束与介质相互作用后,在介质表面受激光作用与未受激光作用的区域就会形成某一物理性质有显著差别的两个状态,如介质表面烧蚀成孔或发生相变,致使反射率、折射率或透射率出现差别。这两个状态可分别规定为"1"和"0",这样就能够将输入的信息记录下来。读出信息时,当物镜沿镜像移动,光盘在转台上旋转时,在光盘表面形成螺旋状或同心圆信息轨道。这时用小功率激光束反射强度的变化,经解调后即可还原所记录的信息。

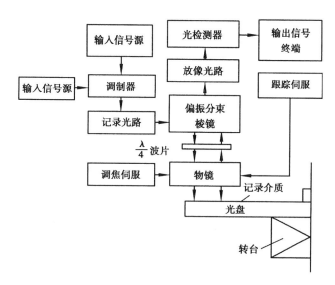

图 5-20　随录随放系统光盘系统原理框图

5.5.3　光储存材料的种类

1. 只读存储光盘材料

只读存储光盘由保护层(一般为有机塑料)、溅镀的金属反射层(一般为 Al 膜或 Ag 膜)、记录介质层和衬盘组成,记录介质是光刻胶。记录时,将音频、视频调制的激光聚焦在涂有光刻胶的玻璃衬底上,经过曝光显影,使曝光部分脱落,因而制成具有凹凸信息结构的正像主盘(Master),然后利用喷镀及电镀技术,在主盘表面生成一层金属负像副盘,它与主盘脱离后即可作为原模(Stamper),用来复制只读光盘。

光盘的衬盘材料通常用聚甲基丙烯酸甲酯(PMMA)或聚碳酸酯(PC),也可用转变温度较高的聚烯烃类非晶材料(APO)。

2. 一次写入光盘材料

一次写入光盘利用聚焦激光在介质的记录微区,产生不可逆的物理化学变化写入信息。在激光记录时,光盘表面产生的光斑因记录介质的不同而有多种光记录形式,如图 5-21 所示。因此这类光盘主要有以下几类:

①烧蚀型。记录介质多为碲、铋、锗、硒等元素及其合金薄膜。利用激光的热效应,使光照微区熔化、冷凝并形成信息凹坑[图 5-21(a)]。

②合金化型。记录介质由两种不同材料的薄膜构成,如 Pt-Si、Rh-Si 等双层金属膜结构。在激光照射处,这两种材料相互作用可形成合金,以此记录信息[图 5-21(b)]。

③熔绒型。常用记录介质是硅。用离子束刻蚀硅表面,使形成绒面结构,激光照射后,使绒面熔成镜面,实现反差记录[图 5-21(c)]。

④颗粒长大型。记录介质是一种由微小颗粒组成的膜层,在激光作用下颗粒重新结合形成较大的颗粒,以此记录信息[图 5-21(d)]。

⑤起泡型记录。介质由高熔点金属(如金膜或铂膜)与易汽化的聚合物薄膜制成。光照使聚合物分解排出气体,两层间形成气泡使膜面隆起,与周围形成反射率的差异,以实现反差记录[图 5-21(e)]。

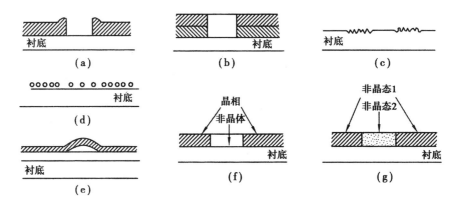

图 5-21 光盘的六种光记录形式示意图

⑥相变型。记录介质多用硫系二元化合物制成,如 As_2Se_3-Sb_2Se_3 等。在激光照射下,光照微区发生相变,可以是晶相→非晶相[图 5-21(f)],非晶态 1→非晶态 2[图 5-21(g)],还可以是晶相 1→晶相 2 的转变,利用两相反射率的差异鉴别信息。

3. 可擦写光盘材料

可擦重写光盘的存储介质能够在激光辐照下发生可逆的物理或化学变化。目前主要有两类,即相变光盘和磁光光盘,它们具有较高的信息存储密度。

(1)相变性存储介质

相变型光存储技术是利用记录介质在变晶态和非晶态之间的可逆相变实现信息的反复擦、写。这种相变是由激光热效应导致的,与光信息的写入、读出及擦除的对应关系为:①信息的读出对应于低功率、短脉宽的激光热效应,介质中的相结构不发生变化;②光信息的写入对应介质从晶态转变成非晶态;③信息的擦除对应于中功率、长脉宽的激光热效应,介质成核、生长,从非晶态转变成晶态。

相变型光盘的结构如图 5-22 所示。用丙烯酸或聚碳酸酯树脂制成基片,在其上预制出记录信息的导向槽,槽宽 $0.6\sim0.7\mu m$。用蒸发或喷镀的方法在基片上形成记录介质薄膜,再在薄膜上附加保护层。将两片这样的盘黏结在一起,就可从两面使用,用半导体激光器在薄膜上聚集以记录信息。

相变型光存储介质主要是 Te 基和非 Te 基的半导体合金。它们的熔点较低,并能快速实现晶态和非晶态转变。对相变型存储介质,载噪比正比于记录点与周围的反射率对比度。对于匹配 $400\sim700nm$ 激光波长,某些。Te 基半导体薄膜就可以符合要求。图 5-23 为 In-Sb-Te 系统薄膜在热处理前后(非晶态—晶态)的反射率和透过率的光谱曲线,可以看出,从 $400\sim800nm$ 反射率的变化还是比较大的。

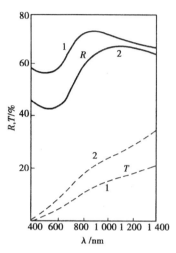

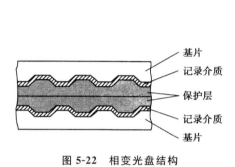

图 5-22 相变光盘结构

图 5-23 $In_{32}Sb_{40}Te_{28}$ 薄膜相变前后光谱图

1—晶态;2—非晶态;实线—反射率 R;虚线—透射率 T

相变型存储介质已成功地应用于可擦写 CD,并工作于 780nm 激光波长。它也将应用于可擦写 DVD,工作波长为 630nm。图 5-24 表示一些实验室制备的相变型光盘的记录特性。光盘的多层膜结构为:A1(100nm)/80 ZnS+20SiO$_2$(20nm)/Ge$_{47}$Sb$_{11}$Te$_{42}$(30,15,25nm)/80ZnS+20 SiO$_2$(150)/PC 基片(1.2mm)。括弧中为薄膜厚度。半导体激光波长为 680nm,记录点读出信号的载噪比可以大于 50dB。

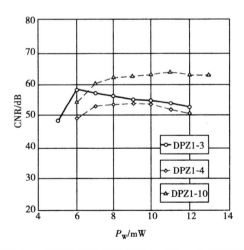

样品号	存储介质膜厚度/nm
DPZ1-3	30
DPZ1-4	15
DPZ1-10	25

图 5-24 多层结构的相变光盘在 680nm 波长的读出信号载噪比 CNR 与记录功率 P_W 之间的关系

在短波长(蓝绿光)波段(450～500nm),由于 Ge-Te-Sb 和 In-Sb-Te 系统半导体薄膜的晶态与非晶态的折射率相差还较大,所以仍可应用于光盘存储。从目前的实验结果来看,相变型光存储介质今后将应用于高密度光盘存储,工作于短波长激光,能写入和擦除。

(2)磁光型存储介质

①Co/Pt(Pd)合金。Co/Pt(Pd)作为磁光存储材料,属于成分调制的金属多层膜。Co 和 Pt(Pd)的膜厚分别为 0.4～0.6nm 和 0.9～1.2nm。调制多层膜容易形成磁各向异性而可以垂直存储。Co/Pt(Pd)膜为多晶膜,晶粒的控制十分重要。Co/Pt(Pd)多层模可达到的部分磁和磁光性能见表 5-1,如克尔旋转角 θ_k、各向异性值 K_U 和磁矫顽力 H_c 等。

表 5-1　Co/Pt(Pd)多层膜的磁性和磁光性

合金	多层膜结构	θ_k(630nm) /(°)	K_U /(10^{-7}J·cm)	H_c /(A/m)
Pt/Co	Pt(60nm)/[Co(0.3nm)/Pt(0.8)nm]$_{25}$	0.26	6.0×10^6	$4.0 \times 10^6/4\pi$
Pd/Co	Pt(45nm)/[Co(0.4nm)/Pt(0.9)nm]$_{25}$	0.11	4.0×10^6	$2.6 \times 10^6/4\pi$

②钇铁石榴石(YIG)。YIG 薄膜是十分稳定的磁光薄膜。但是,它的克尔旋转角 θ_k 或法拉第(Faraday)旋转角 θ_F 和矫顽力 H_c 太小。近年来,掺杂了 Bi 后使短波长的 θ_k 值提高,但致还小,垂直膜面存储比较困难。用 Al、Ga 替代 Fe 后,降低了饱和磁化强度和居里温度,进一步添加 cu 后,提高了 H_c 值,因而有实用的可能性。图 5-25 所示为 $Bi_{1.2}Dy_{1.6}Fe_{5-x}Al_xO_{12}$ 薄膜的法拉第旋转角 θ_F 和波长的依赖关系,峰值位置在 510nm 时,具有很大的 θ_F 值。用波长为 514.5nm 的 Ar^+ 激光记录,在很小的记录功率下(小于 6mW)能获得很高的读出信号,如图 5-26 所示。

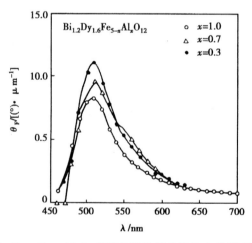

图 5-25　$Bi_{1.2}Dy_{1.6}Fe_{5-x}Al_xO_{12}$ 薄膜的法拉第旋转角 θ_F 和波长的依赖关系

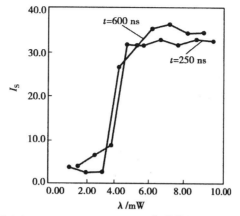

图 5-26　$Bi_{1.2}Dy_{1.6}Fe_{5-x}Al_xO_{12}$ 薄膜的光记录特性

第6章 功能高分子材料

6.1 概述

高分子材料从 20 世纪 70 年代以来朝着高性能化、功能化、复合化的方向发展,一系列具有高度选择性和催化性、光敏性、光导性、相转移性、导电性、光致变色性、磁性、生物活性高分子和液晶高分子等各种功能高分子材料纷纷问世。这些功能高分子材料除了具有一定的机械性能外,还具有其他的化学性能及物理性能。功能高分子材料是材料科学和高分子科学中的主要研究领域,目前,已有大量功能高分子材料被应用在医学、化工、环保、制药、光电信息等领域。

功能高分子是指对物质、信息、能量具有传输、转换和储存功能的特殊高分子。大多数是带有特殊功能基团的高分子,又称为精细高分子。按照功能高分子的用途或功能所属的学科领域对其进行分类,主要包括物理功能、化学功能、生物功能(医用)和功能转换型高分子材料,如图 6-1 所示。

(1)物理功能高分子

物理功能高分子是指那些对光、电、热、磁、声、力等物理作用敏感并能够对其进行传导、转换或储存的高分子材料。它包括导电高分子、光活性高分子、液晶高分子和发光高分子等。

(2)化学功能高分子

化学功能高分子是指那些具有某种特殊化学功能和用途的高分子材料,它是一类最经典、用途最广的功能高分子材料。离子交换树脂、吸附树脂、高分子分离膜、高分子试剂和高分子催化剂是其重要种类。

(3)生物功能高分子

生物功能高分子是指具有特殊生物功能的高分子,包括医用高分子材料、高分子药物等。

6.2 光功能高分子材料

在光的作用下,光功能高分子材料能够表现出某些特殊物理性能或化学性能,包括对光的传输、吸收、储存和转换等,是功能高分子材料中的重要一类。

单体或聚合物吸收紫外光、可见光、电子束或激光后,可以从基态 S_0 跃迁至激发态 S_1。激发态具有较高的能量,不稳定,可能通过光化学反应(如引发聚合、交联、降解)和物理变化(如发射荧光、磷光或转化成热能)两种方式耗散激发能,而后恢复成基态。如图 6-2 所示。

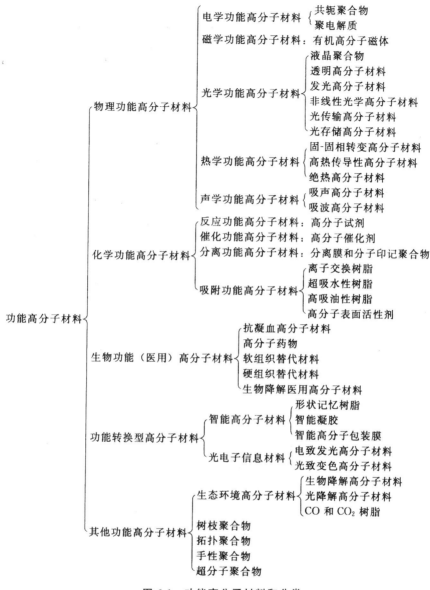

图 6-1　功能高分子材料和分类

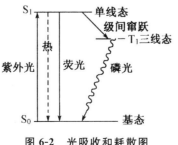

图 6-2　光吸收和耗散图

因此,光功能高分子可以粗分成化学功能和物理功能两大类。光化学功能,包括光固化涂料、光刻胶等。光物理功能,包括光致变色、光致导电、电致发光、光能转换,以及线性和非线性光学高分子等。下面主要讨论光致变色高分子材料和非线性光学高分子材料。

6.2.1 光致变色高分子材料

含有光色基团的化合物受一定波长的光照射时,发生颜色的变化,而在另一波长的光或热的作用下又恢复到原来的颜色,这种可逆的变色现象称为光色互变或光致变色。光致变色过程包括显色反应和消色反应两步。显色反应是指化合物经一定波长的光照射后显色和变色的过程。消色有热消色反应和光消色反应两种途径。但有时其变色过程正好相反,即稳定态 A 是有色的,受光激发后的亚稳态 B 是无色的,这种现象称为逆光色性。

不同类型的化合物的变色机理不同,通常有以下几类:键的异裂、键的均裂、顺反互变异构、氢转移互变异构、价键互变异构、氧化还原反应等。例如,具有联吡啶盐结构的紫罗精类发色团,在光的作用下通过氧化还原反应,可以形成阳离子自由基结构,从而产生深颜色:

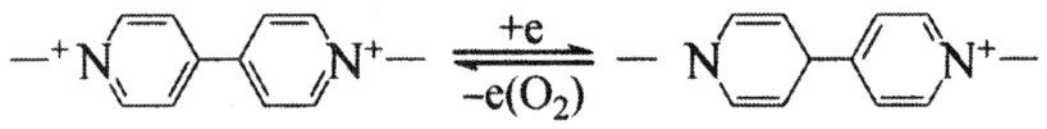

$$-^+N\overset{+e}{\underset{-e(O_2)}{\rightleftharpoons}} N \overset{N^{+}-}{}$$

以下列出了一些常见光致变色聚合物及其结构式:

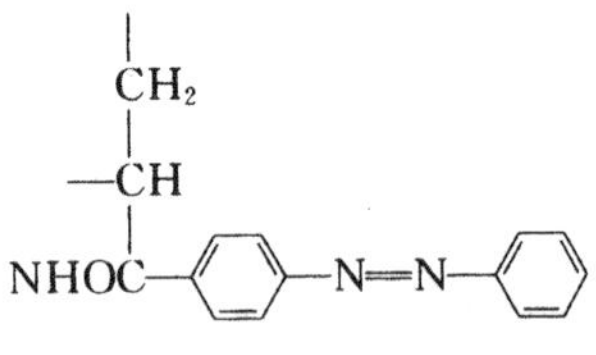

偶氮苯类(侧基) 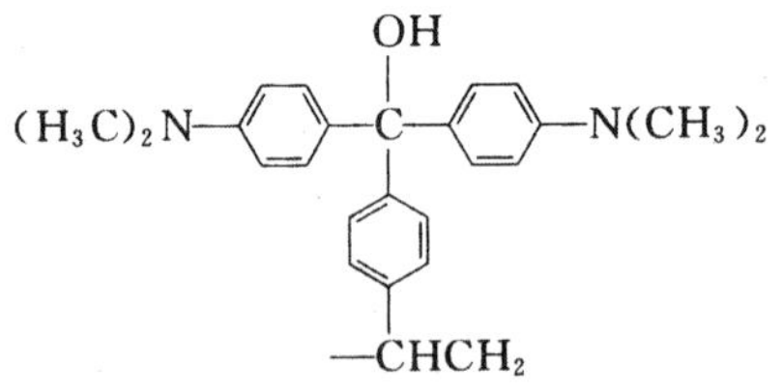　　　　三苯基甲烷类(侧基) 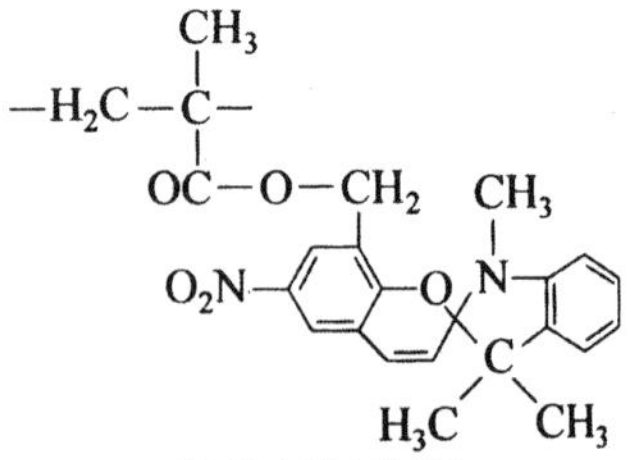　　　　螺吡喃类(侧基)

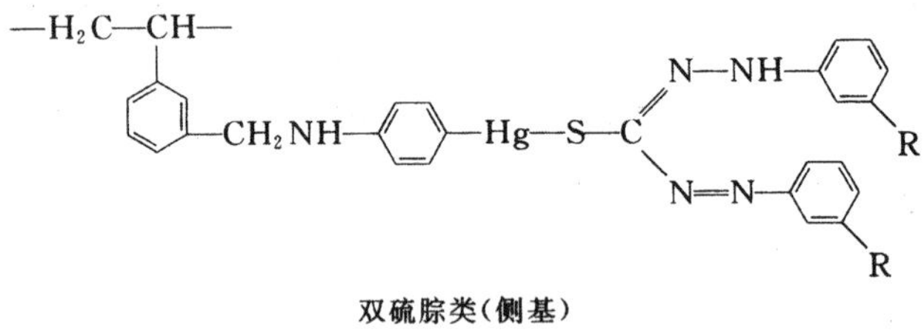

双硫腙类(侧基)

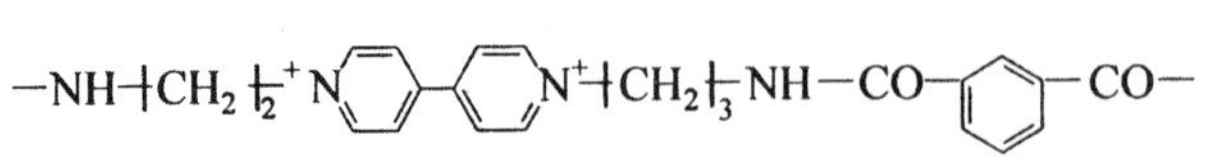

氧化还原类(主链) 　　　　　　　　聚甲川(主链)

1. 含偶氮苯的光致变色高分子

偶氮苯结构能发生变色是由于受光激发后发生顺反异构变化。逆光致变色过程如图 6-3

所示。分子吸光后,反式偶氮苯变为顺式,最大吸收波长从约 350nm 蓝移到 310nm 左右。顺式结构是不稳定的,在黑暗的环境中又能回复到稳定的反式结构,重新回到原来的颜色。

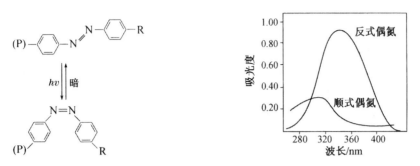

图 6-3　偶氮苯聚合物的光致互变异构反应及最大吸收波长在光照前后的变化

2. 含螺苯并吡喃结构的光致变色高分子

目前人们最感兴趣的光致变色材料是带有螺苯并吡喃结构的高分子材料,其变色明显。经光照后吡喃环中的 C—O 键断裂开环,由原来的无色生成开环的部花青化合物,因有顺反异构而呈紫色,加热后又闭环而恢复到无色的螺环结构。此类化合物属于正性光致变色材料。其结构变化如下所示:

将螺吡喃等光色分子接入(甲基)丙烯酸酯类等高分子侧基中或主链中,即得到高分子光色材料。如聚酪氨酸衍生物等含有螺吡喃结构的聚肽,也具有光致变色性。在高分子中,异构化转变速度取决于螺吡喃等结构的转动自由度。一般高分子螺吡喃的消色速率常数是螺吡喃小分子溶液的 $1/400 \sim 1/500$,因而有很好的稳定性。为了使其显色速率加快,可以选择 T_g 较低的柔性高分子。

R=H、CH$_3$ 等,Z=芳烃、脂肪烃、醚、胺等,X=S、C(CH$_3$)$_2$ 等

3. 光致变色高分子材料的应用

光致变色高分子材料同光致变色无机物和小分子有机物相比具有低退色速率常数,易成

形等优点,故得到广泛的应用。

(1)光的控制和调变

可以自动控制建筑物及汽车内的光线。做成的防护眼镜可以防止原子弹爆炸产生的射线和强激光对人眼的损害,还可以做滤光片、军用机械的伪装等。

(2)感光材料

应用于印刷工业方面,如制版等。

(3)信号显示系统

用作宇航指挥控制的动态显示屏,计算机末端输出的大屏幕显示。

(4)信息储存元件及全息记录介质

光致变色材料的显色和消色的循环变换可用作信息储存元件。未来的高信息容量,高对比度和可控信息储存时间的光记录介质就是一种光致变色膜材料。用于信息记录介质等方面具有操作简单,不用湿法显影和定影;分辨率非常高,成像后可消除,能多次重复使用;响应速度快,缺点是灵敏度低,像的保留时间不长。

(5)其他

除上述用途外,光致变色材料还可用作强光的辐射计量计,测量电离辐射、紫外线、X 射线、γ 射线,以及模拟生物过程生化反应等。

6.2.2 非线性光学高分子材料

非线性光学高分子材料(non-linear optical polymers,NLO-高分子材料)介质的电极化强度(P)与光波电场(E)的关系为

$$P = \varepsilon_0 \left[\chi^{(1)} E + \chi^{(2)} E^2 + \chi^{(3)} E^3 + \cdots \right]$$

式中,ε_0 为真空的介电常数;$\chi^{(1)}$ 为线性光学极化率;$\chi^{(2)}$ 和 $\chi^{(3)}$ 分别为第二阶和第三阶非线性光学极化率。

当光强很弱时($E^2 \rightarrow 0$),P 和 E 为线性关系。而当高能量的光波(如激光)辐射材料时会产生与光强有关的光学效应,即非线性光学效应,因为材料的极化响应与 E 不再为线性关系。非线性极化引起材料光学性质的变化,导致不同频率光波之间的能量偶合,其中最重要的是 $\chi^{(2)}$ 和 $\chi^{(3)}$,它们分别与二阶和三阶非线性光学效应相联系。二阶非线性极化将产生光倍频(入射光频率增大一倍)。三阶非线性极化将产生三倍频。

分子的电极化强度(P)与光波电场(E)的关系为

$$p = \alpha E + \beta E^2 + \gamma E^3 + \cdots$$

式中,α 为线性极化系数;β 和 γ 分别为分子的二阶和三阶非线性极化率。

二阶非线性光学高分子材料的非线性光学性质是由于受到入射光波作用后分子产生的电荷分布不对称性而导致的二阶极化。有效的二阶非线性光学高分子材料是含有杂环共轭单元或多烯 π 桥与具有电子给体和受体基团或非中心对称性结构的生色团分子(表 6-1 和图 6-4)组合的高分子材料如聚甲基丙烯酸甲酯和聚碳酸酯,其中具有电子给体和受体基团的生色团分子包括金属络合物可表示为 D-π-A 结构:

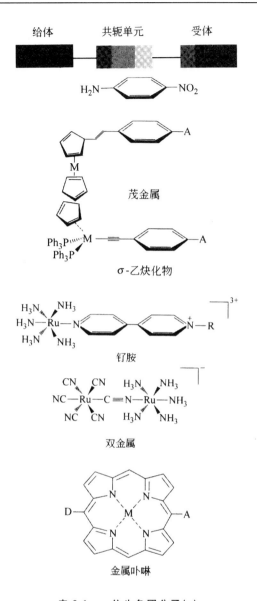

表 6-1 一位生色团分子(μ)

NLO 生色团	$\mu\beta(1907\text{nm})/\times 10^{-48}\text{esu}$	$\mu\beta/M_w$
	580	2.1
	$r_{33}(1330\text{nm})=13\text{pm/V}$ [在 PMMA 中占 30%(质量分数)]	
	1300	3.9

NLO 生色团	$\mu\beta(1907nm)/\times10^{-48}$ esu	$\mu\beta/M_w$
	2000	4.1
	3300	4.3
	1720	4.7
	2400	5.1
	6100	9.7
	10400	14.1
	$r_{33}(1330nm)=36pm/V$ 〔在 PQ-100 中占 25%（质量分数）〕	

续表

NLO 生色团	$\mu\beta(1907\,\text{nm})/\times10^{-48}\,\text{esu}$	$\mu\beta/M_w$
（结构式）	6200	17.3
（结构式）	10600	19.8
（结构式）	10200	22.1
（结构式）	9800	25.5
（结构式）	18000	25.9
（结构式）	19400	26.4
（结构式）	15000	27.1
（结构式）	13500	27.1
	$r_{33}(1330\,\text{nm})=55\,\text{pm/V}$ 〔在 PC 中占 25%（质量分数）〕	

NLO 生色团	$\mu\beta(1907nm)/\times10^{-48}$ esu	$\mu\beta/M_w$
	13000	27.2
	$r_{33}(1330nm)=65pm/V$ [在 PMMA 中占 20% (质量分数)]	
	35000	45.7
	$r_{33}(1330nm)>60pm/V$ [在 PMMA 中占 30%(质量分数)] $V_\pi=0.8V$	

解决二阶非线性光学高分子材料在高温条件下具有稳定非线性光学响应和低光损失的途径主要有两个：

①引入交联的生色团分子键。

②在刚性主链结构高分子材料如聚酰亚胺、氟聚合物的基础上接枝具有高玻璃化温度的生色团分子侧链。

三阶非线性光学高分子材料不要求分子具有非中心对称性，但具有共轭 π 键和电子给体—受体结构是有利的。双光子吸收（Two-Photon Absorption，TPA）定义在介质中经虚拟态同时吸收两个光子是最重要的三阶非线性光学效应。含 TPA 生色团的树枝聚合物（图 6-5）具有三阶非线性光学性质。

二阶体系

结晶紫罗兰
$\beta_0\approx50\times10^{-30}$ues
中心原子

TATB
$\beta_0\approx10\times10^{-30}$ues
芳香体系

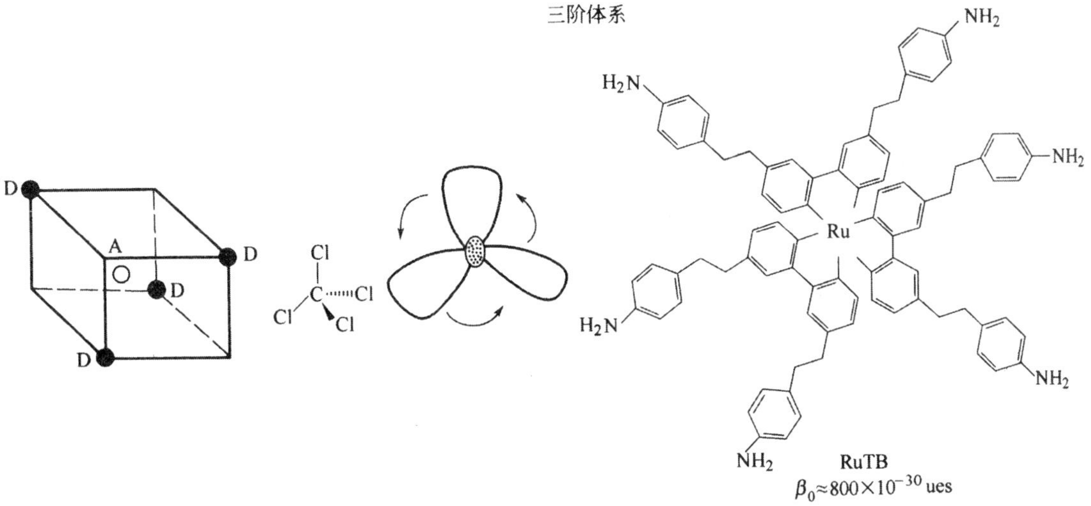

三阶体系

RuTB
$\beta_0 \approx 800 \times 10^{-30}$ ues

四面体

手性螺旋

图 6-4　二阶体系和三阶体系生色团分子

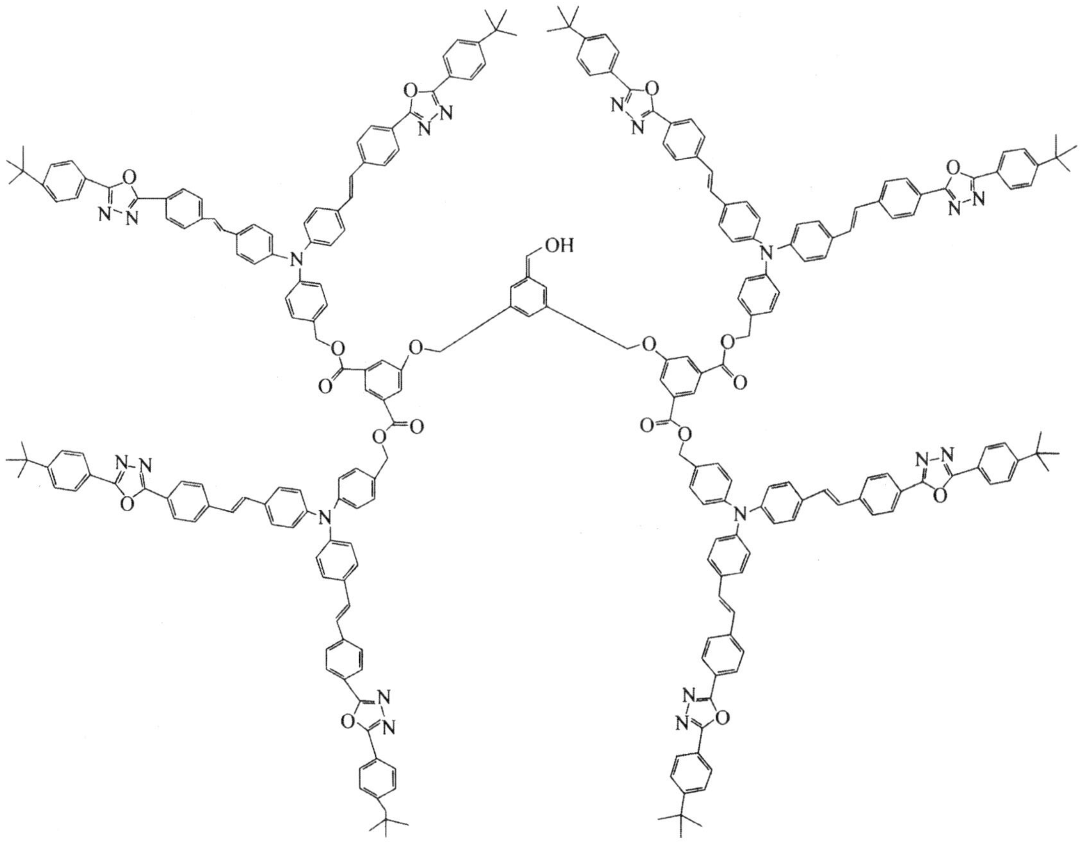

图 6-5　含 TPA 生色团的树枝聚合物

6.3 电功能高分子材料

电功能高分子是具有导电性或电活性或热电及压电性的高分子材料。同金属相比,它具有低密度、低价格、可加工性强等优点。近几十年来开发了多种特殊电功能高分子材料,如导电高分子材料、压电高分子材料等。下面主要研究导电高分子材料。

导电高分子材料在广义上可分为以下两大类:

①高分子本身的结构拥有可流动的载流子,即高分子本身具有导电性,其导电性能主要取决于高分子本身的结构,常称为本征导电高分子,简称为导电高分子。

②由绝缘高分子与导电材料(如炭黑、金属粉等)共混而成的复合型导电高分子材料,该类导电高分子材料的导电性能主要由其中的导电填料所决定,其中的高分子主要提供可加工性能,一般被称为导电高分子复合材料。

6.3.1 共轭高分子的能带理论与掺杂

电子导电型高分子材料导电过程的载流子是高分子中的自由电子或空穴,要求高分子链存在定向迁移能力的自由电子或空穴。高分子的基本链结构是由碳-碳键组成的,包括单键(—C—C—)、双键(C =C)和三键(—C≡C—)。高分子中的电子以以下四种形式存在:

①内层电子,这种电子处在紧靠原子核的原子内层,在正常电场作用下没有迁移能力。

②σ电子,是形成 C—C 单键的电子,处在成键原子的中间,被称为定域电子。

③n电子,这种电子和杂原子(O、N、S、P 等)结合在一起,当孤立时没有离域性。

④π电子,由两个成键原子中 p 电子相互重叠后产生的,当 π 电子孤立存在时具有有限离域性,电子可在两个原子核周围运动,随着共轭 π 电子体系增大,离域性增加。所以大多数由 σ 键和独立 π 键组成的高分子材料是绝缘体。只有具有共轭 π 电子体系。高分子才可能具有导电性,如图 6-6 所示。

如图 6-7(a)所示,仅具有共轭 π 电子结构的高分子还不是导体,而是有机半导体,因为共轭高分子存在带隙(E_g)。共轭高分子的能带起源于主链重复单元 π 轨道的相互作用。最低空轨道(LUMO)称为导带(空 $π^*$ 带),最高占据轨道(HOMO)称为价带(完全占据的 π 带),两个轨道的能级差(E_g)称为带隙[图 6-7(b)]。具有零带隙的材料是导体。带隙工程是通过控制共轭高分子的结构,减小带隙,把共轭高分子转变成为导体。为了减小带隙,需要在共轭高分子主链导入电荷,有很多方法。主要使用的是掺杂。

掺杂是在具有共轭电子体系的高分子中发生氧化还原反应或电荷转移。氧化还原掺杂过程电子转移,从共轭高分子的全满价带夺取电子称为 p 掺杂;注入电子给共轭高分子的全空导带称为 n 掺杂。典型的 p 型掺杂剂有 I_2、Br_2、三氯化铁和五氟化砷,它们在掺杂反应中为电子受体。典型的 n 型掺杂剂为碱金属,是电子给体。

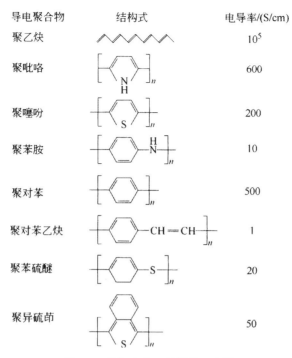

导电聚合物	结构式	电导率/(S/cm)
聚乙炔		10^5
聚吡咯		600
聚噻吩		200
聚苯胺		10
聚对苯		500
聚对苯乙炔		1
聚苯硫醚		20
聚异硫茚		50

图 6-6　共轭高分子材料的导电性

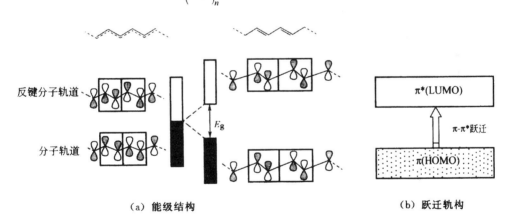

（a）能级结构　　　　　　（b）跃迁轨构

图 6-7　聚乙炔的能级结构和跃迁轨道

6.3.2　共轭高分子的合成

1. 聚噻吩类

聚噻吩常通过在其 3 位上引入取代基来改善溶解性：

早期常用的聚 3-取代噻吩合成方法，包括 Kumada 交叉偶合法、电化学氧化法和 FeCl₃ 氧化法：

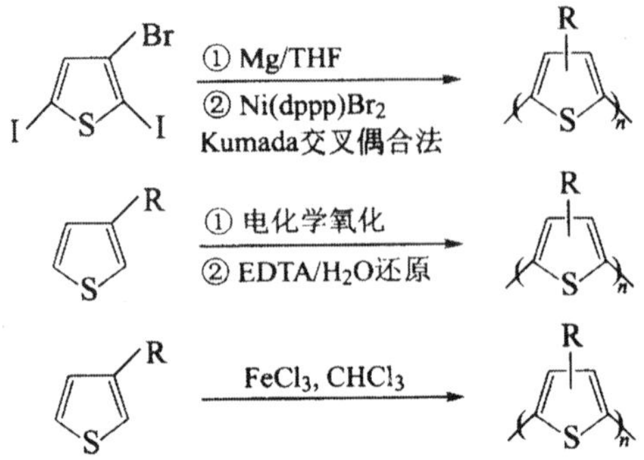

$$
\begin{array}{c}
\xrightarrow[\text{② Ni(dppp)Br}_2 \ \text{Kumada交叉偶合法}]{\text{① Mg/THF}} \\[4pt]
\xrightarrow[\text{② EDTA/H}_2\text{O还原}]{\text{① 电化学氧化}} \\[4pt]
\xrightarrow{\text{FeCl}_3,\ \text{CHCl}_3}
\end{array}
$$

3-取代噻吩采用以上方法聚合时，单体单元之间的连接方式然其中以头-尾连接（HT）方式为主，但存在少量的头-头连接（HH）、尾-尾连接（TT）等可导致分子链上有四种不等同的三组合单元，给聚合物的性能带来不利影响：

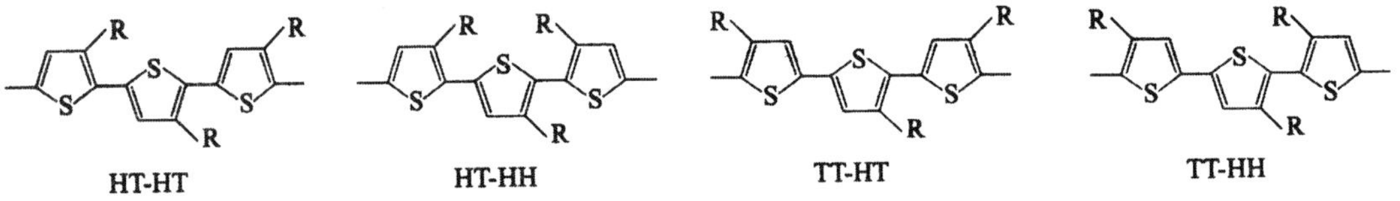

HT-HT　　**HT-HH**　　**TT-HT**　　**TT-HH**

20 世纪 90 年代初，McCullough 等和 Rieke 等分别报道了两种合成头-尾结构含量达 99％的规整连接取代聚噻吩：

McCullough 法：

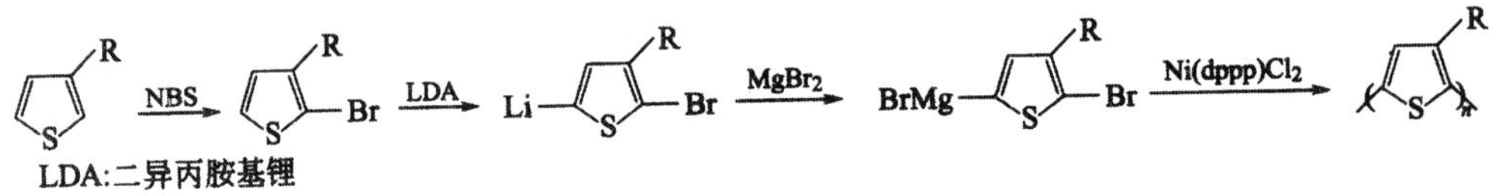

LDA：二异丙胺基锂

Rieke 法：

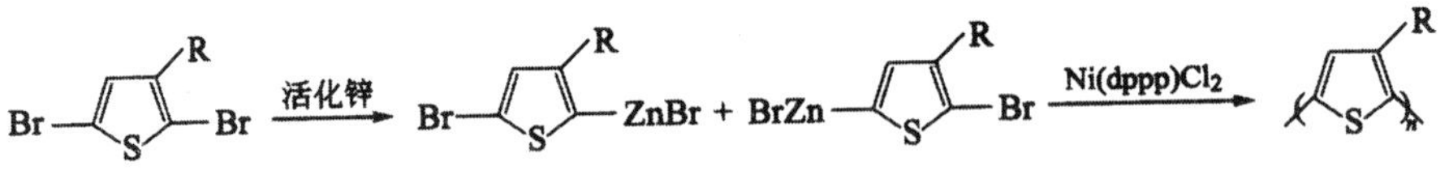

McCullough 等还报道另一种非常方便的合成规整连接 3-取代聚噻吩的方法，2,5-二溴代噻吩与格氏试剂发生卤化镁交换反应得到两种比例恒定（与反应条件无关）的异构体，这两种异构体在 Ni(dppp)Cl₂ 催化下得到 HT 连接达 98％的规整聚噻吩：

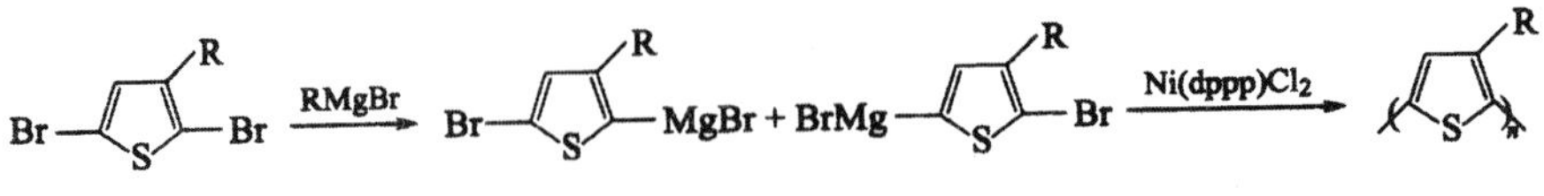

2. 聚亚苯亚乙烯（PPV）类

未取代的 PPV 由于其共轭结构，溶解性差，且难熔融，不能通过溶液涂膜法或熔融浇铸法进行加工成型,因此未取代的 PPV 都是先合成可溶性预聚体,通过溶液法涂膜后,再脱去侧基得到 PPV 膜,如锍盐预聚法:

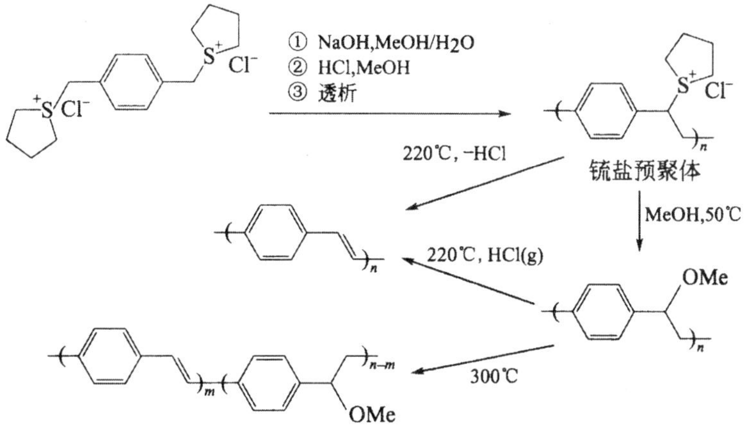

在 PPV 的苯环上引入取代基,可提高其溶解性,使之成为可溶性聚合物。可溶性 PPV 的合成除了可采用上述的锍盐预聚法外,主要有如下几种方法。

（1）Wittig 反应法

由相应的磷伊利德和醛通过 Wittig 反应聚合而得,所得亚乙烯基为顺式和反式混合物,通常可用碘对聚合物进行异构化处理,使顺式亚乙烯基转化为反式亚乙烯基:

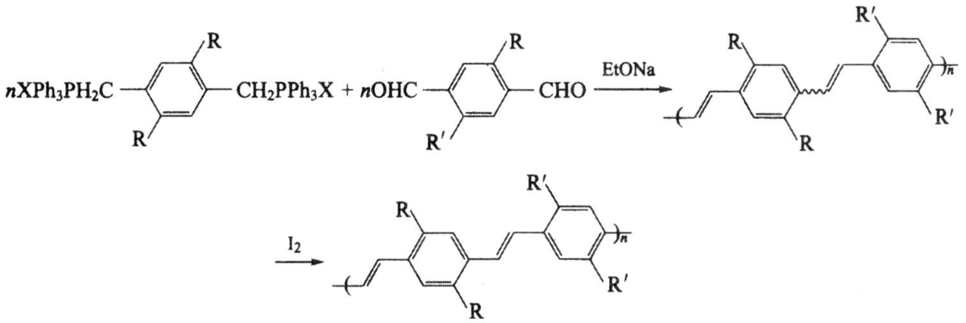

（2）Gilch 法

在碱催化下取代对二氯甲基苯缩合生成预聚体,预聚体加热脱 HCl 得到聚合物。以下是一个分别在苯环上引入取代基和氯甲基后进行聚合反应的例子:

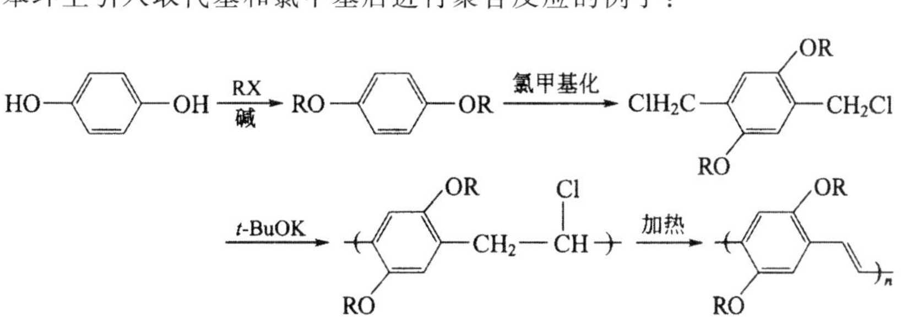

（3）Heck 反应法

由相应的二卤代苯与二乙烯基苯在 Pd 催化剂催化下进行 Heck 反应聚合而得:

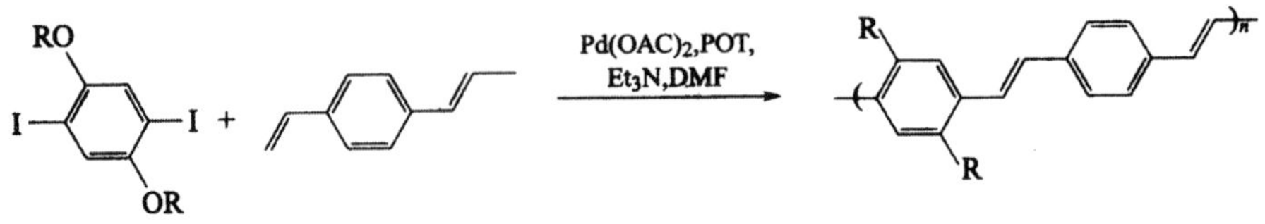

（4）Knoevenagel 缩合聚合

取代苯二甲醛和二氰甲基取代苯缩合，得到亚乙烯基上带氰基的取代 PPV：

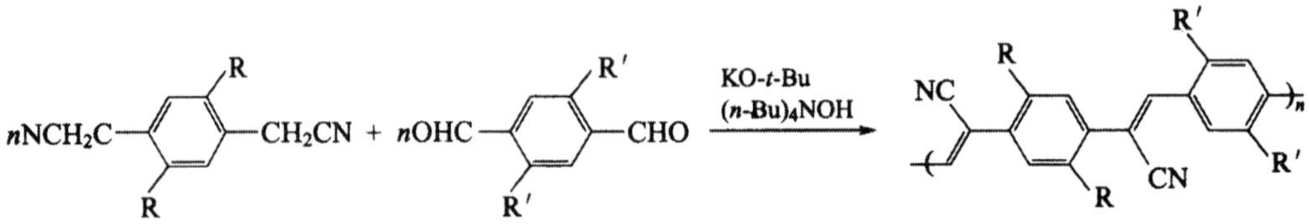

3. 聚苯胺

聚苯胺可通过电化学氧化法和化学氧化法合成。苯胺在酸催化下与氧化剂反应发生氧化缩聚或者在电极上发生氧化缩聚便可得到聚苯胺：

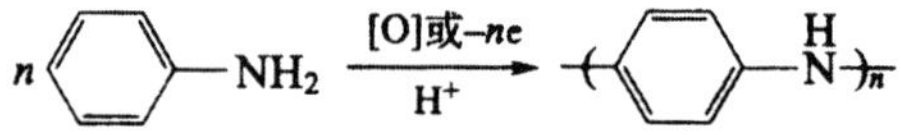

所用的酸催化剂可以是如 HCl、H_2SO_4 或 $HClO_4$ 等无机酸，或是羧酸、磺酸等有机酸。通常认为聚苯胺分子中含有两种基本结构单元：

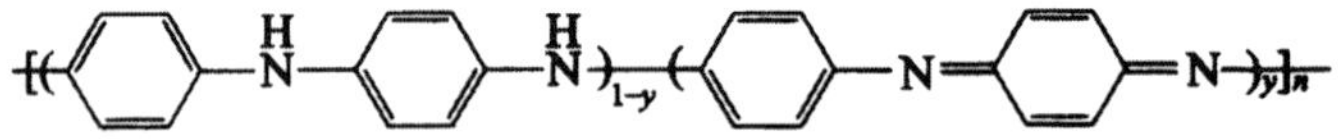

其中，y 代表聚苯胺的氧化程度，当 $y=0.5$ 时，聚苯胺为苯二胺和醌二亚胺所组成的交替共聚物，掺杂后的导电性能最好。

4. 聚乙炔类

聚乙炔通常由可溶性聚合物前体法合成，如：

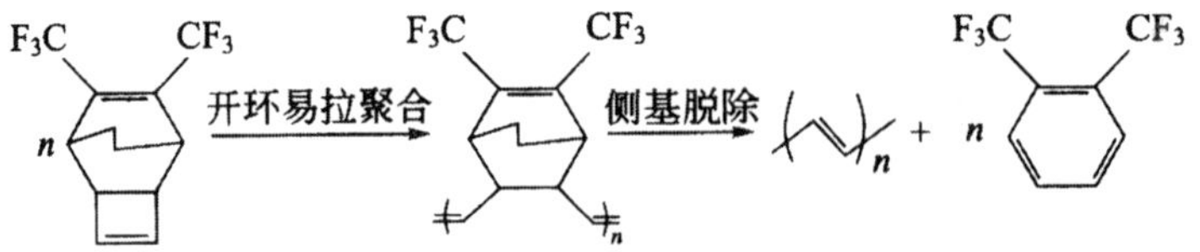

可溶性的取代聚乙炔则可由取代乙炔的 Metathesis 聚合反应合成：

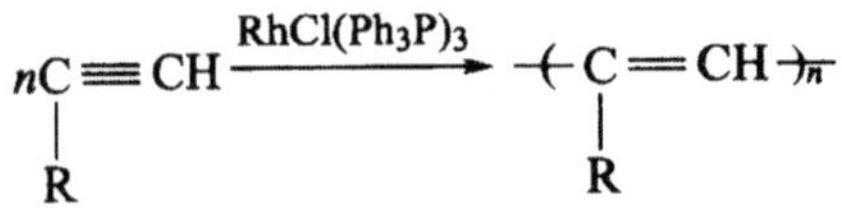

5. 聚对苯

聚对苯由于不具加工性，需先合成可溶性聚合物前体，成型后再通过侧基脱除得到聚合物，例如：

6. 聚芴类

芴可以在碱催化下与卤代烃发生亲核取代反应在 9-位上引入取代基,然后再在 2,7-位溴代,二溴代取代芴在 Ni(COD)$_2$ 催化下聚合:

6.3.3 复合型导电高分子

复合型导电高分子材料是将导电填料加入聚合物中形成的,如将银粉掺入胶粘剂中得到导电胶、炭黑加入橡胶中得到导电橡胶等。早期的所谓导电高分子材料都是指这类材料,其导电特征、机理及制备方法均有别于结构型导电高分子。

复合型导电高分子中,聚合物基体的作用是将导电颗粒牢固地粘结在一起,使导电高分子有稳定的电导率,同时还赋予材料加工性和其他性能,常用的树脂和橡胶均可用。常用的导电剂包括碳系和金属系导电填料。

复合型导电高分子材料通常具有 NTC 效应和 PTC 效应。

(1)NTC(Negative Temperature Coefficient)效应

在聚合物的熔化温度以上时,许多没有交联的复合导电材料的电阻率尖锐地下降,这种现象被称为 NTC 效应,NTC 现象对于许多工业应用领域是不利的。

(2)PTC(Positive Temperature Coefficient)效应

当复合材料被加热到半结晶聚合物的熔点时,炭黑填充的半结晶聚合物复合材料的电阻率急剧提高,这种现象被称为 PTC 效应。此时,材料由良导体变为不良导体甚至绝缘体,从而具有开关特性。

高分子 PTC 器件具有可加工性能好、使用温度低、成本低、的特点。可作为发热体的自控温加热带和加热电缆,与传统的金属导线或蒸汽加热相比,这种加热带和加热电缆除兼有电热、自调功率及自动限温三项功能外,还具有节省能源、加热速度快、使用方便(可根据现场使用条件任意截断)、控温保温效果好(不必担心过热、燃烧等危险)、性能稳定且使用寿命长等优点,可广泛用于气液输送管道、罐体等防冻保温、仪表管线以及各类融雪装置。在电子领域,高分子复合导电 PTC 材料主要用于温度补偿和测量、过热以及过电流保护元件等。在民用方面,可广泛用于婴儿食品保暖器、电热座垫、电热地毯、电热护肩等保健产品以及各种日常生活用品、多种家电产品的发热材料等。

1. 碳系复合型导电高分子材料

碳系复合型导电高分子材料中的导电填料主要是炭黑、石墨及碳纤维。常用的导电炭黑如表 6-2 所示。

表 6-2　炭黑的种类及其性能

种类	粒径/ μm	比表面积/ (m²/g)	吸油值/ (mg/g)	特性
导电槽黑	17～27	175～420	1.15～1.65	粒径细,分散困难
导电炉黑	21～29	125～200	1.3	粒径细,孔度高,结构性高
超导炉黑	16～25	175～225	1.3～1.6	防静电,导电效果好
特导炉黑	<16	225～285	2.6	孔度高,导电效果好
乙炔炭黑	35～45	55～70	2.5～3.5	粒径中等,结构性高,导电持久

炭黑的用量对材料导电性能的影响可用图 6-8 表示。图中分为三个区。其中,体积电阻率急剧下降的 B 区域称为渗滤(Percolation)区域。而引起体积电阻率 ρ 突变的填料百分含量临界值称为渗滤阈值。只有当材料的填料量大于渗滤阈值时,复合材料的导电能力才会大幅度的提高。如对于聚乙烯,用炭黑为导电填料时,其渗滤阈值约为 10wt%,即炭黑的质量分数大于 10% 时,导电能力(电导率)急剧增加。

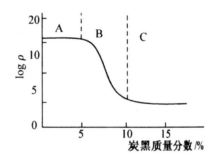

图 6-8　复合型导电高分子体积电阻率与炭黑含量的关系

A 区:炭黑含量极低,导电粒子间的距离较大(>10nm),不能构成导电通路。

B 区:随着炭黑含量的增加,粒子间距离逐渐缩短,当相邻两个粒子的间距小到 1.5～10nm 时,两粒子相互导通形成导电通路,导电性增加。

C 区:在炭黑填充量高的情况下,聚集体相互间的距离进一步缩小,当低于 1.5nm 时,此时复合材料的导电性基本与频率、温度、场强无关,呈现欧姆导电特征,再增加炭黑量,电阻率基本不变。

总体来说复合型导电高分子材料的导电能力主要由隧道导电和接触性导电(导电通道)两种方式实现,其中普遍认为后一种导电方式的贡献更大,特别是在高导电状态时。复合材料的导电机制实际上非常复杂,其中以炭黑填充型复合材料的导电机理最为复杂,现在还不能说已经完全弄清楚了,因为迄今还没有一种模型能够解释所有的实验事实。

碳纤维也是一种有效的导电填料,有良好的导电性能,并且是一种新型高强度、高模量材料。目前在碳纤维表面电镀金属已获得成功。金属主要指纯钢和纯镍,其特点是镀层均匀而牢固,与树脂粘结好。镀金属的碳纤维比一般碳纤维导电性能可提高 50～100 倍,能大大减少碳纤维的添加量。虽然碳纤维价格昂贵,限制了其优异性能的推广,但仍有广泛用途。如日本生产的 CE220 是 20％导电碳纤维填充的共聚甲醛,其导电性能良好,机械强度高,耐磨性能好,在抗静电、导电性及强度要求高的场合得到了应用。

天然石墨具有平面型稠芳环结构,电导率高达 $10^{2\sim3}$ S·cm^{-1},已进入导体行列,其天然储量丰富、密度低和电性质好,一直受到广泛关注。目前,石墨高分子复合材料已经被广泛应用于电极材料、热电导体、半导体封装等领域。

碳纳米管是由碳原子形成的石墨片层卷成的无缝、中空的管体,依据石墨片层的多少可分为单壁碳纳米管和多壁碳纳米管,是最新型的碳系导电填料。碳纳米管复合材料可广泛应用于静电屏蔽材料和超微导线、超微开关及纳米级集成电子线路等。

2. 金属系复合型导电高分子材料

金属系复合型导电高分子材料是以金属粉末和金属纤维为导电填料,这类材料主要是导电塑料和导电涂料。

聚合物中掺入金属粉末,可得到比炭黑聚合物更好的导电性。选用适当品种的金属粉末和合适的用量,可以控制电导率在 $10^{-5}\sim10^{4}$ S/cm 之间。

金属纤维有较大的长径比和接触面积,易形成导电网络,电导率较高,发展迅速。目前有钢纤维、铝合金纤维、不锈钢纤维和黄铜纤维等多种金属纤维。如不锈钢纤维填充 PC,填充量为 2％(体积)时,体积电阻率为 10Ω·cm,电磁屏蔽效果达 40dB。

金属的性质对电导率起决定性的影响。此外金属颗粒的大小、形状、含量及分散状况都有影响。

6.4 高分子液晶材料

液晶是一些化合物所具有的介于固态晶体的三维有序和无规液态之间的一种中间相态,又称介晶相(mesophase),是一种取向有序流体,既具有液体的易流动性,又有晶体的双折射等各向异性的特征。1888 年奥地利植物学家 Reinitzer 首次发现液晶,但直到 1941 年 Kargin 提出液晶态是聚合物体系的一种普遍存在状,人们才开始了对高分子液晶的研究。1966 年 Dupont 公司首次使用各向异性的向列态聚合物溶液制备出了高强度、高模量的商品纤维——Fibre B,使高分子液晶研究走出了实验室。20 世纪 70 年代,Dupont 公司的 Kevlar 纤维的问世和商品化,开创了高分子液晶的新纪元。接着 Economy、Plate 和 Shibaev 分别合成了热熔型主链聚酯液晶和侧链型液晶聚合物。20 世纪 80 年代后期,Ringsdorf 合成了盘状主侧链型液晶聚合物。到目前为止,高分子液晶的研究已成为高分子学科发展的一个重要方向。

液晶材料在我们生活的各领域有着广泛的应用,因此对液晶高新性能的研究开发成为当今研究的热点之一。在其高新性能的研究中,对液晶进行掺杂是人们采取的技术方法之一。例如,金香,吴鸿业,赵建军等研究利用数值拟合研究掺杂纳米 Nd_2O_3 聚合物分散液晶 (PDLC)的紫外电光特性,通过非线性数值拟合研究掺杂纳米稀土氧化物 Nd_2O_3 聚合物分散液晶(PDLC)在实验给定驱动电压范围 20~30V 在紫外 335~375mm 范围内的透射率。并给出了符合此实验数据的函数关系,为一个正弦函数之和的形式。拟合结果中最小相关系数 (R)为 0.9998,最大均方误差(RMSE)为 0.057。另一方面通过对吸收带峰值的位置和趋势随着驱动电压的变化的数学拟合,得到两个数学函数,函数关系为二次多项式的形式。拟合结果的和方差(SSE)分别为 1.292e−026 和 3.944e−030。相关系数均为 1。拟合结果表明,数学拟合结果和实验数据非常接近吻合,能够为进一步研究掺杂纳米 Nd_2O_3 聚合物分散液晶(PDLC)在 20～30V 驱动电压下的紫外电光特性提供一定的理论依据。[①]

液晶高分子(LCP)的大规模研究工作起步更晚,但目前已发展为液晶领域中举足轻重的部分。液晶最使人感兴趣的是:同一种液晶材料,在不同温度下可以处于不同的相,产生变化多端的相变现象。液晶系统分子间的作用力非常微弱,它的结构易受周围的机械温度、应力、化学环境、电磁场等变化的影响,因此在适度地控制周围的环境变化之下,液晶可以透光或反射光。由于只需很小的电场控制,因此液晶非常适合作为显示材料。

6.4.1 高分子液晶的分类

1. 按分子排列形式分类

液晶分子在空间的排列的物理结构,在空间排列有序性的不同,可分为向列型、近晶型、胆甾型、和碟型液晶四类,如图 6-9 所示。

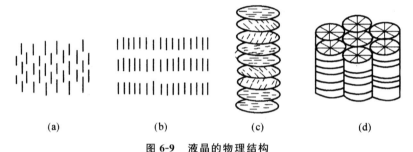

图 6-9 液晶的物理结构
(a)向列型;(b)近晶型;(c)胆甾型;(d)碟型

(1)向列型结构

在向列型结构中分子相互间沿长轴方向保持平行,如图 6-9(a)所示,分子只有取向有序,但其重心位置是无序的,不能构成层片。向列型液晶分子是一维有序排列,因而这种液晶有更大的运动性,其分子能左右、上下、前后滑动,有序参数值 S 值在 0.3～0.8 之间。

(2)近晶型液晶

如图 6-9(b)所示,层内分子长轴互相平行,分子重心在层内无序,分子呈二维有序排列,分子长轴与层面垂直或倾斜,分子可在层内前后、左右滑动,但不能在上下层之间移动。由于分子运动相当缓慢,因而近晶型中间相非常粘滞。近晶型液晶的规整性近似晶体,是二维有序排列,其有序参数值 S 高达 0.9。

(3)胆甾型液晶

如图 6-9(c)所示,胆甾型液晶是向列型液晶的一种特殊形式。其分子本身平行排列,但它们的长轴是在平行面上,在每一个平面层内分子长轴平行排列,层与层之间分子长轴逐渐偏转,形成螺旋状结构。其螺距大小取决于分子结构及压力、温度、电场或磁场等外部条件。

---

① 金香,吴鸿业,赵建军,鲁毅,刘桂香.利用数值拟合研究掺杂纳米 Nd_2O_3 聚合物分散液晶(PDLC)的紫外电光特性[J].内蒙古包头师范学院,2014

（4）碟型液晶

碟状分子一个个地重叠起来形成圆柱状的分子聚集体,故又称为柱状相,如图 6-9(d)所示。在与圆柱平行的方向上容易发生剪切流动。

2. 按液晶的生成条件分类

按液晶的生成条件也可把它分为溶致液晶、热致液晶、兼具溶致与热致液晶、压致液晶和流致液晶五类,如表 6-3 所示。

表 6-3　根据液晶的生成条件分类的液晶高分子

液晶类型	液晶高分子举例
溶致液晶	芳香族聚酰肼、聚烯烃嵌段共聚物、聚异腈、纤维素、多糖、核酸等
热致液晶	芳香族聚酯共聚物、芳香族聚甲亚胺、芳香族聚碳酸酯、聚丙烯酸酯、聚丙烯酰胺、聚硅氧烷、聚烯烃、聚砜、聚醚嵌段共聚物、环氧树脂、沥青等
兼具溶致与热致液晶	芳香族聚酰胺、芳香族聚酯、纤维素衍生物、聚异氰酸酯、多肽、聚磷腈、芳香族聚醚、含金属高聚物等
压致液晶	芳香族聚酯、聚乙烯
流致液晶	芳香族聚酰胺酰肼

（1）溶致液晶

溶致液晶是由溶剂破坏固态结晶晶格而形成的液晶,或者说聚合物溶液达到一定浓度时,形成有序排列、产生各向异性形成的液晶。这种液晶体系含有两种或两种以上组分,其中一种是溶剂,并且这种液晶体系仅在一定浓度范围内才出现液晶相。

（2）热致液晶

热致液晶是由加热破坏固态结晶晶格、但保留一定取向有序性而形成的液晶,即单组分物质在一定温度范围内出现液晶相的物质。

（3）兼具溶致与热致液晶

既能在溶剂作用下形成液晶相,又能在无溶剂存在下仅在一定的温度范围内显示液晶相的聚合物,称为兼具溶致与热致液晶高分子,典型代表是纤维素衍生物。

（4）压致液晶

压致液晶是指压力升高到某一值后才能形成液晶态的某些聚合物。这类聚合物在常压下可以不显示液晶行为,它们的分子链刚性及轴比都不很大,有的甚至是柔性链。如聚乙烯通常不显示液晶相,但在 300MPa 的压力下也可显示液晶相。

（5）流致液晶

流致液晶是指流动场作用于聚合物溶液所形成的液晶。流致液晶的链刚性与轴比均较小,流致液晶在静态时一般为各向同性相,但流场可迫使其分子链采取全伸展构象,进而转变成液晶流体。

3. 按液晶基元所处的位置分类

按液晶基元在高分子链中所处的位置不同,可以将液晶高分子分为以下几种:

①主链型液晶高分子(main chain LCP),即液晶基元位于大分子主链的液晶高分子。

②侧链型液晶高分子(side chain LCP),即主链为柔性高分子分子链,侧链带有液晶基元的高分子。

③复合型液晶高分子,这时主、侧链中都含有液晶基元。如表 6-4 所示。

表 6-4 根据液晶基元在高分子链中所处的位置不同分类

液晶高分子类型	液晶基元在高分子链中所处的位置
主链型液晶高分子	
侧链型液晶高分子	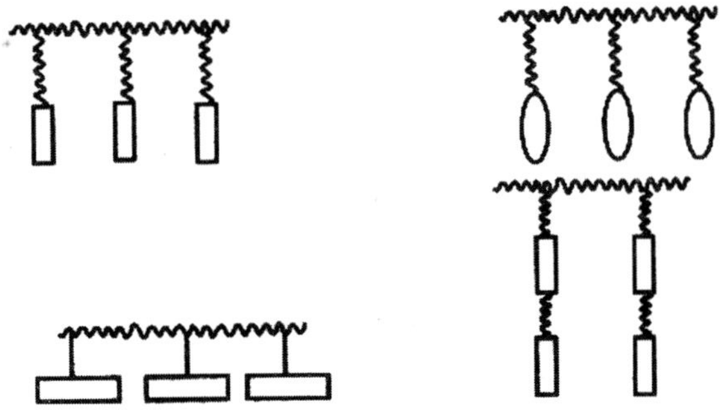
复合型液晶高分子	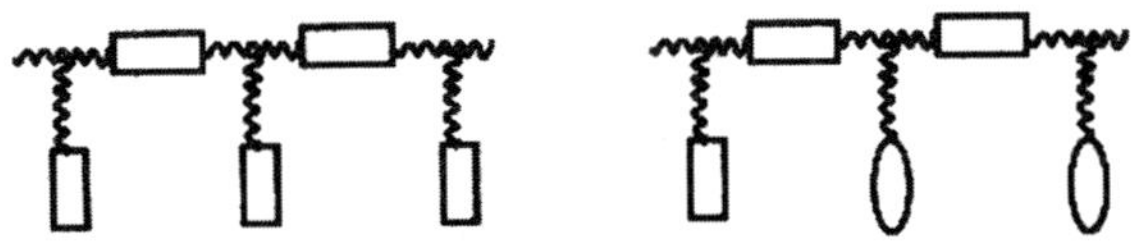

6.4.2 主链高分子液晶

主链液晶高分子是由苯环、杂环和非环状共轭双链等刚性液晶基元彼此连接而成的大分子。这种链的化学组成和特性决定了主链液晶高分子链呈刚性棒状,在空间取伸直链的构象状态,在溶液或熔体中,在适当条件下显示向列型相特征。

苯二胺是主链型溶致性液晶高分子材料,通过液晶溶液可纺出高强度高模量的纤维。液晶聚酯是主链型热致性液晶聚合物。已商品化了的液晶聚酯有:

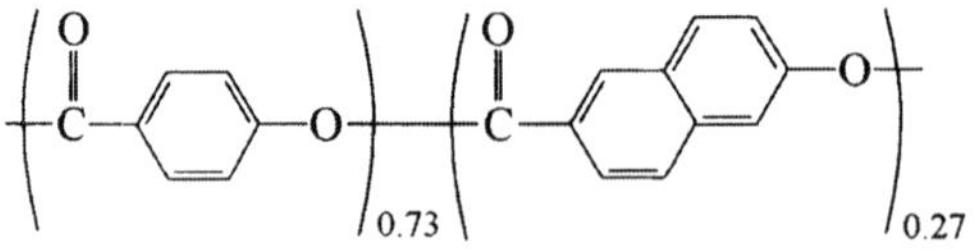

HBA HNA

Vectra A950 (Vectra-A)

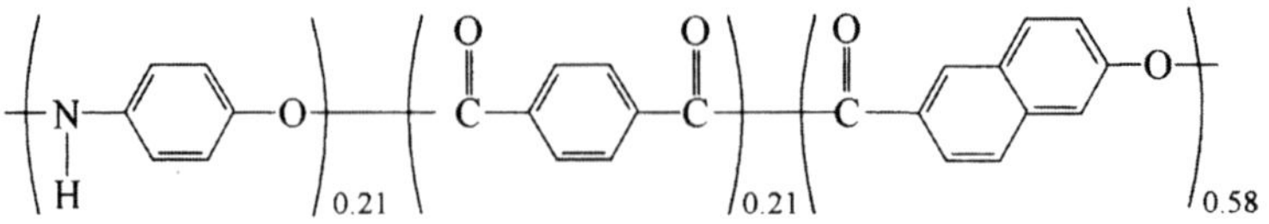

AP TA HNA

Vectra B950 (Vectra-B)

HBA HNA
Vectra C950 (Vectra-C)(x≡0.85)

HBA 0.45 IA 0.275 HQ 0.275
HIQ45

PhHQ TA HBA
HX2000

HBA 0.6 PET 0.4
Rodrun LC3000 (LC3000)

HBA 0.8 PET 0.2
Rodrun LC5000 (LC5000)

6.4.3 侧链高分子液晶

侧链型液晶聚合物由高分子主链、液晶基元和间隔基组成,如聚丙烯酸酯和聚甲基丙烯酸酯类侧链型液晶聚合物(X—H,CH$_3$;R—OCH$_3$,OC$_4$H$_9$):

在聚酯侧链引入偶氮苯或 NLO 生色团可得具有光活性和 NLO 液晶聚合物:

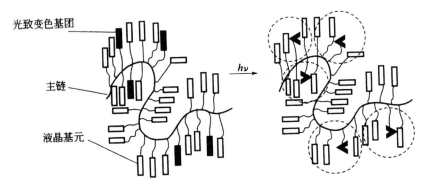

光照下,偶氮苯发生反一顺式异构转变(图 6-10)。

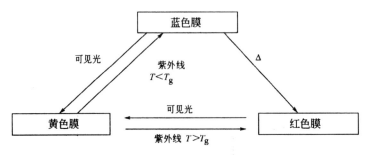

图 6-10　光活性液晶聚合物

侧链含螺环吡喃的液晶聚合物:

在光、热作用下具有光致变色性(图 6-11)。

图 6-11　光致变色性含螺环吡喃的液晶聚合物

6.4.4　其他高分子液晶

1. 盘状液晶聚合物

盘状液晶聚合物是含盘状液晶基元的聚合物：

2. 手性液晶聚合物

手性分子(chiral molecule)是一个分子的镜像结构不能与这个分子本身重合。手性液晶聚合物是含不对称碳原子的液晶聚合物：

其中含薄荷酮(menthone)基团的手性液晶聚合物在光照下可发生 *E-Z* 异构转变(图 6-12)。

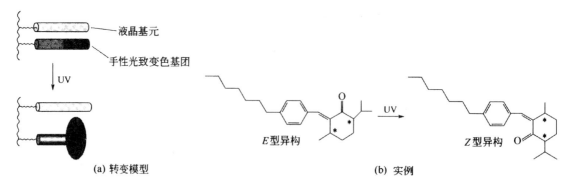

(a) 转变模型   (b) 实例

图 6-12   手性液晶聚合物 *E-Z* 异构转变模型和实例

3. 刚性侧链型液晶高分子——甲壳型液晶高分子

1987 年,我国学者周其凤、黎惠民、冯新德三人在 Macromolecules 上发表文章,首次合成了液晶基元直接腰接于高分子主链上的新型刚性侧链型液晶高分子,并提出了"mesogenfack-eted liquid crystal polymers"(MJLCP,甲壳型液晶高分子)的概念,1990 年,Hardouin 首次用小角中子衍射证实了这类侧链液晶高分子的"甲壳"模型。MJLCP 分子中的刚性液晶基元是通过腰部或重心位置与主链相联结的,在主链与刚性液晶基元之间不要求柔性间隔基。周其凤课题组研究的甲壳型液晶高分子主要结构如下:

$R = H,\ OCH_3,\ OC_2H_5,\ OC_4H_9,\ CH_3,\ C_2H_5$

$C_4H_9,\ ,\ CH_3CONH,\ CN$

(1) PVHQE

$R = H,\ OCH_3,\ OC_2H_5,\ OC_3H_7,\ OC_4H_9,$

$OC_5H_{11},\ OC_6H_{13},\ OC_7H_{15},\ OC_8H_{17},\ CN$

(2) PVTAE

(3)

(4)

(a) $R^1=R^2=H$，OCH_3，OC_2H_5，OC_4H_9，OC_8H_{17}，C_4H_9，C_4H_9

(b) $R^1=OC_2H_5$，$R'^2=CN$

(c) $R^1=OC_2H_5$，$R^2=O·C_5H_{11}$

（5）PVPOA

$R=OC_nH_{2n+1}$，$n=1\sim11$

$OCH_2·CH(CH_3)CH_2CH_3$

$COO·CH(CH_3)CH_2CH_3$

（6）

(a) $R=H$，$X=COO$，$Y=OOC$，$Z=COO$，$R'=CH_3$

(b) $R=H$，$X=COOCH_2$，$Y=COO$，$Z=OOC$，$R'=CH_3$，C_2H_5，C_4H_9

(c) $R=CH_3$，$X=COOCH_2$，$Y=COO$，$Z=OOC$，$R'=CH_3$

(d) $R=H$，$X=COOCH_2$，$Y=OOC$，$Z=COO$，$R'=CH_3$

（7）

由于在这类液晶高分子的分子主链周围空间内刚性液晶基元的密度很高，可以看出这类液晶高分子的分子主链被一层由液晶基元组成的氛围或"外壳"包裹着，分子主链周围空间内刚性液晶基元的密度很高，每个主链碳原子都不容易"看"到它自己的同类，四周所"见"到处都是液晶基元，于是分子主链被迫采取相对伸直的刚性链构象，若将这种因液晶基元的拥挤而造成的使分子链刚性化的作用称为"甲壳效应"，其强弱与液晶基元本身的结构有关，它越长越粗越刚硬，甲壳效应越强。这样的液晶高分子从化学结构上看属于侧链型液晶高分子，但它的性质更多的与主链型液晶高分子相似，即具有明显有分子链刚性，有较高的玻璃化温度、清亮点温度和热分解温度，有较大的构象保持长度，可以形成稳定的液晶相。

甲壳型液晶高分子概念的提出已有 20 余年，随着新的聚合方法的出现，各种新型结构的甲壳型液晶高分子被设计和合成，目前已有几十种结构的甲壳型液晶高分子被设计并成功合成出。作为第三类液晶高分子，MJLCP 在主链和侧链液晶高分子之间架起了一座桥梁，它兼有主链液晶高分子刚性链的实质和侧链液晶高分子化学结构的形式，使其具有很多独特的性质和魅力，有待我们进一步去探索和发现。

6.4.5　高分子液晶材料的应用

1. 结构材料

高分子液晶的重要应用方向就是制作高强度高模量纤维、液晶自增强塑料及原位复合材料，在航空、航天、体育用品、汽车工业、海洋工程及石油工业及其他部门得到广泛应用。例如 Kevlar49 纤维具有低密度、高强度、高模量、低蠕变性的特点，且在静电荷及高温条件下仍有优良的尺寸稳定性，特别适合于作复合材料的增强纤维。Kevlar29 的伸长度高，耐冲击性优于 kevlar49，已用于制造防弹衣和各种规格的高强缆绳等。它目前仍是溶致性高分子液晶中规模最大的工业化产品。

2. 功能性高分子液晶的应用

小分子液晶，其分子因外界的微弱的电场、磁场和极微弱的热刺激而改变排列方向或分子运动发生紊乱,因而它的光学性质发生改变,由于对外界刺激灵敏已被广泛用作信息显示和检测材料。向列型液晶由其显示液晶的温度范围低及具有电光效应而在电子工业中用作显示器件,胆甾型液晶具有热光效应而被制作热敏元件、温度计及彩色薄膜液晶显示器。

高分子液晶由于粘性高,松弛时间长,响应时间长,应用方面受到限制,但高分子液晶也因其由结构特征带来的易固定性、聚集态结构多样性等特点而具有一定的功能性。除用作结构材料外,由于高分子液晶同小分子液晶一样也具有特殊的光学性质、电光效应、热光效应等,也可以用作信息显示材料、光学记录材料、储存材料、非线性光学材料等。

6.5 医用高分子材料

6.5.1 概述

1. 人类进入了医用高分子材料时代

高分子材料是充分体现人类智慧的材料,是 20 世纪人类科学技术的重要科技成果之一。随着科学技术的发展,高分子材料还进一步渗透到医学研究、生命科学和医疗保健各个部分,起着越来越重要的作用。用聚酯、聚丙烯纤维制成人工血管可以替代病变受伤而失去作用的人体血管;用聚甲基丙烯酸甲酯、较大相对分子质量聚乙烯、聚酰胺可以制成头盖骨、关节,用于外伤或疾病患者,使之具有正常的生活与工作能力;人工肾、人工心脏等人工脏器也可由功能高分子材料制成,移植在人体内以替代受损而失去功能的脏器,具有起死回生之功效。除此以外,人工血液的研究,高分子药物开发和药用包装材料的应用都为医疗保健的发展带来新的革命,医用胶黏剂的出现为外科手术新技术的运用开辟了一条新的途径。高分子材料在治疗、护理等方面的一次性医疗用品(用即弃)的应用更为广泛,达数千种之多。

随着医学材料的发展,金属材料和无机材料的性能难以满足医学领域的客观需要,而合成高分子材料与作为生物体的天然高分子有着极其相似的化学结构,因而可以合成出医用功能高分子材料,可以部分取代或全部取代生物体的有关器官,这已从临床和动物试验的实际中得到充分的证明,具有生物医用功能的高分子或复合材料见表 6-5。

表 6-5　具有生物医用功能的材料

功能		材料	实例
血液、呼吸、循环系统	止血功能	止血材料	聚酯 PET 纤维 金属盐
	血液适应功能	抗血栓材料 防溶血材料	PVA
	瓣膜功能	人工瓣膜收缩	PAA
	血液导管功能	人工血管材料	PP
	收缩功能	人工心脏材料	

功能		材料	实例
血液、呼吸、循环系统	血浆功能	人工血浆	
	氧的输送功能	人工红血球	
	气体交换功能	人工肺	
骨骼运动系统	生体功能支持功能	人工骨	PMMA
	关节功能	人工关节	PMMA
	运动功能	机械连贯装置	
	防止关节磨损功能	人工浆膜	
代谢系统	血浆调节功能	人工细胞	
	代谢合成功能	固定酶	
	营养功能	高营养输液	
	解毒功能	吸附剂、人工肾	
	选择透过功能	人工透析膜、人工肾	
其他	生体填补功能	整形外科手术材料	PU、PSI
	生物覆盖功能	人工皮肤	PET、PTF
	生物体粘结功能	胶黏剂	聚丙烯酸酯
	分解吸收功能	吸附材料、医用缝合线	PET
	导管功能	人工气管食道胆管尿道	PP、PET、PU
	神经兴奋传递功能	人工神经、电极材料	导电高分子、PA
	生物感知功能	感知元件、人工耳膜	感压高分子

2. 医药高分子材料的分类

由于医用高分子材料由多学科参与研究工作,以至于根据不同的习惯和目的出现了不同的分类方式。医用高分子材料随来源、应用目的、活体组织对材料的影响等可以分为多种类型。目前,这些分类方法和各种医用高分子材料的名称还处于混合使用状态,尚无统一的标准。

(1)按来源分类

①天然医用高分子材料:如胶原、丝蛋白、明胶、纤维素、角质蛋白、黏多糖、甲壳素及其衍生物等。

②天然生物组织与器官:天然生物组织用于器官移植已有多年历史,至今仍是重要的危重疾病的治疗手段。天然生物组织包括:取自患者自体的组织、取自其他人的同种异体组织、来自其他动物的异种同类组织等。

③人工合成医用高分子材料：如聚氨酯、硅橡胶、聚酯等，60年代以前主要是商品工业材料的提纯、改性，之后主要根据特定目的进行专门的设计、合成。

（2）按材料与活体组织的相互作用关系分类

采用该分类方式，有助于研究不同类型高分子材料与生物体作用时的共性。

①生物活性高分子材料：其原意是指植入材料能够与周围组织发生相互作用，一般指有益的作用，如金属植入体表面喷涂羟基磷灰石，植入体内后其表层能够与周围骨组织很好地相互作用，以增加植入体与周围骨组织结合的牢固性。但目前还有一种广义的解释，指对肌体组织、细胞等具有生物活性的材料，除了生物活性植入体之外，还包括高分子药物、诊断试剂、高分子修饰的生物大分子治疗剂等。

②生物惰性高分子材料：指在体内不降解、不变性、不引起长期组织反应的高分子材料，适合长期植入体内。

③生物吸收高分子材料：又称生物降解高分子材料。这类材料在体内逐渐降解，其降解产物被肌体吸收代谢，在医学领域具有广泛用途。

（3）按生物医学用途分类

采用此分类方法，便于比较不同结构的生物材料对于各种治疗目的的适用性。

①软组织相容性高分子材料：主要用于软组织的替代与修复，往往要求材料具有适当的强度和弹性，不引起严重的组织病变。

②硬组织相容性高分子材料：主要包括用于骨科、齿科的高分子材料，要求具有与替代组织类似的机械性能，同时能够与周围组织结合在一起。

③血液相容性高分子材料：用于制作与血液接触的人工器官或器械，不引起凝血、溶血等生理反应，与活性组织有良好的互相适应性。

④高分子药物和药物控释高分子材料：是指本身具有药理活性或辅助其他药物发挥作用的高分子材料，随制剂不同而有不同的具体要求，但都必须无毒副作用、无热原、不引起免疫反应。根据经典的观点，高分子药物、甚至药物控释高分子材料不包含在医用高分子材料范畴之内。随着该领域的快速发展，这一观念正在改变。

（4）按与肌体组织接触的关系分类

本分类方法是按材料与肌体接触的部位和时间长短进行分类的，便于对使用范围类似的不同材料与制品进行统一标准的安全性评价。

①短期植入材料：指短时期内与内部组织或体液接触的材料，如血液体外循环的管路和器件（透析器、心肺机等）。

②长期植入材料：泛指植入体内并在体内存在一定时间的材料，如人工血管、人工关节、人工晶状体等。

③体表接触材料与一次性使用医疗用品材料。

④体内体外连通使用的材料：指使用中部分在体内部分在体外的器件，如心脏起搏器的导线、各种插管等。

3. 对医用高分子材料的基本要求

医用高分子材料是直接用于人体或用于与人体健康密切相关的目的，因此对进入临床使用阶段的医用高分子材料具有严格的要求。不然,用于治病救命的医用高分子材料会引起不良后果。

(1)对医用高分子材料本身性能的要求

①物理和力学稳定性。针对不同的用途,在使用期内医用高分子材料的强度、弹性、尺寸稳定性、耐曲挠疲劳性、耐磨性应适当。对于某些用途,还要求具有界面稳定性,例如,人工髋关节和人工牙根的松动问题与材料—组织结合界面的稳定性有关。

②耐生物老化。对于长期植入的医用高分子材料,生物稳定性要好。但是,对于暂时植入的医用高分子材料,则要求能够在确定时间内降解为无毒的单体或片断,通过吸收、代谢过程排出体外。因此,耐生物老化只是针对某些医学用途对高分子材料的一种要求。

③材料易得、价格适当。

④易于加工成型。

⑤便于消毒灭菌。

(2)对医用高分子材料的人体效应的要求

①对人体组织不会引起炎症或异物反应。有些高分子材料本身对人体有害,不能用作医用材料。而有些高分子材料本身对人体组织并无不良影响,但在合成、加工过程中不可避免地会残留一些单体,或使用一些添加剂。当材料植入人体以后,这些单体和添加剂会慢慢从内部迁移到表面,从而对周围组织发生作用,引起炎症或组织畸变,严重的可引起全身性反应。

②具有化学惰性。与体液接触不发生化学反应。人体环境对高分子材料主要有一些影响:体液引起聚合物的降解、交联和相变化;生物酶引起的聚合物分解反应;在体液作用下材料中添加剂的溶出;体内的自由基引起材料的氧化降解反应;血液、体液中的类脂质、类固醇及脂肪等物质渗入高分子材料,使材料增塑,强度下降。

③不致畸、不致癌。

④不引起过敏反应或干扰肌体的免疫机理。

⑤无热原反应。

⑥对于与血液接触的材料,还要求具有良好的血液相容性。血液相容性一般指不引起凝血(抗凝血性能好)、不破坏红细胞(不溶血)、不破坏血小板、不改变血中蛋白(特别是脂蛋白)、不扰乱电解质平衡。

⑦不破坏邻近组织,也不发生材料表面钙化沉积。

(3)对医用高分子材料生产与加工的要求

除了对医用高分子材料本身具有严格的要求之外,还要防止在医用高分子材料生产、加工工程中引入对人体有害的物质。首先,严格控制用于合成医用高分子材料的原料的纯度,不能代入有害杂质,重金属含量不能超标。其次,医用高分子材料的加工助剂必须是符合医用标准。最后,对于体内应用的医用高分子材料,生产环境应当具有适宜的洁净级别,符合 GMP标准。

与其他高分子材料相比,对医用高分子材料的要求是非常严格的。对于不同用途的医用高分子材料,往往又有一些具体要求。在医用高分子材料进入临床应用之前,都必须对材料本身的物理化学性能、机械性能以及材料与生物体及人体的相互适应性进行全面评价,通过之后经国家管理部门批准才能临床使用。

6.5.2 人体器官应用的高分子材料

生物医学材料的最主要的应用之一是人工器官,当人体的器官因病损不能行使功能时,现代医学提供了两种可能恢复功能的途径:一种是进行同处异体的器官移植;另一种是用人工器官置换或替代病损器官,补偿其全部或部分功能。由于同种异体器官来源困难,并存在移植器官的器官保存、免疫、排斥反应等问题,所以移植前和短时替代需要人工器官。因此,人工器官作为一条重要方法被医学界广泛欢迎和重视,并迅速发展起来。

1. 人工心脏与人工心脏瓣膜

(1)人工心脏

人工心脏是推动血液循环完全替代或部分替代人体心脏功能的机械心脏。在人体心脏因疾患而严重衰弱时,植入人工心脏暂时辅助或永久替代人体心脏的功能,推动血液循环。

最早的人工心脏是1953年Gibbons的心肺机,其利用滚动泵挤压泵管将血液泵出,犹如人的心脏搏血功能,进行体外循环。1969年美国Cooley首次将全人工心脏用于临床,为一名心肌梗塞并发室壁瘤患者移植了人工心脏,以等待供体进行心脏移植。患者虽因合并症死亡,但这是利用全人工心脏维持循环的世界第一个病例。1982年美国犹他大学医学中心Devfies首次为61岁患严重心脏衰竭的克拉克先生成功地进行了人工心脏移植。靠这颗重300g的Jarvik-7型人工心脏,他生活了112天,成为世界医学史上的一个重要的里程碑。

人工心脏的关键是血泵,从结构原理上可分为囊式血泵、膜式血泵、摆形血泵、管形血泵、螺形血泵五种。由于后三类血泵血流动力学效果不好,现在已很少使用。膜式和囊式血泵的基本构造由血液流入道、血液流出道、人工心脏瓣膜、血泵外壳和内含弹性驱动膜或高分子弹性体制成的弹性内囊组成。在气动、液动、电磁或机械力的驱动下促使血泵的收缩与舒张,由驱动装置及临控系统调节心律、驱动压、吸引压收缩张期比。

(2)人工心脏材料

血泵材料的种类和性能与血泵的好坏有关。血泵内囊与驱动膜的材料要求具有优异的血液相容性与组织相容性,即无菌、无毒、溶血、不致敏、不致癌、无热源、不致畸变、不引起血栓形成,不引起机体的不良反应。此外,要求材料有优异的耐曲挠性能和力学性能。

在实际应用中采用的血泵材料有加成形硅橡胶、甲基硅橡胶、嵌段硅橡胶、聚醚氨酯、聚氨酯、聚酯织物复合物、聚四氟乙烯织物、聚烯烃橡胶、生物高分子材料以及高分子复合材料,其中聚氨酯性能最好。临床应用以聚氨酯材料为主。但聚氨酯长期植入后血液中钙沉积易引起泵体损伤的问题尚未得到彻底的解决。目前,组织工程正在研究使用仿生材料解决这一问题。

(3)人工心脏瓣膜

人工心脏瓣膜是指能使心脏血液单向流动而不返流,具有人体心脏瓣膜功能的人工器官。人工心脏瓣膜主要有生物瓣和机械瓣两种。

①机械瓣:最早使用的是笼架—球瓣,其基本结构是在一金笼架内有一球形阻塞体(阀体)。当心肌舒张时阀体下降,瓣口开放血液可从心房流入心室,心脏收缩时阀体上升阻塞瓣口,血液不能返流回心房,而通过主动脉瓣流入主动脉至体循环。

②生物瓣:全部或部分使用生物组织,经特殊处理而制成的人工心脏瓣膜称为生物瓣。由

于 20 世纪 60 年代的机械瓣存在诸如血流不畅、易形成血栓等缺点,探索生物瓣的工作得到发展。由于取材来源不同,生物瓣可分为自体、同种异体、异体三类。若按形态来分类,则分为异体或异体主动瓣固定在支架上和片状组织材料经处理固定在关闭位两类。

通常采用金属合金或塑料支架作为生物瓣的支架,外导包绕涤纶编织物。生物材料主要用作瓣叶。由于长期植入体内并在血液中承受一定的压力,生物瓣材料会发生组织退化、变性与磨损。生物瓣材料中的蛋白成分也会在体内引起免疫排异反应,从而降低材料的强度。为解决这些问题虽采用过深冷、抗菌素漂洗、甲醛、环氧乙烷、γ 射线、β-丙内酯处理等,但效果甚差,直到采用甘油浸泡和戊二醛处理,才大大地提高了生物瓣的强度。

2. 氧富化膜与人工肺

氧富化膜又称为富氧膜,是为将空气中的氧气富集而设计的一类分离膜。将空气中的氧富集至 40%(质量分数)甚至更高,有许多实际用途。空气中氧的富集有许多种方法,例如空气深冷分馏法、吸附-解吸法、膜法等。用作人工肺等医用材料时,考虑到血液相容性、常压、常温等条件,上述诸法中,以膜法最为适宜。

在进行心脏外科手术中,心脏活动需暂停一段时间,此时需要体外人工心肺装置代行其功能;呼吸功能不良者,需要辅助性人工肺;心脏功能不良者需要辅助循环系统,用体外人工肺向血液中增加氧。所有这些,都涉及到人工肺的使用。

目前人工肺主要有以下两种类型。

①氧气与血液直接接触的气泡型,具有高效、廉价的特点,但易溶血和损伤血球,仅能短时间使用,适合于成人手术。

②膜型,气体通过分离膜与血液交换氧和二氧化碳。膜型人工肺的优点是容易小型化,可控制混合气体中特定成分的浓度,可连续长时间使用,适用于儿童的手术。

人工肺所用的分离膜要求气体透过系数 p_m 大,氧透过系数 p_{O_2} 与氮透过系数 p_{N_2} 的比值 p_{O_2}/p_{N_2} 也要大。这两项指标的综合性好,有利于人工肺的小型化。此外,还要求分离膜有优良的血液相容性、机械强度和灭菌性能。

可用作人工肺富氧膜的高分子材料很多,其中较重要的有硅橡胶(SR)、聚烷基砜(PAS)、硅酮聚碳酸酯等。

硅橡胶具有较好的 O_2 和 CO_2 透过性,抗血栓性也较好,但机械强度较低。在硅橡胶中加入二氧化硅后再硫化制成的含填料硅橡胶 SSR,有较高的机械强度,但血液相容性降低。因此,将 SR 和 SSR 粘合成复合膜,SR 一侧与空气接触,以增加膜的强度,SR 一侧与血液接触,血液相容性好,这种复合膜已成为商品进入市场。此外,也可用聚酯、尼龙绸布或无纺布来增强 SR 膜。

聚烷基砜膜的 O_2 分压和 CO_2 分压都较大,而且血液相容性也很好,因可制得全膜厚度仅 $25\mu m$、聚烷基砜膜层仅占总厚度 1/10 的富氧膜,它的氧透过系数为硅橡胶膜的 8 倍,CO_2 透过系数为硅橡胶膜的 6 倍。

硅酮聚碳酸酯是将氧透过性和抗血栓性良好的聚硅氧烷与力学性能较好的聚碳酸酯在分子水平上结合的产物。用它制成的富氧膜是一种均质膜,不需支撑增强,而且氧富集能力较强,能将空气富化至含氧量 40%。

3. 组织器官替代的高分子材料

皮肤、肌肉、韧带、软骨和血管都是软组织,主要由胶原组成。胶原是哺乳动物体内结缔组织的主要成分,构成人体约 30% 的蛋白质,共有 16 种类型,最丰富的是 I 型胶原。在肌腱和韧带中存在的是 I 型胶原,在透明软骨中存在的是 II 型胶原。I 和 II 型胶原都是以交错缠结排列的纤维网络的形式在体内连接组织。骨和齿都是硬组织。骨是由 60% 的磷酸钙、碳酸钙等无机物质和 40% 的有机物质所组成。其中在有机物质中,90%～96% 是胶原,其余是羟基磷灰石和钙磷灰石等矿物质。所有的组织结构都异常复杂。高分子材料作为软组织和硬组织替代材料是组织工程的重要任务。组织或器官替代的高分子材料需要从材料方面考虑的因素有力学性能、表面性能、孔度、降解速率和加工成型性。需要从生物和医学方面考虑的因素有生物活性和生物相容性、如何与血管连接、营养、生长因子、细胞黏合性和免疫性。

在软组织的修复和再生中,编织的聚酯纤维管是常用的人工血管(直径大于 6mm)材料,当直径小于 4mm 时用嵌段聚氨酯。软骨仅由软骨细胞组成,没有血管,一旦损坏不易修复。聚氧化乙烯可制成凝胶作为人工软骨应用。人工皮肤的制备过程是将人体成纤维细胞种植在尼龙网上,铺在薄的硅橡胶膜上,尼龙网起三维支架作用,硅橡胶膜保持供给营养液。随着细胞的生长释放出蛋白和生长因子,长成皮组织。

骨是一种密实的具有特殊连通性的硬组织,由 I 型胶原和以羟基磷灰石形式的磷酸钙组成。骨包括内层填充的骨松质和外层的长干骨。长干骨具有很高的力学性能,人工长干骨需要用连续纤维的复合材料制备。人工骨松质除了生物相容性(支持细胞黏合和生长及可生物降解)的要求外,也需要具有与骨松质有相近的力学性能。一些高分子替代骨松质的性能见表 6-6。

表 6-6　人工骨松质的性能

材料	可降解性	压缩强度/MPa	压缩模量/MPa	孔径/um	细胞黏合性	可成型性
骨	是	—	50	有	有	不
PLA	是	—	—	100～500	有	是
PLGA	是	60±20	2.4	150～710	有	是
邻位聚酯	是	4～16	—	—	有	—
聚磷酸盐	是	—	—	160～200	有	—
聚酐	是	—	140～1400	—	有	是
PET	不	—	—	—	无	是
PET/HA	不	320±60	—	—	有	是
PLGA/磷酸钙	是	—	0.25	100～500	有	是
PLA/磷酸钙	是	—	5	100～500	有	是
PLA/HA	是	6～9	—	—	—	—

神经细胞不能分裂但可以修复。受损神经的两个断端可用高分子材料制成的人工神经导管修复(表 6-7)。在导管内植入许旺细胞和控制神经营养因子的装置应用于人工神经。电荷对神经细胞修复具有促进功能,驻极体聚偏氟乙烯和压电体聚四氟乙烯制成的人工神经导管对细胞修复也具有促进功能,但它们是非生物降解性的高分子材料,不能长期植入在体内。

表 6-7　人工神经导管的高分子材料种类

分类	材料
惰性材料导管	硅橡胶、聚乙烯、聚氯乙烯、聚四氟乙烯
选择性导管	硝化纤维素、丙烯腈—氯乙烯共聚物
可降解导管	聚羟基乙酸、聚乳酸、聚原酸酯
带电荷导管	聚偏氟乙烯、聚四氟乙烯
生长或营养素释放导管	乙烯—乙酸乙烯共聚物

4. 人工骨

骨是支撑整个人体的支架,骨骼承受了人体的整个重量,因此,最早的人工骨都是金属材料和有机高分子材料,但其生物相容性不好。随着人对骨组织的认识和生物医学材料的发展,人们开始向组织工程方向努力。通过合成纳米羟基磷灰石和计算机模拟对人工骨铸型,与生长因子一起合成得到活性人工骨。

自然骨和牙齿是由无机材料和有机材料巧妙地结合在一起的复合体。其中无机材料大部分是羟基磷灰石结晶$[Ca_{10}(PO_4)_6(OH)_2]$(HAP),还含有 CO_3^{2-}、Mg^{2+}、Na^+、Cl^-、F^- 等微量元素;有机物质的大部分是纤维性蛋白骨胶原。在骨质中,羟基磷灰石大约占 60%,其周围规则地排列着骨胶原纤维。齿骨的结构也类似于自然骨,但齿骨中羟基磷灰含量更高达 97%。

羟基磷灰石的分子式是 $Ca_{10}(PO_4)_6(OH)_2$,属六方晶系,天然磷矿的主要成分 $Ca_{10}(PO_4)_6F_2$ 与骨和齿的主要成分羟基磷灰石$[Ca_{10}(PO_4)_6(OH)_2]$类似。

对羟基磷灰石的研究有很多,例如,把 100% 致密的磷灰石烧结体柱($4.5mm \times 2mm$)埋入成年犬的大腿骨中,对 6 个月期间它的生物相容性做了研究。埋入 3 周后,发现烧结体和骨之间含有细胞(纤维芽细胞和骨芽细胞)的要素,而且用电子显微镜观察界面可以看到骨胶原纤维束,平坦的骨芽细胞或无定形物;6 个月纤维组织消失,可以看到致密骨上的大裂纹,在界面带有显微方向性的骨胶原束,以及在烧结体表面 $60 \sim 1500 \mathring{A}$ 范围可看到无定形物。结论是磷灰石烧结体不会引起异物反应,与骨组织会产生直接结合。

6.5.3　药用高分子

常用的药物为小分子化合物,其作用快、活性高,但在人体内停留时间短,对人体的毒副作用大。为了使药物在血液中的浓度维持在一定范围内,必须定时、定量服药。有时为了避免药物对肠胃的刺激,还必须在饭后服用。使用高分子药物可以在一定程度上克服小分子药物的这些缺陷,在减小药物的毒性,维持药物在血液中的停留时间,实现定向给药等方面具有独特优势。

高分子材料在药物中的应用主要有以下三方面：

①小分子药物高分子化。

②高分子载体药物控制释放体系。

③高分子药物。其中以高分子材料作为载体的药物控制释放体系应用最为广泛。

高分子载体药物控制释放体系是将小分子药物均匀地分散在高分子基质中或者包裹在高分子膜中，利用其高分子基质的溶解性、生物降解性等特性或者利用高分子膜两侧药物的浓度差、渗透压差等，控制药物的释放速率或释放部位。

高分子材料之所以被选作药物控制释放体系的载体，其原因主要有：

①药物可通过从载体高分子扩散或因载体高分子降解而缓慢地或可控地释放；

②分子量大，使之能在释放部位长时间驻留；

③除了药物以外，还可在高分子载体上附加其他功能，使之能控制药物的释放速率以及赋予靶向功能等。

根据高分子药物的使用需要，能够作为高分子药物缓释载体材料有以下两种：

①天然高分子载体。天然高分子一般具有较好的生物相容性和细胞亲和性，因此可选作高分子药物载体材料，目前应用的主要有壳聚糖、琼脂、纤维蛋白、胶原蛋白、海藻酸等。

②合成高分子载体。聚磷酸酯、聚氨酯和聚酸酐类不仅具有良好的生物相容性和生理性能，而且可以生物降解。

水凝胶是当前药物释放体系研究的热点材料之一。亲水凝胶为电中性或离子性高分子材料，其中含有亲水基—OH、—COOH、—CONH$_2$、—SO$_3$H，在生理条件下凝胶可吸水膨胀 $10\% \sim 98\%$，并在骨架中保留相当一部分水分，因此具有优良的理化性质和生物学性质。可以用于：大分子药物（如胰岛素、酶）、不溶于水的药物（如类固醇）、疫苗抗原等的控制释放。如将抗肿瘤药物博莱霉素混入用羟丙基纤维素（HPC）、并交联聚丙烯酸和粉状聚乙醚（PEO）制成的片剂，在人体内持续释放时间可达 23h 以上。

第 7 章　隐身材料与智能材料

7.1　隐身材料

7.1.1　隐身技术

隐身技术是现代武器装备发展中出现的一项高新技术,是当今世界三大军事尖端技术之一,是一门跨学科的综合技术,涉及材料科学、空气动力学、光学、电子学等多种学科。它的成功应用标志着现代国防技术的重大进步,具有划时代的历史意义。对于现代武器装备的发展和未来战争将产生深远影响,是现代战争取胜的决定因素之一。近年来,隐身技术发展迅速,已在飞机、导弹、舰船、坦克装甲车辆以及军事设施中应用,并取得了明显的效果。隐身技术又称为"低可探测技术",是指通过弱化呈现目标存在的雷达、红外、声波和光学等信号特征,最大限度地降低探测系统发现和识别目标能力的技术。通过有效地控制目标信号特征来提高现代武器装备的生存能力和突击能力,达到克敌制胜的效果。

根据探测器的种类不同,隐身技术可分为雷达隐身、红外隐身、声波隐身和可见光隐身等技术。如图 7-1 所示为隐身技术的分类。

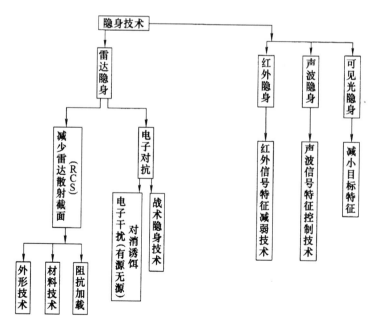

图 7-1　隐身技术分类

7.1.2 微波隐身材料

1. 微波隐身的基本原理

在现代战争中,雷达是探测武器识别飞行器最可靠的方法。雷达是利用电磁波发现目标并测定其位置的设备。世界各国现役雷达波段绝大多数在微波波段,故雷达隐身也称微波隐身。

吸波材料,是指能够通过自身的吸收作用来减少目标雷达散射截面的材料。其基本原理是将雷达波换成为其他形式的能量而消耗掉。经合理的结构设计、阻抗匹配设计及采用适当的成型工艺,吸波材料可近乎完全地衰减、吸收所入射的电磁波能量。

目前雷达吸波材料主要由吸收剂与高分子树脂组成,其中决定吸波性能的关键是吸收剂类型及其含量。根据吸收机理的不同,吸收剂可分为两大类,即电损耗型和磁损耗型。电损耗型包括各种碳化硅纤维、特种碳纤维、金属短纤维和各种导电性高聚物等;磁损耗型包括各种铁氧体粉、超细金属粉和纳米相材料等。

当前雷达系统一般是在 $1\sim18\mathrm{GHz}$ 频率范围工作,但新的雷达系统在继续发展,吸收体有效工作带宽还将扩大。

Johnson 对材料的机制作了解释。雷达波体通过阻抗 Z_0 的自由空间传输,然后投射到阻抗为 Z_1 的介电或磁性介电表面,并产生部分反射,根据 Maxwell 方程,其反射系数 R 由下式得出:

$$R = \frac{1 - \dfrac{Z_1}{Z_0}}{1 + \dfrac{Z_1}{Z_0}}$$

式中, $Z_0 = \sqrt{\mu_0/\varepsilon_0}$; $Z_1 = \sqrt{\mu_1/\varepsilon_1}$; ε 、 μ 分别为介电常数和磁导率。

为达到无反射, R 必须为 0,即满足 $Z_1 = Z_0$ 或 $\mu_1/\varepsilon_1 = \mu_0/\varepsilon_0$,因此理想的吸波材料应该满足 $\mu_1 = \varepsilon_1$,为了用最薄的材料层达到最大吸收,因此 μ 值应尽可能大,通过控制材料类型(介电或磁性)和厚度,损耗因子和阻抗以及内部光学结构,可对单一窄频、多频和宽频 RAM 性能进行优化设计,获得质量轻、多功能、频带宽、厚度薄的高质量吸波材料。

根据上述机理,人们设计出以下几种应用类型:

(1)谐振型吸波隐身材料

谐振型吸波材料又称干涉型吸波材料,是通过对电磁波的干涉相消原理来实现回波的缩减。当雷达波入射到吸波材料表面时,一部分电磁波从表面直接反射,另一部分透过吸波材料从底部分反射。当入射波与反射波相位相反而振幅相同时,二者便相互干涉而抵消,从而衰减掉雷达回波的能量。

(2)吸波型

①磁性吸波材料。磁性吸波剂主要由稀土元素和铁氧体等制成;基体聚合物材料由合成聚氨酯、橡胶或其他树脂基体组成。制备时,通过对磁性和材料厚度的有效控制和合理设计,

使吸波材料具有较高的磁导率。当电磁波作用于磁性吸波材料时,可使其电子产生自旋运转,在特定的频率下发生铁磁共振,并强力吸入电磁能量。

②介电吸波型材料。介电吸波材料由基体和吸波剂材料组成,通过在基体树脂中添加损耗性吸波剂制成导电塑料,常用的吸波剂有石墨纤维或碳纤维、金属粒子或纤维等。在吸波材料设计和制造时,可通过改变不同电性能的吸波剂分布达到其介电性能随其厚度和深度变化的目的。而吸波剂具有良好的与自由空间相匹配的表面阻抗,其表面反射性较小,可耗散或吸收掉大部分进入吸波材料体内的雷达波。

(3)衰减型吸波隐身材料

材料的结构形式为把吸波材料蜂窝结构夹在非金属材料透放板材中间,这样既有衰减电磁波,使其发生散射的作用,又可承受一定载荷作用。在聚氨酯泡沫蜂窝状结构中,通常添加石墨、碳和羰基铁粉等吸波剂,这样可使入射的电磁能量部分被吸收,部分在蜂窝芯材中再经历多次反射干涉而衰减,最后达到相互抵消之目的。

目前,隐身技术已广泛地应用于各种军事武器和地面军事设施。隐身技术的核心是减少雷达散射截面(RCS),从而产生低可视(LO)性,达到隐身目的最有效方法是采用吸波材料和选用适当的外形结构形式。

(1)RCS 的定义

目标的雷达散射截面在技术上可以定义为:与实际目标反射到雷达发射接收天线上的能量相同的假想的电磁波全反射体的面积。

目标的 RCS(σ)是一传递函数,它与入射功率密度和反射功率密度有关,可用简单的雷达方程加以描述:

$$P_r = \frac{P_t G^2 \lambda^2 \sigma}{(4\pi)^3 R^4}$$

式中,P_r 为接收功率;P_t 为发射功率;G 为天线增益;σ 为雷达散射截面;λ 为波长;R 为距离。

表 7-1 所示为典型的空中目标的 RCS 与探测距离;表 7-2 所示为 RCS 减小量与雷达探测距离的关系。

表 7-1 近似雷达散射截面积(RCS)

目标	RCS/m²	探测距离/km	目标	RCS/m²	探测距离/km
B-52	100	901	ALCM-B	0.1	161
B-1A	10	508	B-2	0.057	135
小型歼击机	2	340	ACM	0.027	108
B-1B	1	290	F-117A	0.017	90
Cessnal 72	1	290	鸟	<0.017	<24

表 7-2　RCS 减小量与雷达探测距离的关系

RCS 减小量/dB	雷达探测距离减小系数	RCS 减小量/dB	雷达探测距离减小系数
10	0.56	25	0.24
15	0.42	30	0.18
20	0.32		

（2）外形对 RCS 的影响

要减小雷达反射面积，首先要减小舰的侧面投影响面积，简化上层建筑结构，避免大幅垂直面与水平面直角相交，所有转角处，结合部要尽量圆滑。外形设计技术对减小雷达的反射面积影响很大，可达总减小量的 30% 左右。

（3）测试表征技术

RCS 是表征武器系统电磁散射波强度的物理量，测量这一物理量就是测量散射场，是在目标被平面波照射、雷达接收天线接收远场散射的球面波的条件下进行的，目标必须位于雷达发射天线远场中。采用该种测试技术旨在研究如何降低目标的 RCS。主要方法有：全尺寸室外静态测量、微波暗室内测量、紧缩场测量等。

2. 吸波隐身材料的设计

隐身的目的就是避免接收天线截获到此辐射能。首先应避免的是产生感应电流，这主要靠材料设计实现；其次是避免天线接收到电磁能的辐射，它主要靠外形设计实现。假设雷达发射的功率 P_t，接收的辐射功率为 P_r，则有关系式：

$$P_r = \frac{P_t G^2 \lambda^2 \sigma}{(4\pi)^3 R^4}$$

式中，G 为天线增益；λ 为电磁波波长；R 为目标距离；σ 为雷达散射截面。

这里取决于目标特性的只有雷达散射截面 σ，它与目标的大小、电磁特性参数（与形状、波长相关）及反射系数有关，反射系数取决于界面材料的电性能及雷达波的波长、入射角和入射极化。对于平面界面，当入射角垂直界面时，垂直极化与平行极化的反射系数相等，即有

$$R = \frac{Z_2 - Z_1}{Z_2 + Z_1}$$

式中，Z_1、Z_2 为两种介质的本征阻抗，$Z_1 = \sqrt{\mu_1/\varepsilon_1}$，$Z_2 = \sqrt{\mu_2/\varepsilon_2}$。为达到不反射，$R = 0$，既满足 $Z_1 = Z_2$ 或 $\mu_1/\varepsilon_1 = \mu_2/\varepsilon_2$。

由此可见，从目标结构选材方面缩减 RCS(σ) 的途径为，避免两种介质阻抗的剧烈变化，确保阻抗渐变或匹配，它可通过材料的特殊设计实现具体有两种方法：一种为采用具有上述电特征的板层结构；另一方法为在主体材料中加入具有相反电特征的物质微粒。另外从能量守恒角度看，电磁波反射减小，折射必增大，如果不将其损耗掉，当其遇到其他界面时还将反射。损耗的方法为将其转变成其他形式的能，这也得通过特殊材料的特殊设计实现。目前常用的损耗电磁能的方法有以下三种：介电物或微粒型、磁化物或粒子型、反相干

涉型。目前人们还在探讨其他途径,如利用异性同位素产生的等离子吸收电磁波从而获得高效能。

合理的结构型式是达到理想吸波效果的关键因素之一,主要经历了单层、双层和多层涂覆结构的发展过程。

①单层涂覆结构。单层涂覆结构一般利用导电纤维、树脂及损耗介质混合均匀后直接热压成型,或喷涂成型。在单层涂覆结构中,纤维含量和排列方向对复合层板介电性能产生影响;纤维与施加电场方向的夹角越大层板电击穿强度越高;纤维含量增加,其单向纤维复合层板的介电性能下降。投入研制开发的有铁氧体、酚醛树脂、钢丝制成的单层吸波涂层。

单层 RAM 的一般解析解法是以在某一频率下 R＝0 为设计目标。由于所面对的是 5 维参数空间的问题,所以完成设计要进行大量计算和测试。为了满足各种不同设计的要求,提高效率,因此采用了计算机辅助设计(CAD)方法。

在国内,首先开展了涂料型 RAM 的 CAD 工作,其软件可以做到:在已知电磁参数和涂层厚度的情况下计算反射率和满足一定反射率阈值的带宽;分析涂层厚度及参数变化对吸收性能的影响。但展宽频带受到限制,促使其向双层和多层的模式发展。

②双层和多层涂覆结构。为了降低面密度、展宽频带,目前研究较多的是电损耗和磁损耗材料相结合的双层和三层吸波涂层,这种电损耗材料的密度只有磁损耗材料的 1/3～1/4。对于由变换层和损耗层构成的双层结构,其损耗层能很好地吸收和衰减经由变换层入射来的电磁波,而变换层作为 1/4 波长变换器和损耗层之间进行阻抗匹配。研究表明,采用双层涂层比单层涂层带宽大大增加。

飞行器的 RAM 研究的努力方向始终是寻求薄层、轻型、宽频的吸收体。磁性 RAM 在低频时能提供非常显著的损耗,因此可将渐变电介质和磁性吸波体相结合形成混合 RAM。混合 RAM 还包括磁性和电路模拟吸收体、渐变介质和电路模拟吸收体、渐变介质和电路模拟吸波体的组合。当然,混合并非总是有利的,它同时要带来结构完整性和温度容限方面的限制和设计工艺复杂、成本高等缺点。

③吸收型涂层结构。吸收型涂层的基本原理是利用介电物在电磁场作用下产生传导电流或位移电流,受到有限电导率限制,使进入涂层中的电磁能转换为热能损耗掉,或是借助磁化物内部偶极子在电磁场作用下运动,受限定磁导率限制而把电磁能转变成热能损耗掉。这种涂层结构必须保证涂层的表面和自由空间匹配,使入射的电磁波不产生反射而全部进入涂层,进入涂层的电磁波应被完全衰减和吸收掉,否则遇到反射界面时还将发生反射。

吸收型涂层可以是单层、双层或多层。单层吸波涂层对米波、分米波的吸收是有效的,对于厘米波,应采用双层或多层结构。日本研制的宽频高效吸波涂层是由"变换层"和"吸收层"组成的双层结构。要达到宽频吸波,可设计多层涂层。

④干涉型吸波涂层结构。干涉型吸波涂层的原理是利用进入涂层经由目标表面反射回来的反射波和直接由涂层表面反射的反射波相互干涉而抵消,使总的回波为零(图 7-2)。涂层厚度 L 应为 λ/4 的奇数倍。采用多层结构的干渗型涂层可以实现宽频带吸波,而且吸波效果很好。

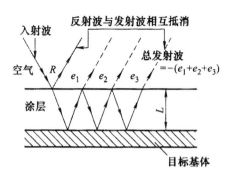

图 7-2　干涉型吸波涂层结构

⑤谐振型吸波涂层结构。谐振型吸波涂层包括多个吸收单元,调整各单元的电磁参数及尺寸,使其对入射的电磁波的频率谐振,进而使入射的电磁波得到最大的衰减。如果把吸收单元分别调谐在不同频率上,可以比较方便地设计成宽频带吸波涂层。图 7-3 为谐振单元为矩形的谐据型吸波涂层结构,各谐振单元的宽度、长度、间隔都相同,只是厚度不同,谐振单元的厚度 h 满足

$$h = \frac{(2n+1)\lambda_0}{\sqrt[4]{\mu_r\varepsilon_r}}$$

式中,λ_0 为空气中的波长;μ_r、ε_r 为分别为相对磁导率及相对介电常数;n 为正整数。

如果谐振单元取相同厚度,则谐振单元 BⅠ和 BⅡ可采用不同材料。

为矩形结构的吸波涂层对圆极化波的吸收还有困难,因而可设计出各谐振单元呈圆形的结构,如图 7-4 所示。

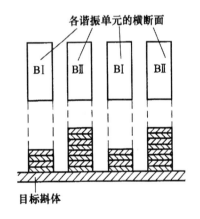

图 7-3　谐振单元呈矩形的谐振涂层结构

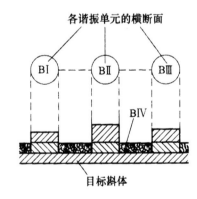

图 7-4　谐振单元呈圆形的写真谐振涂层结构

图 7-4 中有各圆柱形的谐振单元可以大小相等也可以不相等,间隔相等,各部分均为谐振型吸收层,谐振单元 BⅣ充填于其他谐振单元之间,BⅣ的谐振波长相当于 $\lambda/4$。谐振型涂层结构由于各单元的高低不平,既不牢固,使用也不方便,为了使涂层牢固和使用方便,可将其高低不同的部分用介电常数低、损耗角正切值小的树脂进行充填。

3. 吸波剂的制备方法

吸波材料一般由基本材料与损耗介质复合而成,其中损耗介质的性能、数量及匹配选择是吸波材料中的重要环节。根据吸波机理的不同,吸波材料中的损耗介质可以分为电损耗型和磁损耗型两大类。电损耗型的主要特点是具有较高的电损耗正切角、依靠介质的电子极化或界面极化衰减来吸收电磁波;磁损耗型具有较高的磁损耗正切角,依靠磁滞损耗、畴壁共振和后效损耗等磁极化机制衰减,吸收电磁波。

吸波材料按其成型工艺和承载能力,可以分为涂敷型和结构型吸波材料两大类。结构吸波材料具有承载和减小雷达反射双重功能,它既能减轻结构质量,又能提高有效载荷,已得到广泛应用。涂敷型吸波材料以其工艺简单,使用方便,容易调节而受到重视,隐身兵器几乎都使用了涂敷型吸波材料。

吸波剂的制备方法很多,下面主要介绍一些高性能吸波剂的制备。

(1)化学共沉淀法

化学共沉淀法可分为两类:一类是以二价金属盐和三价铁盐为原料的体系,另一类是以二价金属盐与二价铁盐为原料的体系。

第一类共沉淀法通常是将一定量的 M^{2+}(M＝Mn,Zn,Co,Ni,Cu 等)盐溶液与 Fe^{3+} 盐溶液按化学计量比,加入一定量的可溶性无机碱为沉淀剂,将所得的沉淀过滤,洗涤干净后,将滤饼于高温下煅烧可得最后产物。此方法的优点是工艺简单,但用于生成的沉淀多呈胶体状态,因此不易过滤和洗涤,且实际生产中需要耐高温设备。以 $ZnFe_2O_4$ 合成为例,其反应方程式如下:

产生沉淀:
$$Fe(NO_3)_3 + Zn(NO_3)_2 + 5NaOH \Longrightarrow Fe(OH)_3 + Zn(OH)_2 + 5NaNO_3$$

煅烧时的固相反应:
$$2Fe(OH)_3 + Zn(OH)_2 \Longrightarrow ZnFe_2O_4 + 4H_2O$$

第二类化学共沉淀法是以二价金属(Mn,Zn,Co,Ni,Cu 等)盐和二价铁盐为原料。首先,将其溶液按化学计量比混合,加入一定量的无机碱,再通入空气,反应若干时间后可得产物。此方法中加入碱量的多少对生成的铁酸盐粒径大小、晶体状态及产物的纯度都有明显的影响,该方法具有操作方便,设备简单,易得到纯相和粒度可控等优点,但反应物料的配比,反应温度和氧化的时间对结果的好坏有较大的影响。

(2)溶胶－凝胶法

溶胶－凝胶法通常是将 M^{2+} 盐溶液和 Fe^{3+} 盐溶液按化学计量比混合,加入一定量的有机酸作配体,以无机酸或碱调节溶液的 pH。缓慢蒸发制得凝胶先驱物,经热处理除去有机残余物,再在高温下煅烧可得所需产物。该方法的产物分散均匀、粒径小、具有较高的磁学性能,且易于实现高纯化,但其成本也相应较高。

(3)水热合成法

水热合成法是对于具有特种结构和功能性质的固体化合物和新型材料的重要合成途径和有效方法。水热合成法是指在密闭体系中,以水为溶剂,在水的自身压力和一定温度下,反应混合物在耐腐蚀的不锈钢高压反应釜内进行的。

相对于其他制备纳米材料的方法,水热合成法具有如下特点:

①水热法可直接得到结晶良好的粉体,无需作高温灼烧处理和球磨,从而避免了粉体的硬团聚、杂质和结构缺陷等。

②易得到合适的化学计量比和晶粒形。

③可使用较便宜的原料,工艺较为简单。按照反应温度水热合成法又可分低温水热合成法,其操作的温度范围是在100℃以下;中温水热合成法,其温度区间通常在100~300℃的,分子筛的人工合成工作绝大部分工作都是在这一温度区间进行的;高温高压水热合成法,其利用作为反应介质的水在超临界状态下的性质和反应物质在高温高压的特殊性质进行合成反应。

目前又出了一些新的合成方法。如微乳液法、低温燃烧合成法、共沉淀催化相转化法、机械化学合成法、冷冻干燥法和超临界干燥法等。

4. 超细镍粉吸波剂的制备

(1)制备方法

以 $NiSO_4 \cdot 6H_2O$、$N_2H_4 \cdot H_2O$ 和 $NaOH$ 为原料,配制溶液具体配方如下:

$NiSO_4 \cdot 6H_2O$	1mol/L
$NaOH$	2mol/L
$N_2H_4 \cdot H_2O$	2mol/L

将 $NiSO_4 \cdot 6H_2O$ 和 $NaOH$ 分别配制成溶液,加热到85℃后混合,再加入 $N_2H_4 \cdot H_2O$,溶液开始剧烈反应,用机械搅拌方式连续快速搅拌直至反应结束为止。将所得的金属粉用去离子水洗涤数次,并在丙酮中清洗多次脱水,然后放到真空烘箱中干燥。

(2)性能

单独的超细镍粉吸波效果不好,若与碳化硅粉末混合制成复合吸波剂,然后,再采用超声波混合技术使其均匀混入树脂基体中便制得吸波性能优异的吸波隐身材料,常用的超细 Ni 粉为 15~35 份,SiC 粉末为 85~15 份,其效果如下(见表 7-3、图 7-5~图 7-7)。

表 7-3 吸波材料测试数据

吸波试样编号	吸收峰值/dB	峰值频率/GHz	厚度/mm
1	−29.53	15.28	0.43
2	−23.43	12.32	0.50
3	−8.76	17.83	0.12

超细 Ni 粉与 SiC 以不同比例混合后,可以有效地衰减电磁波,具有较好的吸波效果。最多可吸收大于 99% 的电磁波。对于碳化硅,从吸收机理来看,它属于电损耗型吸波材料,与金属磁性超细镍粉混合作为复合涂层材料使用,可以使电损耗和磁损耗作用增强,从而提高材料的吸波性能。若能从材料的复合电磁参数方面加以考虑,一方面减小粉体的粒度,另一方面探讨材料复合比例、电磁参数、材料厚度与吸波性能之间的关系,必定能够获得最佳综合性能的吸波材料。

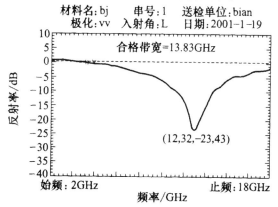

图 7-5　1 号吸波材料式样检测结果曲线

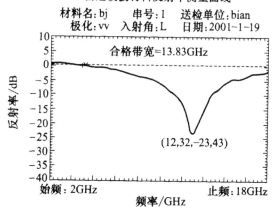

图 7-6　2 号吸波材料式样检测结果曲线

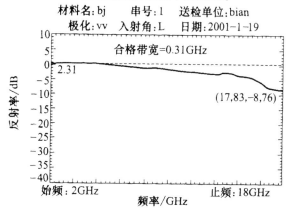

图 7-7　3 号吸波材料式样检测结果曲线

（3）效果

①超细镍粉添加到吸波材料当中，与碳化硅合理配比复合后具有很好的效果，在 2～18GHz 频段范围内，最大吸收绝对值为 29.5dB。

②采用化学还原法能够制备出超细金属镍粉，粒度大小约在 0.2μm 左右。如果能够控制镍粉形核量和形核后的长大过程，可获得更小粒度的镍粉。

5. 纳米 Fe_3O_4 吸波隐身材料的制备

（1）制备方法

采用同一方法制备的平均粒度约 10nm 和 100nm 两种粒径的 Fe_3O_4（分别编号 N1、N2），分别加入混合有偶联剂的有机溶剂中，用超声波充分搅拌分散，然后过滤、干燥。将处理后的两种 Fe_3O_4 纳米粉料分别用环氧树脂粘接成型，压制成所需的标准测试样品。

（2）性能

从图 7-8 可看出，在 1～1000MHz 频率范围内，平均粒度约为 10nm 的 Fe_3O_4 磁损耗 μ'' 大于平均粒度约为 100nm 的 Fe_3O_4 的 μ''。从图 7-9 可见，在 1～1000MHz 频率范围内，两种粒度的 Fe_3O_4 的吸波能力都是随频率的增大而逐渐增强。而且在整个频率的范围内，10nm Fe_3O_4 的吸波能力比 100nm Fe_3O_4 的吸波能力要高，即纳米粒度愈小，其吸波能力愈大。

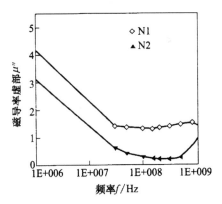

图 7-8　两种粒度的纳米 Fe_3O_4 的 μ'' 与 f 的关系

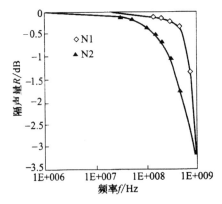

图 7-9　两种粒度的纳米 Fe_3O_4 的隔声量与 f 的关系

6. 结构吸波材料的结构设计

结构吸波材料虽然有很好的吸波性能,但应设计多层结构的吸波材料。洛克希德跨国公司研制的一种复杂的蜂窝结构由七层组成,层间用环氧树脂进行粘接,这种多层材料不仅有足够的刚性、强度和耐高温性能,而且质量轻,适合于作飞机的隐身蒙皮。下面就结构吸波材料可能的结构型式设计进行探讨。

(1)波纹板夹层结构

如图 7-10 所示,波纹板可用结构吸波材料制作,也可以在波纹板上涂吸波涂料。波纹板为两个斜面相交的结构形式,有利于多次吸波。

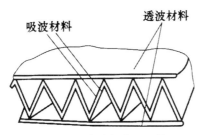

图 7-10   波纹板夹层结构

(2)角锥夹层结构

如图 7-11 所示,作为夹层的角锥是结构吸波材料,也可以涂吸波涂料,角锥四个斜面相交,角锥高度不同,有效吸收范围不同。角锥夹层结构的顶角,在 40°左右为好。

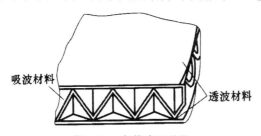

图 7-11   角锥夹层结构

(3)蜂窝夹芯结构

蜂窝制造已经比较成熟,可以考虑在夹芯上涂吸波涂料,或用结构吸渡材料制造蜂窝,蜂窝形状有多种,应选择对吸波有利的形状。

(4)吸波材料充填结构

如图 7-12 所示,在透波材料的蜂窝夹层结构中充填吸波材料,吸波材料可以是絮状、泡沫状、球状或纤维状,空心球作为吸收体效果更佳。

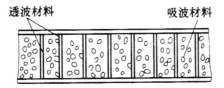

图 7-12   吸波材料充填结构

（5）多层吸波结构

多层吸波结构采用上面是蜂窝，下面是吸波材料，如图 7-13 所示，蜂窝由透波材料制作，吸波材料采用多层结构。

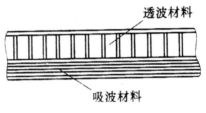

图 7-13　多层吸波材料

（6）铺层中加吸波层结构

在复合材料铺层中夹进吸收层而制成结构吸波材料，如图 7-14 所示。

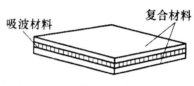

图 7-14　铺层中夹进吸波层

（7）粘接或机械连接结构

用粘接或机械方式把事先制备的结构吸波材料和增强塑料结合成层状体，总厚度控制在雷达波长的一半。

在结构吸波材料的结构型式设计中，一种结构型式很难达到完全隐身，可采用多种结构型式综合设计的方法来达到最佳吸波效果，如洛克希德公司研制的七层结构吸波材料。

（8）结构设计应注意事项

①当吸波层应用于飞行器时。其质量和体积将受到严格的限制，在这种条件下达到宽频段吸波性能要求是很困难的。雷达吸波结构（RAS）是一种多功能复合材料，它不仅能够吸收雷达波而且用做结构件具备增强塑料质轻高强的优点。RAS 在厚度上为阻抗匹配设计提供了一定的余地，是一种有前途的吸波材料。

用导电纤维编制成网状，恰当地埋在吸波材料的不同位置上，制成导电纤维编制网增强的吸波增强塑料，既起结构作用又能吸波。新型蜂窝结构夹芯，与六边形蜂窝性能相比，新型蜂窝结构夹芯（正方形、长方形、菱形……）有更高的力学性能。这些新型蜂窝夹芯可以在一个格子上同时利用八种不同材料（金属和非金属的），制作事先给定的物理力学性能的蜂窝部件，组成导电通道、加热区、透波或吸波窗口。这样的新型蜂窝结构的密度比六角型蜂窝要大些，工艺上有很大的困难，但在性能上有突出的优点。

②频散效应的影响。材料的磁导率和介电常数都有随频率变化而改变的特性，称之为电磁参数的频散效应。磁导率与介电常数相比，其频散效应更为明显。频散效应是材料本身固有的特性，研究频散效应，对于展宽频带和提高设计的准确性，是有实际意义的。磁性吸波材料的微波磁导率的频散关系表示为下式：

$$\mu_r = 1 + \left(\frac{2}{3}\right) F_m \frac{F_a + jaf}{(F_a + jaf)^2 - f^2}$$

式中，a 为阻尼系数；f 为微波频率。

上式中的物理参数 F_m、F_a、a 可以根据在三个或三个以上频率点的微波复数磁导率的实部和虚部的测量值由迭代法和最小二乘法确定。

③斜入射波的吸收特性。RAM 在实际应用中很少有严格垂直入射方向的情况，有些 RAM 在垂直于入射方向有很好的吸收，而随着入射角增大性能急剧变坏，所以必须计算和测试 RAM 在斜入射下的吸收特性，并且将它作为评价和测试 RAM 的指标之一。

根据电磁场理论，对于任意层涂覆型吸波材料的斜入射波可以看作垂直极化波和水平极化波叠加，可以用传输线等效，并与垂直入射统一起来。

7.1.3 红外隐身材料

1. 红外隐身的基本原理

红外探测是仅次于雷达探测的探测武器的可靠方法。红外探测通常是以被动方式进行，是利用目标发出的红外线来发现、识别和跟踪目标。红外线是电磁波的一部分，其波长范围为 $0.76 \sim 1000 \mu m$。通常又划分若干波段，但分段的方法并不统一，视应用领域而定。

红外隐身技术的目的是要使目标的红外信号特征与背景的红外信号特征之间的差别减少到最低限度或使之迷盲而无法识别。目标的红外信号特征虽然随目标种类而有所不同，但基本上是两种信号即红外辐射和反射。研究最多的目标是飞机，高速飞行的飞机有 4 种强的红外辐射源和反射源：

①发动机的尾喷口及其热部件。

②发动机尾喷流。

③飞机蒙皮由气动加热的红外辐射。

④飞机受阳光照射后反射的红外辐射。

此外，还有飞机反射大气和其他背景的红外辐射和飞机辐射被大气吸收后的二次辐射等，但都比较弱。

以上 4 种飞机的红外辐射，除阳光反射的红外辐射处于 $0.76 \sim 3.00 \mu m$（主要是 $0.76 \sim 1.50 \mu m$）的近红外波段外，其余红外辐射均处于 $3 \sim 5 \mu m$ 的中红外波段内和 $8 \sim 14 \mu m$ 的远红外波段内。图 7-15 是太阳和各种温度下的辐射光谱特性。

由上可见，工作状态的武器红外隐身应包括近、中和远红外波段，而非工作状态的常温目标主要是近红外隐身。

近红外隐身的途径，主要是使目标对阳光反射的特征相同至少相似于背景对阳光的反射。

2. 红外隐身材料

目前红外隐身材料大致可分为：热隐身涂料、低发射率薄膜、宽频谱兼容的热隐身材料等。

（1）红外隐身涂料

红外隐身涂料是表面用热红外隐身材料最重要的品种之一。在中、远红外波段，目标与背景的差别就是红外辐射亮度的差别,影响目标红外辐射亮度有表面温度和发射率两个因素。只需改变其中一个因素即可减小其辐射亮度,降低目标的可探测性。一个简单可行的办法就是使用红外隐身涂料来改变目标的表面发射率。

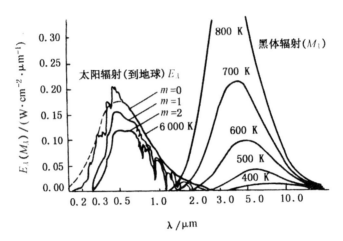

图 7-15　太阳和各种温度黑体的辐射光谱
E_λ—光谱辐照度;M_λ—光谱辐出度

红外隐身涂料一般由胶黏剂和掺入的金属颜料、着色颜料或半导体颜料微粒组成。选择适当的胶黏剂是研制这种涂料的关键。作为热隐身材料的胶黏剂有热红外透明聚合物,导电聚合物和具有相应特性的无机胶黏剂。热红外透明聚合物具有较低的热红外吸收率和较好的物理力学性能,已成为热隐身涂料用胶黏剂研究的重点。胶黏剂通常采用烯基聚合物,丙烯酸和氨基甲酸乙酯等。从发展趋势看,最有可能实用化的胶黏剂是以聚乙烯为基本结构的改性聚合物。一种聚苯乙烯和聚烯烃的共聚物 Kraton 在热红外波段的吸收作用明显地低于醇酸树脂和聚氨酯等传统的涂料胶黏剂。它的红外透明度随苯乙烯含量的减少而增加,在 $8\sim14\mu m$ 远红外波段,透明度可达 0.8,且对可见光隐身无不良影响,有希望成为实用红外隐身涂料的胶黏剂。此外,还有氯化聚丙烯,丁基橡胶也是热红外透明度较好的胶黏剂。一种高反射的导电聚合物或半导体聚合物将是较好的胶黏剂,因为它不仅是胶黏剂,而且自身还具有热隐身效果。

美国研制的一种发动机排气装置用热抑制涂层,它是用黑镍和黑铬氧化物喷涂在坦克发动机排气管上的。试验证明,它可大大降低车辆排气系统热辐射强度。此外,在坦克发动机内壁和一些金属部件上还可以采用等离子技术涂覆氧化锆隔热陶瓷涂层,以降低金属热壁的温度。

美国 20 世纪 70 年代推出了"热红外涂层",可用来降低目标的热辐射强度和改变目标的热特征和热成像。20 世纪 80 年代美国又研制出具有较高水平的混合型涂料和其他红外隐身涂料,已用于坦克隐身,提高其生存能力。美国洛克希德公司已研制出一些红外吸收涂层,可使任何目标的红外辐射减少到 1/10,而又不会降低雷达吸波涂层的有效性。

(2)低发射率薄膜

低发射率薄膜是一类极有潜力的热隐身材料,适用于中远红外波段,可弥补目标与环境的辐射温差。按其结构组成可分为类金刚石碳膜、半导体薄膜和电介质/金属多层复合膜等。

①类金刚石碳膜,可用作坦克车辆等表面的热隐身材料,抑制一些局部高温区的强烈热辐射,其厚度约为 $1\mu m$,发射率为 $0.1\sim0.2$。英国的 RSRE 公司曾采用气相沉积法在薄铝板上制成碳膜(DHC),硬度与金刚石相不分伯仲。

②B 半导体薄膜是以金属氨化物为主体,加入载流子给予体掺杂剂,其厚度一般在 $0.5\mu m$ 左右,发射率小于 0.05,只要掺杂剂控制得当,载流子具有足够大的数量和活性,可望得到满意的隐身效果。现已应用的半导体膜有 SnO_2 和 In_2O_3 两种。

③电介质/金属多层复合膜的典型结构为半透明氧化物面层/金属层/半透明氧化物底层,总厚度范围在 $30\sim100\mu m$ 之间,发射率一般在 0.1 左右,其缺点在雷达波段反射率高,不利于雷达隐身。

(3)宽频带兼容热隐身材料

雷达吸波材料已在美国 B-2 型和 F-117A 型隐身飞机上的成功应用,军事专家已把注意力转移到频率更高的红外波段,因此未来的隐身材料必须具有宽频带特性,能够对付厘米波至微米波的主动式或被动式探测器。

要实现以上目的,可以采用的技术途径两种:一种是分别研制高性能的雷达吸波材料和低比辐射率的材料,热后再把二者复合成一体,使材料同时兼顾红外隐身和雷达隐身。这类材料以涂料型为最适合。研究结果表明,这两种材料复合后,在一定厚度范围内能同时兼顾两种性能,且雷达波吸收性能基本保持不变,这种叠加复合结构固然也能满足兼容的要求,然而,它仍然受到涂层厚度的限制。另一种一体化的多波段兼容的隐身材料则更为理想。它们吸收频带宽,反射衰减率高,具有吸收雷达波能,还具有吸收红外辐射和声波及消除静电等作用,有很大的发展潜力。这种兼容材料通常为薄膜型和半导体材料,美、俄两国就正在研制含有放射性同位素的等离子体涂料和半导体涂料。

7.1.4　红外/激光隐身材料

1. 红外/激光隐身材料的设计原理

激光隐身要求材料具有低反射率,红外隐身的关键寻找低发射率材料。从复合隐身角度考虑,原激光隐身涂料在具有低反射率的同时,一般具有高的发射率,可用于红外迷彩设计时的高发射率材料部分。问题是如何使材料在具有对红外隐身的低发射率要求的同时,还具有对激光隐身的低反射率要求。

不透明物体,由能量守恒定律可知,在一定温度下,物体的吸收率 α 与反射率 R 之和为 1,即

$$\alpha(\lambda,T)+R(\lambda,T)=1$$

根据热平衡理论,在平衡热辐射状态下,物体的发射率 ε 等于它的吸收率 α,即

$$\varepsilon(\lambda,T)=\alpha(\lambda,T)$$

涂料一般均为不透明的材料,对激光隐身涂料而言,要求反射率低,则发射率必高;对红外隐身而言,如要求发射率低,则反射率必高。二者相互矛盾。

对于同一波段的激光与红外隐身,如 $10.6\mu m$ 激光和 $8\sim14\mu m$ 红外复合隐身,可采用光

谱挖孔等方法来实现;对于同一波段的激光与红外隐身不存在矛盾,如 $1.06\mu m$ 激光和 $8\sim14\mu m$ 红外复合隐身。如果材料具有如图 7-11 所示的理想 R-λ 曲线或使某些材料经过掺杂改性以后具有如图 7-16 所示的 R-λ 曲线,则均有可能解决 $1.06\mu m$ 激光隐身材料低反射率与 $8\sim14\mu m$ 波段红外隐身材料低发射率之间的矛盾,从而实现激光、红外隐身兼容。还必须了解等离子共振原理。

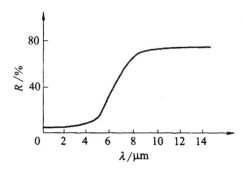

图 7-16　理想 $1.06\mu m$ 激光和 $8\sim14\mu m$ 红外复合隐身材料的 R-λ 曲线

2. 等离子共振原理

某些杂质半导体具有图 7-11 所示的 R-λ 曲线,并且可以控制,因为杂质半导体的反射率与光的波长有关。波长比较短时,其反射率几乎不变,与载流子浓度无关,接近本征半导体的反射率。随着波长增加,反射率减小。在 λ_p 处出现极小点,此种现象被称为等离子共振。当波长超过 λ_p 时,反射率很快增加。等离子共振波长 λ_p 的位置与半导体中自由载流子浓度有关。

$$\lambda_p^2 = \frac{(2\pi C)^2 m^* \in}{Nq^2}$$

式中,C 为光速;m^* 为自由载流子有效质量;$\in$ 为低频介电常数;N 为自由载流子浓度;q 为电子电荷。

改变掺杂浓度以控制自由载流子浓度,即可控制等离子共振波长,使杂质半导体的 R-λ 曲线与要求相一致。图 7-17 为 n 型 InSb 半导体材料的理论反射率曲线,由图可以看出,在 $\lambda=\lambda_p$ 处,反射率最小,之后迅速趋近于 1。自由载流子浓度不同,等离子共振波长 λ_p 也不同,随着自由载流子浓度的增大,等离子共振波长也不同,随着自由载流子浓度的增大,等离子共振波长 λ_p 向短波方向移动。因此,通过对半导体材料的掺杂研究,完全可以找到符合激光和红外隐身兼容的材料。

3. 激光红外隐身材料

许多半导体在掺杂情况下,其等离子波长都在红外区域。如随着掺杂浓度的不同,锗的等离子波长为 $8\sim10\mu m$,硅的等离子波长为 $3\sim5\mu m$,掺锡的三氧化二铟等离子波长为 $1\sim3\mu m$ 等。对于掺杂半导体,通过对掺锡氧化铟半导体的研究取得了很好的结果。

目前已研制出多种 $1.06\mu m$ 激光隐身涂料。对于 $10.6\mu m$ 激光而言,由于它处于热红外波段,因此高热辐射率的热红外涂料,也会反射入射的 $10.6\mu m$ 激光。热红外隐身与 $10.6\mu m$

激光隐身是相互矛盾的,因此,必须通过其他途径解决激光隐身问题。

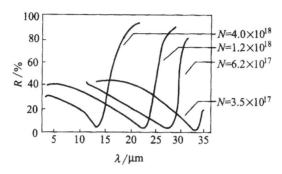

图 7-17　InSb 半导体材料的等离子反射

7.2　智能材料

7.2.1　概述

20 世纪 80 年代中期,人们提出了智能材料(smart materials 或者 intelligent material system)的概念。智能材料是模仿生命系统,能感知环境变化并能实时地改变自身的一种或多种性能参数,做出所期望的、能与变化后的环境相适应的复合材料或材料的复合。如图 7-18 所示的智能材料,能感知环境的变化(传感器功能),能对信息进行分析处理并确定最适宜的响应值(处理功能),还能通过传感器功能部位进行反馈,做出主动的响应(执行元件功能)。智能材料是一种集材料与结构、智能处理、执行系统、控制系统和传感系统于一体的复杂材料体系。它的设计与合成几乎横跨所有的高技术学科领域。

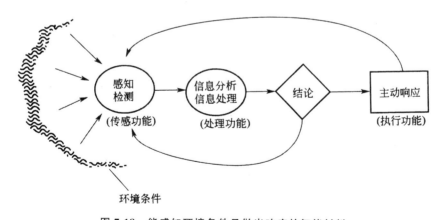

图 7-18　能感知环境条件且做出响应的智能材料

20 世纪 50 年代,人们提出了智能结构,当时把它称为自适应系统(adaptive system)。在智能结构发展过程中,人们越来越认识到智能结构的实现离不开智能材料的研究和开发。由于智能材料系统在有关建筑、桥梁、水坝、电站、飞行器、空间结构、潜艇等的振动、噪声、形状自适应控制、损伤自愈合等方面具有良好的应用前景,因此人们对其产生了极大的兴趣。

1. 智能材料系统

一般说来,智能材料系统由基体材料、敏感材料、驱动材料和信息处理器 4 部分构成,如图 7-19 所示。

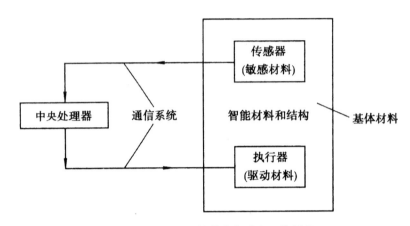

图 7-19   智能材料的基本构成和工作原理

(1)基体材料

基体材料担负着承载的作用,一般宜选择轻质材料,如高分子材料,具有重量轻、耐腐蚀等优点,尤其是具有黏弹性的非线性特征。另外,也可以选择强度较高的轻质有色合金。

(2)敏感材料

敏感材料担负着传感的任务,其主要作用是感知环境变化(包括压力、应力、温度、电磁场、pH 等)。常用敏感材料如形状记忆材料、压电材料、光纤材料、磁致伸缩材料、电致变色材料、电流变体、磁流变体和液晶材料等。

(3)驱动材料

因为在一定条件下驱动材料可产生较大的应变和应力,所以它担负着响应和控制的任务。常用有效驱动材料如形状记忆材料、压电材料、电流变体和磁致伸缩材料等。可以看出,这些材料既是驱动材料,又是敏感材料,显然起到了身兼二职的作用,这也是智能材料设计时可采用的一种思路。

(4)信息处理器

信息处理器是在敏感材料、驱动材料间传递信息的部件,是敏感材料和驱动材料二者联系的桥梁。

2. 智能材料系统的智能功能和生命特征

因为设计智能材料的两个指导思想是材料的多功能复合和材料的仿生设计,所以智能材料系统具有或部分具有如下的智能功能和生命特征。

(1)传感功能

传感功能(sensor)能够感知外界或自身所处的环境条件,如热、光、电、磁、化学、核辐射、负载、应力、振动等的强度及其变化。

（2）反馈功能

反馈功能（feedback）可以通过传感网络，对系统输入与输出信息进行对比，并将其结果提供给控制系统。

（3）信息识别与积累功能

信息识别与积累功能（discernment and accumulation）能够识别传感网络得到的各类信息并将其积累起来。

（4）响应功能

响应功能（responsive）能够适当地、动态地做出相应的反应，并采取必要行动。

（5）自诊断能力

自诊断能力（self-diagnosis）能通过分析比较，系统地了解目前的状况与过去的情况，对诸如系统故障与判断失误等问题进行自诊断并予以校正。

（6）自修复能力

自修复能力（self-recovery）能通过自繁殖、自生长、原位复合等再生机制，来修补某些局部损伤或破坏。

（7）自调节能力

自调节能力（self-adjusting）对不断变化的外部环境和条件，能及时地自动调整自身结构和功能，并相应地改变自己的状态和行为，从而使材料系统始终以一种优化方式对外界变化做出恰如其分的响应。

7.2.2　智能高分子材料

在受到物理和化学刺激时，生物组织的形状和物理性质度可能发生变化，此时感应外界刺激的顺序是分子—组装体—细胞，即由分子构象到组装体的结构变化诱发生物化学反应，并激发细胞独特功能。此类过程通常可在温和条件下高效进行。20 世纪 90 年代，人们模仿生物组织所具有的传感、处理和执行功能，将功能高分子材料发展成为智能高分子材料。

现在智能高分子材料正在飞速发展中。有人预计 21 世纪它将向模糊高分子材料发展。所谓模糊材料，指的是刺激响应性不限于一一对应，材料自身能进行判断，并依次发挥调节功能，就像动物大脑那样能记忆和判断。开发模糊高分子材料的最终目标是开发分子计算机。智能高分子材料的潜在用途如下：

传感器：光、热、pH 和离子选择传感器，免疫检测，生物传感器，断裂传感器。

显示器：可由任意角度观察的热、盐或红外敏感显示器。

驱动器：人工肌肉，微机械。

光通信：温度和电场敏感光栅，用于光滤波器和光控制。

药物载体：信号控制释放，定位释放。

智能催化剂：温敏反应"开"和"关"催化系统。

生物催化：活细胞固定，可逆溶胶生物催化剂，反馈控制生物催化剂，传质强化。

生物技术：亲和沉淀，两相体系分配，制备色谱，细胞脱附。

智能织物：热适应性织物和可逆收缩织物。

智能调光材料：室温下透明，强阳光下变混浊的调光材料，阳光部分散射材料。

智能黏合剂:表面基团富集随环境变化的黏合剂。

目前开发成功的智能高分子材料主要有形状记忆树脂、智能凝胶、智能包装膜等,下面主要研究形状记忆树脂和智能高分子凝胶。

1. 形状记忆树脂

形状记忆树脂是在温度的影响下可恢复到它们最初制造的形状的一类智能材料,如图 7-20 所示。其记忆功能可描述为:

①聚合物在高于玻璃化温度(T_g)的温度下变形。

②在低于 T_g 的温度下固定变形的聚合物。

③除去固定。

④在高于 T_g 的温度,聚合物恢复原始的形状。

形状记忆树脂可应用在不同医疗用紧固件、管径的接口、感温装置、便携容器等。形状记忆树脂具有两相结构:记忆起始形状的固定相和随温度能可逆固化或软化的可逆相组成。可逆相为物理交联结构,如熔点较低的结晶态或玻璃化温度较低的玻璃态。固定相可分为化学交联(热固性)和物理交联(热塑性)两类。形状记忆树脂的结构组成特征见表 7-4。聚降冰片烯、反-1,4-聚异戊二烯、苯乙烯-丁二烯共聚物和聚氨酯是四种已商品化的形状记忆树脂。

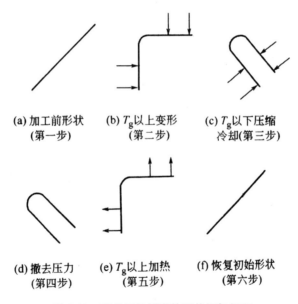

(a) 加工前形状　　**(b) T_g 以上变形**　　**(c) T_g 以下压缩**
(第一步)　　　　　　**(第二步)**　　　　　**冷却(第三步)**

(d) 撤去压力　　**(e) T_g 以上加热**　　**(f) 恢复初始形状**
(第四步)　　　　**(第五步)**　　　　　**(第六步)**

图 7-20　形状记忆树脂的形状记忆机理

表 7-4　形状记忆树脂的分类

分类	固定点(冻结相)	可逆相
热固性	交联	结晶、玻璃化转变区
热塑性	结晶、玻璃态、金属交联、分子链的缠结或硬段	结晶、玻璃化转变区

2. 智能凝胶的特性

能随溶剂的组成、温度、pH、光、电场强度等外界环境产生变化,体积发生突变或某些物理性能变化的凝胶就称作为智能凝胶(intelligent gels)。

智能凝胶是 20 世纪 70 年代,田中丰一等在研究聚丙烯酰胺凝胶时发现的。他们观察到聚丙烯酰胺凝胶冷却时可以从清晰变成不透明状态,升温后恢复原貌。进一步的研究表明,溶剂浓度和温度的微小差异都可使得凝胶体积较之原来发生了突跃性变化,从此展开了智能凝胶研究的新篇章。

凝集体积相转变是指溶液中凝胶的体积随外界环境因子(溶剂组成、离子强度、pH、温度、光和电场等)变化产生不连续变化的现象。体积相转变产生的内因是由于凝胶体系中存在几种相互作用的次级价键力:范德华力、氢键、疏水相互作用力和静电作用力,这些次级价键力的相互作用和竞争,使凝胶收缩和溶胀。

体积相转变是研究大尺寸凝胶时所观察到的现象,但实际上微观的小尺寸凝胶的体积变化是连续的。在一定条件下能产生体积变化达数十倍到数千倍的不连续转变。这种相转变行为相当于物质的也起转变。用激光散射技术研究聚 N-异丙基丙烯酰胺类(PNIPAAm)球形微凝胶,当平均直径为 $0.1 \sim 0.2\,\mu m$,凝胶微球显示在不同温度下发生连续的体积相转变。对这种差异的解释是,在高分子凝胶中,存在分子量分布很宽的亚链,凝胶可看做由不同亚网络组成,每一个亚网络具有不同的交联点间分子量。当温度发生变化时,由长亚链组成的亚网络最先发生相转变,而不同长度亚链的亚网络将在不同温度下发生相转变,相转变的宽分布导致凝胶发生连续的体积相转变。由于大尺寸凝胶具有较高的剪切模量,少量长亚链的收缩并不能立即使凝胶尺寸发生变化,而随着温度的升高,当不同亚链收缩产生应力积累到一定程度,剪切模量不能维持凝胶宏观尺寸时,凝胶体积就会突然坍塌,导致大尺寸凝胶产生非连续相转变。而微凝胶的剪切模量较小,无法抗拒初始亚链收缩应力,所以会发生连续的体积相变化。

3. 智能凝胶的分类

智能凝胶通常是高分子水凝胶,在水中可溶胀到一平衡体积而仍能保持其形状。在外界环境条件刺激下,它可以发生溶胀或收缩。依据外界刺激的不同,智能凝胶可分为 pH 敏感凝胶、温敏凝胶、光敏凝胶、电场敏感性凝胶和压敏凝胶等。

根据环境变化影响因素的多少,又可将智能凝胶分为单一响应性凝胶、双重响应性凝胶或多重响应性凝胶,比如温度-pH 敏感凝胶、热-光敏感凝胶、磁性-热敏感凝胶等。

(1)pH 响应凝胶

pH 响应性凝胶最早是由 Tanaka 在测定陈化的聚丙烯酰胺凝胶溶胀比时发现的。具有 pH 响应性的水凝胶网络中大多含可以水解或质子化的酸性或碱性基团,如—COO^-、—OPO^{3-}、—NH_3^+、—NRH_2^+、—NR_3^+ 等。外界 pH 和离子强度变化时,这些基团能够发生不同程度的电离和结合的可逆过程,改变凝胶内外的离子浓度;另一方面,基团的电离和结合使网络内大分子链段间的氢键形成和解离,引起不连续的体积溶胀或收缩变化。

pH 响应水凝胶的主要有轻度交联的甲基丙烯酸甲酯和甲基丙烯酸-N,N'-二甲氨基乙酯共聚物、聚丙烯酸/聚醚互穿网络、聚（环氧乙烷/环氧丙烷）-星型嵌段-聚丙烯酰胺/交联聚丙烯酸互穿网络以及交联壳聚糖/聚醚半互穿网络等。

水凝胶发生体积变化的 pH 范围取决于其骨架上的基团，当水凝胶含弱碱基团，溶胀比随pH 升高而减小；若含弱酸基团时，溶胀比随 pH 升高而增大。根据 pH 敏感基团的不同，可分为阳离子型、阴离子型和两性型 pH 响应水凝胶。

①阳离子型。敏感基团一般是氨基，如 N,N-二甲基氨乙基甲基丙烯酸酯、乙烯基吡啶等，其敏感性来自于氨基质子化。氨基含量越多，凝胶水合作用越强，体积相转变随 pH 的变化越显著。

②阴离子型。敏感基团一般是—COOH，常用丙烯酸及衍生物作单体，并加入疏水性单体甲基丙烯酸甲酯/甲基丙烯酸乙酯/甲基丙烯酸丁酯（MMA/EMA/BMA）共聚，来改善其溶胀性能和机械强度。

③两性型。大分子链上同时含有酸、碱基团，其敏感性来自高分子网络上两种基团的离子化。如由壳聚糖和聚丙烯酸制成的聚电解质 *semi*-IPN 水凝胶。在高 pH 与阴离子性凝胶类似，在低 pH 与阳离子性凝胶类似，都有较大溶胀比，在中间 pH 范围内溶胀比较小，但仍有一定的溶胀比。

pH 敏感性凝胶还可以根据是否含有聚丙烯酸分为下面两类。

①不含丙烯酸链节的 pH 敏感凝胶。一些对 pH 敏感的凝胶分子中不含丙烯酸链节。如分子链中含有聚脲链段和聚氧化乙烯链段的凝胶是物理交联的非极性结构与柔韧的极性结构组成的嵌段聚合物。用戊二醛交联壳聚糖（Cs）和聚氧化丙烯聚醚（POE）制成半互穿聚合物网络凝胶，在 pH＝3.19 时溶胀比最大，pH＝13 时趋于最小。这种水凝胶的 pH 敏感性是由于壳聚糖（Cs）氨基和聚醚（POE）的氧之间氢键可以随 pH 变化可逆地形成和离解，从而使凝胶可逆地溶胀和收缩。

②与丙烯酸类共聚的 pH 敏感凝胶。这类 pH 敏感性凝胶含有聚丙烯酸或聚甲基丙烯酸链节，溶胀受到凝胶内聚丙烯酸或聚甲基丙烯酸的离解平衡、网链上离子的静电排斥作用以及胶内外 Donnan 平衡的影响，尤其静电排斥作用使得凝胶的溶胀作用增强。改变交联剂含量、类型、单体浓度会直接影响网络结构，从而影响网络中非高斯短链及勾结链产生的概率，导致溶胀曲线最大溶胀比的变化。

用甲基丙烯酸（MMA）、含 2-甲基丙烯酸基团的葡萄糖为单体，加入交联剂可以合成含有葡萄糖侧基的新型 pH 响应性凝胶。该凝胶在 pH＝5 时发生体积的收缩和膨胀。溶胀比在pH 小于 5 时减小，高于 5 时增加。凝胶网络的尺寸在 pH 为 2.2 时仅有 18～35，而 pH＝7时，凝胶处于膨胀状态，网络尺寸达到 70～111，体积加大了 2～6 倍。凝胶共聚物中 MMA 含量增大时，凝胶网络尺寸在 pH＝2.2 时减小，pH＝7 时增大；而将交联密度提高后，凝胶网络尺寸在 pH＝2.2 或 7 时均减小。该凝胶有望作为口服蛋白质的输送材料。

乙烯基吡咯烷酮与丙烯酸-β-羟基丙酯的共聚物和聚丙烯酸组成的互穿网络水凝胶具有温度和 pH 双重敏感性。在酸性环境中，由于 P(NVP) 与 PAA 间络合作用，凝胶的溶胀比随温度升高而迅速降低；在碱性环境中，凝胶的溶胀比远大于酸性条件下溶胀比，且随温度升高而逐渐增大。

含丙烯酸和聚四氢呋喃的 pH 响应性凝胶,当凝胶中聚四氢呋喃含量低时,凝胶的 pH 响应性和常规的聚丙烯酸凝胶一致;当四氢呋喃含量增加,凝胶行为反之。当凝胶溶液 pH 由 2 升至 10 时,聚四氢呋喃状态改变,导致凝胶收缩,较传统聚丙烯酸凝胶行为反常。

（2）温敏水凝胶

在 Tanaka 提出"智能凝胶"这一概念后几十年,许多相关研究都集中在随温度改变而发生体积变化的温敏凝胶上。当环境温度发生微小改变时,就可能使某些凝胶在体积上发生数百倍的膨胀或收缩(可以释放出 90% 的溶剂),而有些凝胶虽然不发生体积膨胀,但他们的物理性质会发生相应变化。其中用 N,N-亚甲基双丙烯酰胺交联的聚丙烯酰胺体系是一种温敏水凝胶,它的独特性能得到了很大的发展。

N-异丙基丙烯酰胺的聚合物（PNIPA）经 N,N-亚甲基双丙烯酰胺微交联后,其水溶液在高于某一温度时发生收缩,而低于这一温度时,又迅速溶胀,此温度称为水凝胶的转变温度、浊点,对应着不交联的 PNIPA 的较低临界溶解温度（Lower Critical Solution Temperature,LCST）。一般解释为,当温度升高时,疏水相相互作用增强,使凝胶收缩,而降低温度,疏水相间作用减弱,使凝胶溶胀,即热缩凝胶。

轻微交联的 N-异丙基丙烯酰胺（NIPA）与丙烯酸钠共聚体是比较典型的例子。其中丙烯酸钠是阴离子单体,其加量对凝胶溶胀比和热收缩敏感温度有明显影响。一般的规律是阴离子单体含量增加,溶胀比增加,热收缩温度提高,因此,可以从阴离子单体的加量来调节溶胀比和热收缩敏感温度。NIPA 与甲基丙烯酸钠共聚交联体也是一种性能优良的阴离子型热缩温敏水凝胶。

阳离子的水凝胶研究相对较少,最近用乙烯基吡啶盐与 NIPA 共聚,用 N,N-亚甲基双丙烯酰胺作交联剂,发现随着阳离子单体含量增加,溶胀比增加,LCST 提高。

由 NIPA、乙烯基苯磺酸钠及甲基丙烯酰胺三甲胺基氯化物共聚制得的水凝胶,因其共聚单体由含阴、阳两种离子单体组成,故称两性水凝胶。在测定其组成与溶胀比的关系时,发现其收缩过程是不对称的。即改变相同物质的量的阴离子或阳离子单体时,阳离子引起的体积收缩要比阴离子的大。最近报道的以 NIPA、丙烯酰胺-2-甲基丙磺酸钠、N-(3-二甲基胺)丙基丙烯酰胺制得的两性水凝胶,其敏感温度随组成的变化在等物质的量比时最低,约为 35℃,而只要正离子或负离子的物质的量比增加,均会使敏感温度上升。

鉴于温敏水凝胶及 pH 敏水凝胶的各自不同特点,Hoffman 等研究了同时具有温度和 pH 双重敏感特性的水凝胶,所得水凝胶与传统温度敏感水凝胶的"热缩型"溶胀性能恰好相反,属"热胀型"水凝胶。这种特性对于水凝胶的应用,尤其是在药物的控制释放领域中的应用具有较重要的意义。以 pH 敏感的聚丙烯酸网络为基础,与另一具有温度敏感的聚合物 PNIPA 构成 IPA 网络。先将丙烯酸及交联剂进行均聚得 PAAC 水凝胶,干燥后,浸入 5wt% 的 NIPA 水溶液中,加入交联剂、引发剂等后,复聚得 IPA。实验结果表明,在酸性条件下,随着温度升高,IPA 水凝胶的溶胀率 SR 也逐渐上升,形成"热胀型"温度敏感特性。

（3）电场敏感性凝胶

电场敏感性凝胶一般由高分子电解质网络组成。由于高分子电解质网络中存在大量的自由离子可以在电场作用下定向迁移,造成凝胶内外渗透压变化和 pH 不同,从而使得该类凝胶具有独特的性能,比如电场下能收缩变形、直流电场下发生电流振动等。

电场敏感凝胶主要有聚(甲基丙烯酸甲酯/甲基丙烯酸/N,N'-二甲氨基乙酯)和甲基丙烯酸和二甲基丙烯酸的共聚物等。在缓冲液中,它们的溶胀速度可提高百倍以上。这是因为,未电离的酸性缓冲剂增加了溶液中弱碱基团的质子化,从而加快了凝胶的离子化,而未电离的中性缓冲剂促进了氢离子在溶胀了的荷电凝胶中的传递速率。

聚[(环氧乙烷－共－环氧丙烷)星形嵌段－聚丙烯酰胺]交联聚丙烯酸互穿网络聚合物凝胶,在碱性溶液(碳酸钠和氢氧化钠)中经非接触电极施加直流电场时,试样弯向负极(如图 7-21 所示),这与反离子的迁移有关。

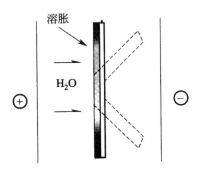

图 7-21　弯曲示意

电场下,电解质水凝胶的收缩现象是由水分子的电渗透效果引起的。外电场作用下,高分子链段上的离子由于被固定无法移动,而相对应的反离子可以在电场作用下泳动,附近的水分子也随之移动。到达电极附近后,反离子发生电化学反应变成中性,而水分子从凝胶中释放,使凝胶脱水收缩,如图 7-22 所示。

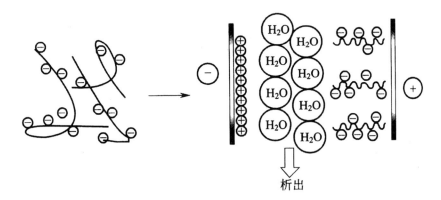

图 7-22　水凝胶收缩机理

水凝胶常在电场作用下因水解产生氢气和氧气,降低化学机械效率,并且由于气体的释放缩短了凝胶的使用期限。电荷转移络合物凝胶则没有这样的问题,但凝胶网络中需要含挥发性低的有机溶剂。聚{N-[3-(二甲基)丙基]丙烯酰胺(PDMA-PAA)作为电子给体,7,7,8,8-四氰基醌基二甲烷作为电子受体掺杂,溶于 N,N-二甲基甲酰胺中形成聚合物网络。这种凝胶体积膨胀,颜色改变。当施加电场后,凝胶在阴极处收缩;并扩展出去,在阳极处释放 DMF,整个过程没有气体放出。

一般来说,自由离子的水合数很小,仅有几个;而电泳发生时,平均一个可动离子可以带动的水分子数正比于凝胶的含水量。例如,凝胶膨胀度为 8000 时,1000 个水分子可以跟着一个离子泳动。另外,在一定电场强度下,高分子链段在不同膨胀度情况下对水分子的摩擦力是导致凝胶电收缩快慢的原因。凝胶的电收缩速率与电场强度成正比,与水黏度成反比;单位电流引起的收缩量则与凝胶网络中的电荷密度成正比,而与电场强度无关。

另一大类电场敏感性凝胶是由电子导电型聚合物组成,大都具有共轭结构,导电性能可通过掺杂等手段得以提高。将聚(3-丁基噻吩)凝胶浸于 0.02mol/L 的 Bu_4NClO_4(高氯酸四丁基铵)的四氢呋喃溶液中,施加 10V 电压,数秒后凝胶体积收缩至原来的 70%,颜色由橘黄色变成蓝色,没有气体放出。当施加 -10V 电压后,凝胶开始膨胀,颜色恢复成橘黄色。红外及电流测试结果显示,聚噻吩链上的正电荷与 ClO_4^- 掺杂剂上的负电荷载库仑力作用下形成络合物。外加电场作用下,由于氧化还原反应和离子对的流入引起凝胶体积和颜色的变化。有研究者认为是电场使聚噻吩环间发生键的扭转,引起有效共轭链长度变化导致上述现象的发生。

(4)光敏性凝胶

光敏性凝胶是由于光辐照(光刺激)而发生体积相转变的凝胶。光辐照后分两种情况:一种是紫外光辐照时,凝胶网络中的光敏感基团发生异构化或者是光解离,因基团构象和偶极矩变化而使凝胶溶胀;另一种凝胶吸收了光子,使热敏大分子网络局部温度升高,达到体积相转变温度时,凝胶响应光辐照发生不连续的相转变。

(5)化学物质响应凝胶

有些凝胶的溶胀行为会因特定物质的刺激(如糖类)而发生突变。例如药物释放凝胶体系可依据病灶引起的化学物质(或物理信号)的变化进行自反馈,通过凝胶的溶胀与收缩控制药物释放的通道。

胰岛素释放体系的响应性是借助于多价烯基与硼酸基的可逆键合。对葡萄糖敏感的传感部分是含苯基硼酸的乙烯基吡咯烷酮共聚物。其中硼酸与聚乙烯醇(PVA)的顺式二醇键合,形成结构紧密的高分子配合物,如图 7-23 所示。这种高分子配合物可作为胰岛素的载体负载胰岛素,形成半透膜包覆药物控制释放体系。系统中聚合物配合物形成平衡解离随葡萄糖浓度而变化。也就是说,它能传感葡萄糖浓度信息,从而执行了药物释放功能。聚合物胰岛素载体释放药物示意如图 7-24 所示。

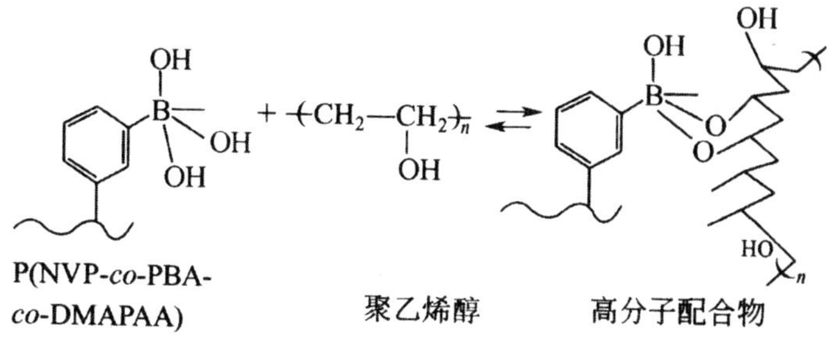

图 7-23 苯基硼酸的乙烯基吡咯烷酮共聚物

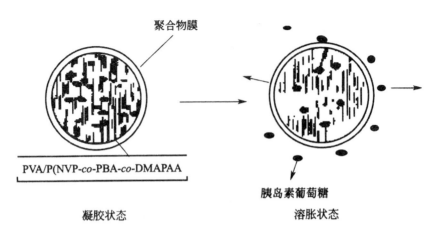

图 7-24　聚合物胰岛素载体释放药物示意

动物体内注射抗原时能产生抗体物质,抗体是一种球蛋白能够专一性地与抗原结合。抗原为能刺激动物体产生抗体并能专一地与抗体结合的蛋白质。日本科学家利用抗原抗体的特性设计了能专一性地响应抗原的水凝胶。将山羊抗体兔抗体(GAG IgG)连接到琥珀酰亚胺丙烯酸酯(NSA)上,同样将兔抗原连接到 NSA 分别形成改性抗体和改性抗原。改性抗体与丙烯酰胺(AAm)在氧化还原引发剂过硫酸铵(APS)和四甲基乙二胺(TEMED)作用下形成高分子,然后加入改性抗原 APS、TEMED 和交联亚甲基双丙烯酰胺(MBAA),形成互穿网络聚合物。这样抗体和抗原处于同一网络不同的分子链上。反应机理如下:

更有趣的是,抗原抗体网络凝胶只对兔抗原具有响应性,加入山羊抗原后体积没有发生变化。由于山羊抗原不能识别山羊抗体,它的加入不能离解兔抗原－山羊抗体间的结合键。通过在聚合物链上结合不同的抗体和抗原,可设计出具有专一抗原敏感性的水凝胶。科学家们认为这种水凝胶如果包裹药物,可利用特定的抗原的敏感性来控制药物的释放。

（6）磁场敏感性凝胶

借超声波使磁性粒子在水溶液中分散，由此制备的包埋有磁性微粒子的高吸水性凝胶称为磁场响应凝胶。磁场感应的智能高分子凝胶由高分子三维网络和磁流体构成。利用磁流体的磁性以及其与高分子链的相互作用，使高分子凝胶在外加磁场的作用下发生膨胀和收缩。通过调节磁流体的含量、交联密度等因素，可得到对磁刺激十分灵敏的智能高分子凝胶。

例如，用聚乙烯醇（PVA）和 Fe_3O_4 制备的具有磁响应特性的智能高分子凝胶，在非均一磁场中通过适当地调整磁场的梯度，可以使凝胶作出伸长、收缩、弯曲等动作。磁溶胶中磁性微球的大小、浓度和 PVA 凝胶的交联度对其性能有很大的影响。

（7）压敏凝胶

压敏性凝胶是体积相转变温度随压力改变的凝胶。水凝胶的压力依赖性最早是 Marchetti 通过理论计算提出的，其计算结果表明：凝胶在低压下出现坍塌，在高压下出现膨胀。

温敏性凝胶聚 N-iE 丙基丙烯酰胺（PNNPAAm）和聚 N-异丙基丙烯酰（PNIPAAm）在实验中确实表现出体积随压力的变化改变的性质。压敏性的根本原因是其相转变温度能随压力改变，并且在某些条件下，压力与温敏胶体积相转变温度还可以进行关联。

（8）生物分子敏感凝胶

有些凝胶的溶胀行为会因某些特定生物分子的刺激而突变。目前研究较多的是葡萄糖敏感凝胶。例如，利用苯硼酸及其衍生物能与多羟基化合物结合的性质制备葡萄糖传感器，控制释放葡萄糖。N-乙烯基-2-吡咯烷酮和 3-丙烯酰胺苯硼酸共聚后与聚乙烯醇（PVA）混合得到复合凝胶，复合表面带有电荷，对葡萄糖敏感。其中硼酸与聚乙烯醇（PVA）的顺式二醇键合，形成结构紧密的高分子络合物。当葡萄糖分子渗入时，苯基硼酸和 PVA 间的配价键被葡萄糖取代，络合物解离，凝胶溶胀。该聚合物凝胶可作为载体用于胰岛素控制释放。体系中聚合物络合物的形成、平衡与解离随葡萄糖浓度而变化，因此能传感葡萄糖浓度信息，从而执行药物释放功能。

抗原敏感性水凝胶是利用抗原抗体结合的高度特异性，将抗体结合在凝胶的高分子网络内，可识别特定的抗原，传送生物信息，在生物医药领域有较大的应用价值。

7.2.3　药物控制释放体系

药学研究在近几十年的巨大发展，一方面通过有机合成或生物技术研究出许多令人注目的生理活性物质；另一方面不断研究改进给药方式，即把生理活性物质制成合适的剂型，如片剂、溶液、胶囊、针剂等，使所用的药物能充分发挥潜在的作用。"药物治疗"包括药物本身及给药方式两个方面，二者缺一不可。只有把生理活性物质制成合理的剂型才能发挥其疗效。如果利用智能型凝胶来自动感知体内的状态而控制药的投入速度，可期望保持血液中的药剂量为一定浓度。

通常研究剂型主要是为了使药物能立即释放发挥药效。然而，人们逐渐认识到药物释放要受药物疗效和毒、副作用的限制。一般的给药方式，使人体内的药物浓度只能维持较短时间，血液中或体内组织中的药物浓度上下波动较大，时常超过药物最高耐受剂量或低于最低有效剂量，见图 7-25（a）。这样不但起不到应有的疗效，而且还可能产生副作用，在某些情况下甚至会导致医源性疾病或损害,这就促使人们对控速给药或程序化给药进行研究。用药物释放体系(Drug Delivery System,DDS)来替代常规药物制剂,能够在固定时间内,按照预定方向向全身或某一特定器官连续释放一种或多种药物,并且在一段固定时间内,使药物在血浆和组织中的浓度能稳定在某一适当水平。该浓度是使治疗作用尽可能大而副作用尽可能小的最佳水平,见图7-25(b)。药物释放体系是药学发展的一个新领域,能使血液中的药物浓度保持在有效治疗指数范围内,具有安全、有效、治疗方便的特点。

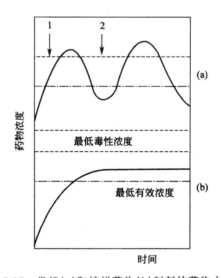

图 7-25　常规(a)和控样药物(b)制剂的药物水平

一般的药物释放体系(DDS)的原理框架由四个结构单元构成如图7-26所示,即药物储存、释放程序、能源相控制单元四部分。所使用的材料大部分是具有响应功能的生物相容性高分子材料,包括天然和合成聚合物。根据控释药物和疗效的需要,改变 DDS 的四个结构单元就能设计出理想的药物释放体系。按药物在体系中的存放形式,通常可将药物释放体系分为储存器型和基材型。

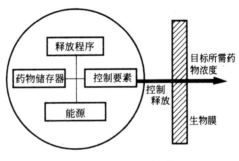

图 7-26　DDS 的结构单元

1.药物释放体系中的高分子材料

许多的高分子材料用于药物释放体系当中,其详细内容列于表7-5中。

表 7-5　高分子材料用于药物释放体系表

类型		举例	说明
水凝胶		聚甲基丙烯酸甲酯、聚乙烯醇、聚环氧乙烷、聚乙二醇、明胶、纤维素衍生物和海藻酸盐等	水凝胶的孔隙较大,适于高分子量药物如生长激素、催产素干扰素、胰岛素等多肽或蛋白质的控制和释放
生物降解聚合物	脂肪族聚酯类	聚乙交酯、聚 3-羟基丁酸酯等	生物降解聚合物包括合成和天然的聚合物。天然高分子可为酶或微生物降解,合成高分子的降解是由可水解键的断裂而进行的。这些不稳定化学键可按键降解速率递减顺序排列为:酐、酯、脲、原酸酯和酰胺。在脂质体内部,脂质分子的亲水基富集,可内包,各面的极性很高,而膜内部疏水性很强,限制了膜两侧间物质的传递。利用脂质双分子膜的外层和内层性质不同,可用来控制各种生理活性物质
	聚磷氮烯类	氨基酸酯磷氮烯聚合物、芳氧基磷氮烯聚合物	
	聚酐类	聚丙酸酐、聚羧基苯氧基乙酸酐、聚羧基苯氧基戊酸酐	
	聚原酸酯类	3,p-双-(2 叉-2,4,8,10-四噁螺(5,5))十一烷和 1,6-己二醇共缩聚物	
	聚氨基酸	谷氨酸和谷氨酸乙酯共聚物	
	天然高分子	胶原和壳聚糖	
脂质体		卵磷脂	

2. 药物释放载体的控制机制

在药物释放体系中,很重要的一部分就是药物被聚合物膜包埋,做成胶囊或微胶囊;或者药物均匀地分散在聚合物体系中,此时药物的释放需经过网络密度涨落的间隙扩散、渗出。扩散物的扩散系数按照玻璃态、橡胶、增塑橡胶顺序增大。

对于一些大剂量和高水溶性药物释放体系,主要运用渗透控制的释放系统,原理如图 7-27 所示。

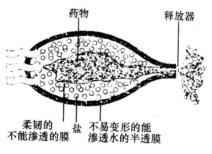

图 7-27　渗透控制 DDS

药物不仅能通过扩散从药物体系中释放,对于聚合物还可以通过控制化学键的断裂来控制药物释放,如图 7-28 所示,聚合物的降解可以分为化学降解和物理降解两种机理,化学降解主要有三种类型,见图 7-29。物理降解有本体和表面之分。例如,对于聚酯水解在整个体系发生;而聚原酸酯类水解速度比水进入聚合物的扩散速度快,降解主要出现在材料表面。

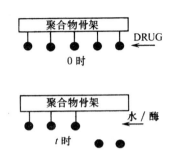

图 7-28　化学键断裂控制药物释放示意图

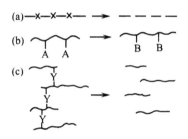

图 7-29　聚合物化学降解示意图

溶胀控制药物释放机制是通过并无药物从固态聚合物中扩散出来,而是随着溶液中的渗透物质不断进入体系中,聚合物发生溶胀,转变为橡胶态(图 7-30)。

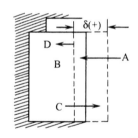

图 7-30　溶胀控制的药物释放体系

3. 智能药物释放体系

智能式药物释放体系是:根据生理和治疗需要,随时间、空间来调节释放程序,它不仅具有一般控制释放体系的优点,而且最重要的是能根据病灶信号而自反馈控制药物脉冲释放,即需药时药物释出,无必要时,药物停止释放,从而达到药物控制释放的智能化目的。高分子材料作为药物释放体系的载体材料,集传感、处理及执行功能于一体,在药物释放体系中起着关键的作用。

(1)外部调节式药物脉冲释放体系

在外部调节式药物脉冲释放体系中,外部刺激的信号主要有光、热、pH、电、磁、超声波等,下面就各种信号的刺激具体说明。

Kitano 等合成了一种光降解的聚合物,结构如图 7-31 所示。当紫外光照射时偶氮键断裂,交联聚合物变为水溶性聚合物,进而降解为小分子。用此材料制得的微胶囊,药物包埋于其中,当紫外光照射时聚合物降解或溶解,药物得以释放。Mathiowitz 等制备了一种光照引发膜破裂的微胶囊,微胶囊由对苯二甲酰乙二胺通过界面聚合制得,在微胶囊中包含有 AIBN 及药物,当光照时 AIBN 分解产生氮气,氮气产生的压力将膜胀破,药物得以释放。以上两例药物均只能一次释放,Ishihara 等则制备了一种能可逆光敏释药的系统,所采用的聚合物结构如图 7-32 所示。

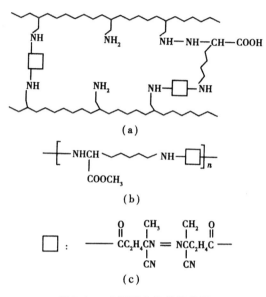

（a）

（b）

（c）

图 7-31　光敏聚合物的结构图

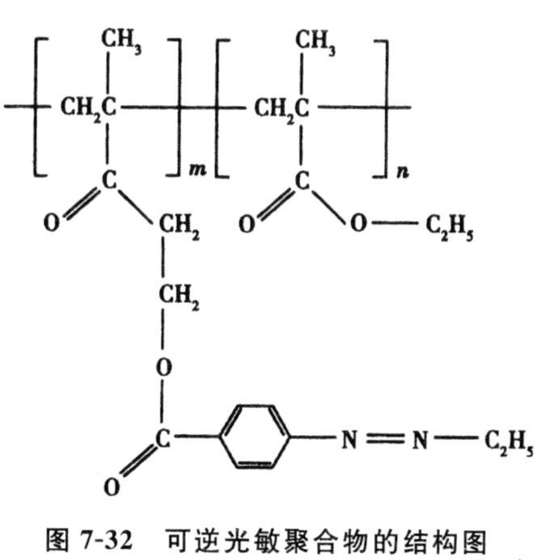

图 7-32　可逆光敏聚合物的结构图

当用紫外光照时,聚合物侧基上的偶氮异构化,使聚合物的极性增大,亲水性增加并发生溶胀,包埋在其中的药物释放速度加快,改用可见光照,释药速率下降到与在黑暗中的情况相同。

温度敏感药物释放体系常用聚烯丙胺接枝异丙基丙烯酰胺（PAA-g-PNIPA）微囊化阿霉素,研究表明,当温度低于 35℃ 时,接枝在 PAA 表面的 PNIPA 溶胀,使微球表面无缝隙,将药物包在球内,不能释放;温度高于 35℃时,接枝在 PAA 表面的 PNIPA 收缩,使 PAA 表面露出缝隙,药物从药球里释放出来,实现了温敏控制释放的目的。

有些聚合物(如聚电解质、由氢键作用的高分子复合物等)在电场作用下,发生解离或者使其解体为两个单独的水溶性高分子而溶解,实现药物的释放。此外,磁响应、pH 响应、超声波作用等均易引起药物的有控释放,由于在智能凝胶中另有描述,在此不再赘述。

(2)靶向药物释放体系

有些药物的毒性太大且选择性不高,在抑制和杀伤病毒组织时,也损伤了正常组织和细胞,特别是在抗癌药物方面。因此,降低化学和放射药物对正常组织的毒性,延缓机体耐药性的产生,提高生物工程药物的稳定性和疗效是智能药物需要解决的问题之一。对药物靶向制导,实现药物定向释放,是一种理想的方法。

靶向药物释放体系不仅可利用药物对目标组织部位的亲和性进行设计,而且能够利用患者某些组织性能的改变达到导向目的。

根据载体的靶向机理可以分为:主动靶向,即载体能与肿瘤表面的肿瘤相关抗原或特定的受体发生特异性结合,这样的导向载体多为单克隆抗体和某些细胞因子;被动靶向,即具有特定粒径范围和表面性质的微粒,在体内吸收与运输过程中能被特定的器官和组织吸收,此类体系主要有脂质体、聚合物微粒、纳米粒等。

自 20 世纪 80 年代以来,以单克隆抗体为导向载体,与药物等连接而成化学免疫偶联物,结果显示在体内呈特异性分布。特别是近几年来通过基因工程技术改性单抗,降低单抗偶联物的免疫原性,提高了偶联物在肿瘤部位的浓度。脂质体作为药物载体,利用体内局部环境的酸性、温度及受体的差异而构造的 pH 敏脂质体、温敏脂质体及免疫脂质体等具有较好的靶向作用。

以上所说的是载体型靶向药物制剂,此外,Ringsdrof 提出用于结合型药物载体的聚合物,是根据药物在体内的代谢动力学以及导向药物的思想进行设计的。该聚合物主链至少含有 3 个功能单元,即增溶单元、药物连接单元和定向传输单元。增溶单元使整个药物制剂可溶且无毒;药物连接单元必须考虑将药物连接在高分子主链上的反应条件温和,在蛋白质合成领域里普遍采用的一些络合方法,可应用于聚合物连接药物分子,同时,为了屏蔽或减弱高分子化合物与抗肿瘤药物间的相互作用,通常引入间隔臂;而定向传输系统是通过各种生理及化学作用,使整个高分子药物能定向地进入病变部位。

经常选用磺胺类单元作为定向传输系统制备高分子靶向药物,是根据肿瘤组织能选择吸收磺胺类药物。黄骏廉等用稳定的磺胺钠盐引发环氧乙烷开环聚合,然后接上与放射性同位素[153]Sm 螯合的二正乙基五己酸(DTPA),制备高分子药物制剂。实验结果表明,高分子药物能在昆明小白鼠的肉瘤组织中富集,6h 后在小白鼠肿瘤组织与肝、肌肉、血液等组织的放射剂量之比为(2~4):1。

聚膦腈是一族由交替的氮磷原子以交替的单、双键构成主链的高分子,通过侧链衍生化引入性能各异的基团可以得到理化性质变化范围很广的高分子材料。其生物相容性好且能够生物降解,是一个很有前景的智能药物体系。

通过侧链的修饰可以得到亲水性相差很大的、不同降解速率的聚膦腈,以满足不同的药物控制释放系统。例如,已合成侧链分别为氨基酸-2-羟基丙酸酯、甘氨酸乙酯、羟基乙酸乙酯的聚膦腈。通过侧基的微交联也能得到聚膦腈水凝胶等，也应用于药物的控释体系。

顺铂[Cis-Pt(NH$_3$)$_2$Cl$_2$]是临床常用且有效的癌症化疗药物，但副作用大。Allcock 小组选用生物相容性好、水溶性的氨基(—NHCH$_3$)聚膦腈为载体，将顺铂结合在聚膦腈主链的氮原子上，形成顺铂-聚膦腈衍生物，的确具有抗癌效果。

高分子在智能药物的应用已经显示了巨大的潜力和优势，通过分子设计，理论上可以得到满足各种不同需要的高分子材料，实现药物控制释放的要求。

智能材料的出现将使人类文明进入一个新的高度，但目前距离实用阶段还有一定的距离。今后的研究重点包括以下六个方面：

①智能材料概念设计的仿生学理论研究。

②材料智能内禀特性及智商评价体系的研究。

③耗散结构理论应用于智能材料的研究。

④机敏材料的复合—集成原理及设计理论。

⑤智能结构集成的非线性理论。

⑥仿人智能控制理论。

智能材料的研究才刚刚起步。现有的智能材料仅仅才具有初级智能，距生物体功能还差之甚远。如生物体医治伤残的自我修复等高级功能在目前水平上还很难达到。但是任何事物的发展都有一个过程，智能材料本身也有其发展过程。目前，科学工作者正在智能材料结构的构思新制法（分子和原子控制、粒子束技术、中间相和分子聚集等）、自适应材料和结构、智能超分子和膜、智能凝胶、智能药物释放体系、神经网络、微机械、智能光电子材料等方面积极开展研究。可以预见，随着研究的深入，其他相关技术和理论的发展，智能材料必将朝着更加智能化、系统化，更加接近生物体功能的方向发展。

第8章　膜材料与梯度功能材料

8.1　膜材料

功能膜是指具有电、磁、光、过滤、吸附等物理性能和催化、反应等化学性能的薄膜材料。功能膜按性能不同有以下几种：

（1）电功能膜

这类功能膜有半导体膜、绝缘膜、导电膜和压电膜等。

（2）光功能膜

这类膜包括光敏膜、光记录膜、光反射膜、光导电膜、薄膜激光器等。

（3）磁功能膜

这类膜有磁记录膜、巨磁电阻膜等。

（4）催化膜

这类膜具有化学功能，包括催化膜、反应膜。

（5）分离膜

这类膜包括气体分离膜、液体分离膜、气－液分离膜。

（6）气敏膜

这类膜根据不同的气体，例如：CO_2、NH_3、CH_4 等有不同的敏感膜。

功能膜还可按材质分为金属膜、玻璃膜、陶瓷膜、高分子膜、生物膜。也有按机理、用途等方法对功能膜进行分类的。在此，仅以膜功能为阐述类别。

8.1.1　功能膜材料的特点

薄膜材料是二维材料，即在两个尺度上较大，而在第三个尺度上很小的材料，与一般常用的三维块体材料相比，在性能和结构等方面都具有很多特点，包括二维材料本身所具有的特点。由于制备方法所决定的特点和通过一定的薄膜制备方法能够实现的特点，这些特点虽在一些方面限制了薄膜材料的应用，但更重要的是利用这些特点能够实现一些三维材料所没有的性能，这也是薄膜功能材料近年来成为研究的热点材料的原因。

1. 二维材料的特点

作为二维材料，薄膜材料的最主要的特点是在一个尺度上很小的所谓尺寸特点，这个特点对于各种元器件的微型化、集成化具有重要意义，薄膜材料的很多用途都基于这一特点，最典型的是用于集成电路和提高计算机存贮元件的存贮密度等。

2. 薄膜制备过程决定的特点

薄膜的制备方法多数为非平衡状态的制取过程,在薄膜沉积过程中,基片温度一般不很高,扩散较慢,因而制成的薄膜常常是非平衡相的结构。由于蒸镀过程中各种元素的蒸气压不同,溅射过程中各元素溅射速率不同,所以一般较难精确控制薄膜的成分,制成的膜往往是非化学计量比的成分。一些对成分要求较严格的应用中,例如化合物半导体用于制备薄膜晶体管就会因此受到限制。

由沉积生长过程所决定,薄膜内一般存在大量的缺陷,如位错、空位等,其密度常与大变形冷加工的金属中的缺陷密度相当,基片的温度越低,沉积的薄膜中缺陷密度越大,其中用离子镀和溅射方法制备的薄膜缺陷密度最大。另外,在薄膜沉积过程中的工作气体也常常混入薄膜。很多薄膜材料都不宜进行高温热处理,所以缺陷不易消除。这些缺陷对材料的电学、磁学等很多性能都有影响。例如点缺陷、位错等会使电阻增大,制备的巨莫合金薄膜的磁性远低于块体材料。

薄膜材料一般都沉积在不同材料的基片上,由于热膨胀系数不同,沉积后冷却过程中常会产生较大的内应力,应力的存在对很多性能都有影响。

当采用 CVD 等方法沉积时,基片温度较高,基片的原子会扩散到薄膜中而对性能造成影响,例如在蓝宝石基片上外延生长单晶硅薄膜时,蓝宝石中的铝原子就会向薄膜迁移,造成所谓自掺杂,这是大规模集成电路用外延膜制备中的重要问题。

薄膜的性能和结构与制备方法和制备过程中的各种参数密切相关,因此,在薄膜制备的过程中也必须注意对工艺参数的控制,才能得到需要的结构与性能。

8.1.2　薄膜材料的制备技术

薄膜制备技术的发展是薄膜材料发展的基础,薄膜材料的性能与其制备方法及制备过程的各种参数密切相关,要研究薄膜材料首先必须对各种薄膜制备方法有所了解。制备薄膜的技术很多(如气相生成法、液相生成法、氧化法、电镀法等),而每一种方法中又细分为若干种。但总的来说,薄膜的制备方法主要有物理气相沉积和化学气相沉积两类。

1. 物理气相沉积

即采用物理方法使物质的原子或分子逸出,然后沉积在基片上形成薄膜的工艺。为避免发生氧化,沉积过程一般在真空中进行。根据使物质的原子或分子逸出的方法不同,又可分为蒸镀、溅射和离子镀等。下面主要讨论真空蒸镀。

真空蒸镀是在真空室中将材料加热,利用热激活使其原子或分子从表面逸出,然后沉积在较冷的基片上形成薄膜的工艺,其原理如图 8-1 所示。蒸镀的方法很多,按加热方法分主要有电阻加热、激光加热、电子束轰击加热等。

(1)电阻加热法

有些材料可以做成片状和丝状作为电阻元件直接通电进行加热,在高温下使其分子或原子挥发出来,如 Fe、Cr、Ti 等。但是对于大多数材料,特别是化合物等不易制成电阻元件或不导电的材料,一般采用间接加热方法,即将材料放在电热元件上进行加热,电热元件通常用

W、Mu、Pt、C 等制成。电阻加热法的优点是设备比较简单，缺点是对于多组元材料，由于各组元的蒸气压不同，引起的薄膜成分与原材料不同。而且在加热过程中电热元件的原子也会挥发出来，造成污染，被加热材料还可能与电热元件发生反应，在加热温度较高时这些缺点尤为显著。

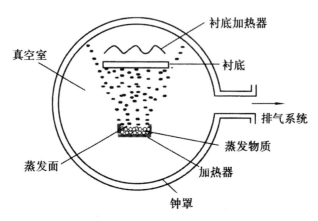

图 8-1　真空蒸发成膜原理

（2）激光束加热

将大功率激光束经过窗口引入真空室内，通过透镜或凹面镜等聚焦在靶材上，将其加热蒸发。可得到很高的能量密度，因而可蒸镀能吸收激光的高熔点物质。由于激光器不在镀膜室内，镀膜室的环境气氛易于控制，适于在超高真空下制备纯净薄膜。

激光源可为连续振荡激光（如用 CO_2 激光器）或脉冲振荡激光（如红宝石激光器等）。脉冲激光可得到很大的蒸发速度，制得的薄膜与基片附着力高，且可防止合金分馏。但由于沉积速率很快（可达 $10^4 \sim 10^5$ nm/s），沉积过程较难控制。连续振荡激光沉积速率慢一些，控制容易些。

激光蒸镀的缺点是费用较高，且要求被蒸发材料对激光透射、反射和散射都较小。另外，实验表明并非所有材料用激光蒸镀都能得到好的结果。

（3）电子束轰击法

将电子枪经过高压加速产生的高能电子聚焦在被蒸发材料上，电子的动能转变为热能可以得到很高温度。电子束加热可以得到很高的能量密度，而且易于控制，因而可蒸镀高熔点材料，以大功率密度进行快速蒸镀，可以避免薄膜成分与原材料不同。如被蒸发材料放在水冷台上，使其仅局部熔融，就可避免污染。应该注意的是高能电子轰击时会发射二次电子，还有散射的一次电子，这些电子轰击到沉积的薄膜上会对薄膜结构产生影响，特别是制备要求结构较完整的薄膜时更应注意。

2. 化学气相沉积法

化学气相沉积是由气体参与反应在衬底上沉积薄膜的一种技术，它是在一个加热的衬底上，通过一种或几种气态元素的化学反应而形成不易挥发的固态材料的过程，可用来沉积单质薄膜，也可用来沉积化合物薄膜。利用化学气相沉积技术时，在沉积温度下，反应物必须有足够高的蒸气压。因此,反应物至少有一种必须是气体,其他反应物的挥发性应较高,如果挥发性较低,需对其进行加热。反应的生成物除了形成的沉积物是固态外,其他生成物必须是气体,同时沉积物本身的蒸气压应足够低,以保证在加热的衬底上沉积过程能够进行。

(1)化学气相沉积的装置

化学气相沉积的基本装置有热管式化学气相沉积装置(图 8-2)和热丝化学气相沉积装置(图 8-3)两类。在化学气相沉积之前,先将反应室抽成真空,然后再通入反应气体。其中,如图 8-3 中是加了衬底负偏压的热丝化学气相沉积装置,如果不需要负偏压,可将负偏压系统关闭。

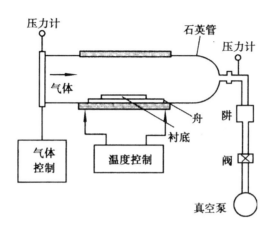

图 8-2　热管式化学气相沉积装置

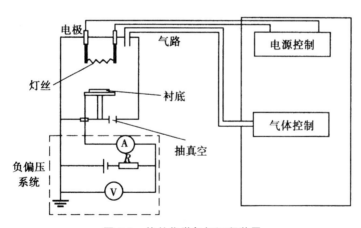

图 8-3　热丝化学气相沉积装置

(2)化学气相沉积的特点及化学反应

化学气相沉积技术具有沉积薄膜范围广、沉积速率高、适于形状比较复杂的衬底、膜较致密、覆盖性好、无粒子轰击及附着力强等优点,因而在很多领域特别是半导体集成电路上得到广泛应用。

常用的气态物质有各种卤化物、氢化物及金属有机化合物等,化学反应种类很多,如热解、氧化、还原、与氨反应、与水反应等。例如:

热解反应：$SiH_4 \longrightarrow Si + 2H_2$

还原反应：$SiCl_4 + 2H_2 \longrightarrow Si + 4HCl$

与氨反应：$3SiH_4 + 4NH_3 \longrightarrow Si_3N_4 + 12H_2$

与水反应：$2AlCl_3 + 3H_2O \longrightarrow Al_2O_3 + 6HCl$

化学气相沉积与压力和温度有很大的关系。在常压下也能够进行化学气相沉积，但在低压下（如100Pa）可使薄膜质量及沉积速率显著提高。通常化学气相沉积需要在较高的温度下进行，对于一些薄膜的制备就要受到限制。因而人们常在反应室内采用一些物理手段来激活化学反应，例如，采用等离子体、微波、激光/紫外线等，使反应能在较低温度快速进行。

（3）溶胶—凝胶技术

溶胶—凝胶技术是通过溶胶—凝胶转变过程来制备陶瓷、玻璃、氧化物以及其他一些无机材料薄膜或粉体的一种新工艺。它是将Ⅲ、Ⅳ、Ⅴ族元素合成烃氧基化合物，利用一些无机盐（如硝酸盐、氯化物、乙酸盐等）作为镀膜物质。将这些成膜物质溶于某些有机溶剂（如醋酸或丙酮）中成为溶胶溶液，采用浸渍和离心甩胶等方法，将溶胶溶液涂敷于衬底表面，因发生水解作用而形成胶体膜，然后进行脱水而凝结成固体膜。膜厚取决于溶液中金属有机化合物的浓度、溶胶液的温度和黏度、衬底拉出或旋转速度、角度和环境温度等。

采用溶胶—凝胶技术制备薄膜工艺复杂，成膜厚度不易实现自动化控制，手工操作多，但溶胶—凝胶技术具有成本低、周期短、设备简单能够制备大面积的膜等特点。目前，应用该技术已制备了 TiO_2、Al_2O_3、$BaTiO_3$、$PbTiO_3$、$LiNbO_3$ 等薄膜。水解反应和聚合反应是溶胶—凝胶技术的关键两步，水解反应涉及亲水反应，水解反应：

$$M(OR)M(OR)_n + xH_2O \Longrightarrow M(RO)_{n-x}(OH) + xROH$$

金属烃氧基化合物分子中的-OH结合起来形成水发生聚合反应，聚合反应：

脱水缩聚反应：$\angle M\text{-}OH + HO\text{-}M\angle \Longrightarrow \angle M\text{-}O\text{-}M\angle + H_2O$

脱醇缩聚反应：$\angle M\text{-}OH + RO\text{-}M\angle \Longrightarrow \angle M\text{-}O\text{-}M\angle + ROH$

式中，M为金属离子，R为烷烃基。

溶胶—凝胶技术的工艺流程可用图8-4所示的方框图来表示。

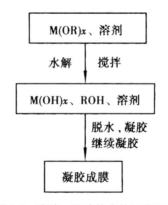

图 8-4　溶胶—凝胶技术的工艺流程

利用溶胶—凝胶技术制备薄膜时,对膜材有如下要求:

①有少量水参与时应易水解。

②使用的有机极性溶体应有足够的溶解度范围,因此,一般不使用水溶液。

③水解后形成的薄膜应不溶解,形成的挥发物应从衬底表面去除。

④薄膜与衬底有良好的附着力。

⑤水解后形成的氧化物薄膜能够在较低的温度下进行充分脱水。

8.1.3　导电薄膜

导电薄膜在半导体集成电路和混合集成电路中应用十分广泛,它可用作薄膜电阻器的接触端、薄膜电容器的上下电极、薄膜电感器的导电带和引出端头,也可用作薄膜微带线、元器件之间的互连线,外贴元器件和外引线的焊区,以及用于构成阻挡层等。在集成电路中,导电薄膜所占的面积比例与其他薄膜材料相比是很大的,而且随着集成度的不断提高、薄膜多层互连基板的应用,其所占面积比例将不断增大。因而导电薄膜的性能,对于提高集成度和提高电路性能均有很大影响。透明导电薄膜是目前研究的主要课题之一,它既具有高的导电性,又对可见光有很好的透光性,对红外光具有高反射特性,它包括金属透明导电薄膜和氧化物透明导电薄膜。

1. 金属透明导电薄膜

所有的金属是不透明的,这是金属的特性。但当金属薄膜的厚度减小到一定程度时,呈现出透明状态。一般地说,当金属薄膜的厚度在约 20nm 以下时,对光的反射和吸收都很小,具有很好的透光性。92% 薄膜的生长过程是先形成核,核长大后形成岛状结构相互连接起来,并且沉积的材料原子填充到岛与岛之间的空隙而形成膜,即膜的结构与其厚度有着密切的联系,如果膜比较薄,可能是岛状结构。膜的厚薄直接影响了它的导电性能,如 Au 膜在其厚度<7nm 时,它的方块电阻率随膜厚的减小急剧增大;而膜厚度>7nm 时,随着膜的厚度增大电阻率减小。因此,平滑的连续膜可成为低电阻膜。

常见的金属透明导电薄膜有 Au、Ag、Cu、Al、Cr 等。它们常采用溅射技术制备。但金属膜在较厚时,透光性不好;太薄时,电阻又会增大,而且常会形成岛状结构的不连续膜。为了制备平滑的连续膜,常需要先镀一层氧化物作为过渡层,再镀金属膜,金属膜的强度低,其上面再镀一层保护层如二氧化硅、氧化铝等。

2. 氧化物透明导电薄膜

自从 Badeker 将溅射的镉进行热氧化,制备出透明导电氧化镉薄膜以来,人们对透明导电氧化物薄膜的兴趣与日俱增。它以接近金属的电导率、可见光范围内高透射比、红外高反射比及其半导体特性,广泛应用于太阳能电池、显示器、气敏元件、抗静电涂层等方面。同时,越来越多的氧化物薄膜成为研究对象,包括 Sn、In、Cd、Zn 以及它们掺杂的氧化物。

在相当一段时间内,Sn 掺杂的 In_2O_3(ITO)薄膜得到了广泛的应用,这是由于它具有对可见光有高的透射率(90%),对红外光有较强的反射系数和低的电阻率,并且与玻璃有较强的附着力,以及良好的耐磨性和化学稳定性等。但 ITO 薄膜中的铟有毒,在制备和应用中对人体有害,并且 ITO 中的 In_2O_3 价格昂贵,成本较高,而且薄膜易受氢等离子体的还原作用,这在很大程度上限制了 ITO 薄膜的研究和应用。新型透明导电 Al 掺杂的 ZnO(AZO)薄膜,原材料氧化锌资源丰富,价格便宜,并且无毒,有着与 ITO 可相比拟的光电性能,且容易制备。因此,AZO 薄膜成为目前研究的热点,也是目前最具开发潜力的薄膜材料。另外,F 掺杂的 SnO_2 薄膜,由于其硬度高、化学性能稳定、成本低,也是广泛应用的一种透明导电薄膜。

8.1.4 光学薄膜

光学薄膜发展很早,应用广泛,几乎所有光学仪器都离不开各种性能的光学薄膜,光学薄膜材料种类繁多,下面按照不同的用途介绍一些常用的和最近新开发的光学薄膜材料以及它们的性能。

1. 反射膜

用做反射膜的薄膜材料多是金属。当金属薄膜的厚度减小到一定程度时,才呈现出透明状态;当金属膜较厚时,对光起反射作用。

Al 膜是唯一从紫外($0.2\mu m$)到红外($30\mu m$)都有很高反射率的材料,Al、Ag 大约在波长为 $0.85\mu m$ 时,反射率出现极小值(86%)。Al 膜对衬底的附着力比较强,机械强度和化学稳定性也比较好,被广泛地用做反射膜。在可见光区域,作为反射膜的 Al 膜最佳厚度在 80~100nm,小于该厚度时,透过损失较大,大于该厚度时,由于 Al 膜内的晶粒较大,散射增加,反射率降低。

Ag 膜在可见光区域和红外区域内,有高于一切已知材料的反射率。在可见光区域,反射率达 95% 左右,红外区域反射率达 99% 以上。但 Ag 膜的附着力比较差,机械强度和化学稳定性也不太好。Ag 膜在紫外区的反射率很低,在波长为 400nm 时,反射率开始下降,到 320nm 附近下降到 4% 左右。Ag 膜暴露在空气中会逐渐变暗,这是由于其表面形成了 Ag_2O 和 Ag_2S 的缘故,使反射率降低。为增强 Ag 膜与衬底的附着力和对膜进行保护,一般采用氧化铝增强附着力,SiO_x 用来作为保护膜。

在红外区域 Au 膜有与 Ag 膜差不多的反射率,但相比较而言,它在大气中不易被污染,能够保持较高的反射率。新制备的 Au 膜比较软,很容易被划伤和剥落,但镀后不久膜会逐渐变硬,与衬底的附着力增强,约过一周后,膜的牢固度趋于稳定。由于 Au 膜的这些特点,常用做红外反射膜。Au 膜在波长小于 500nm 时,由于对光的强烈吸收,反射率降低,在长波端,反射率逐渐上升。Au 膜与玻璃的附着力比较差,可用铬膜或钛膜作为缓冲层,以提高附着力。

Al、Ag 和 Au 膜通常用高真空的快速蒸发来制备,另外,用溅射技术来制备 Au 膜的也比较多。

2. 防反射膜

折射率为 1.5 的玻璃对于垂直于入射光的反射率约为 4%,在具有大量光学元件的光学系统中,存在着许多空气/玻璃界面,这时反射损耗会累积起来,使得透射率明显降低。另外,在折射率大的半导体中,反射损耗也大。例如,在折射率约为 4 的 Ge 中,反射损耗约为 36%。为了减小反射损耗,增大光学元件的透射率,通常是采用在光学元件上沉积防反射镀层的办法,在透明物质上镀单层、双层或多层反射膜。表 8-1 给出典型的用于可见和红外波段防反射膜物质的透明波段以及折射率。在选择构成防反射膜的物质组合时,不仅考虑它的光学性质,还必须考虑其机械强度以及成膜的难易程度等因素。

表 8-1　用于防反射膜的物质的折射率和透明波段

物质		折射率	波长/nm	透明波段
$n<1.5$	氟化钙(CaF_2)	1.23～1.26	(546)	150nm～12μm
	氟化钠(NaF)	1.34	(550)	250nm～14μm
	冰晶石(Na_3AlF_6)	1.35	(550)	＜200nmnm～12μm
	氟化锂(LiF)	1.36～1.37	(546)	110nm～7μm
	氟化镁(MgF_2)	1.38	(550)	210nm～10μm
	二氧化硅(SiO_2)	1.46	(500)	＜200nm～8μm
$1.5<n<2$	氟化钕(NdF_3)	1.6	(550)	220nm～＞2μm
	氟化铈(CeF_3)	1.63	(550)	300nm～＞5μm
	硫化锌(ZnS)	2.35	(550)	380nm～25μm
	硫化镉(CdS)	2.6	(600)	600nm～7μm
$n>3$	硅(Si)	3.5		1.1～10μm
	锗(Ge)	4.0		1.7～100μm

当选择防反射膜时,必须考虑反射率与入射角的关系,一般膜的层数越多,反射率开始增大的入射角就越小。

许多物质的折射率受膜的制备条件(制备方法、气体成分、沉积速率等)的影响很大。一般在镀膜过程中直接监视并控制膜的反射率和透射率,最好在反射率达到最小时停止镀膜。

3. 吸收膜

吸收膜是一种对一定波长的光能够有效吸收的光学薄膜,即当吸收膜受到由不同波长组成的光波照射时,可以有选择性的吸收。

光学多层膜的应用实例之一是太阳光选择吸收膜。当需要有效地利用太阳能时,就要考虑采用对太阳光吸收较多,而由热辐射等引起的损耗较小的吸收面,从图 8-5 所示可以看出,太阳光谱的峰值约在 0.5μm 处,全部能量的 95% 以上集中在 0.3～2μm 之间。另一方面,由被加热的物体所产生的热辐射的光谱是普朗克公式揭示的黑体辐射光谱和该物体的辐射率之积。在几百摄氏度的温度下,黑体辐射光谱主要集中在 2～20μm 的红外波段。由于太阳辐射光谱与热辐射光谱在波段上存在着这种差异,因此,为了有效地利用太阳热能,就必须考虑采用具有波长选择特性的吸收面。这种吸收面对太阳能吸收较多,同时由于热辐射所引起的能量损耗又比较小,即在太阳辐射光谱的波段(可见波段)中吸收率大,在热辐射光谱波段(红外波段)中辐射率小。采用在红外波中反射率高达 1、辐射率非常小的金属,可以在可见光波段中降低其反射率,增大其吸收。

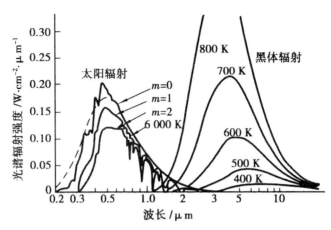

图 8-5　太阳辐射光谱与黑体辐射光谱
（m:光学空气质量）

利用半导体层中的带间跃迁吸收的方法,在金属表面沉积一层半导体薄膜,其吸收端波长在 $1 \sim 3 \mu m$ 之间（$E_g = 1 \sim 0.4 eV$）。当波长比吸收端波长短时,由于薄膜的吸收系数很大,可以吸收太阳光;当波长比吸收端波长长时,半导体层是透明的,可以得到由衬底金属所导致的高反射率。用于这一目的的半导体有 $Si(E_g = 1.1 eV)$、$Ge(E_g = 0.7 eV)$ 和 $PbS(E_g = 0.4 eV)$。

它们在可见光波段的折射率较大,反射损耗较大。降低半导体反射的措施有:

①适当地选取半导体层的膜厚,通过干涉效应来降低反射率。

②在半导体层上再沉积一层防反射膜。

③使半导体表面形成多孔结构,利用重反射的方法,使反射率降低。

4. 紫外探测器用膜

目前,已投入商业和军事应用的紫外探测器主要有紫外真空二极管、紫外光电倍增管、紫外图像增强管和紫外摄像管、多阳极微道板阵列（MAMA）和固体宽禁带紫外探测器等。

硅基紫外探测器发展比较成熟,但存在许多缺点,例如,紫外与可见光的分辨率低,对紫外敏感性不高等,最重要的是监测高强度深紫外光时辐射硬度低,工作寿命短。以宽禁带材料为基础的新型固体紫外探测器,其成像范围正好处在太阳盲区。所谓"太阳盲区",即波长短于 291nm 的中紫外辐射,由于同温层的臭氧的吸收,基本上到达不了地球近地表面,这就会造成近地球表面附近太阳光的中紫外光辐射几乎消失。因此,对于这些宽禁带探测器而言,在不需要昂贵的滤光片的前提下,任何中紫外光辐射引起的响应都是有效信号,这有利于提高紫外/可见光的分辨率。这些宽带隙半导体紫外探测器主要包括:$SiC(E_g = 2.9 eV)$、$GaN(E_g = 3.4 \sim 6.2 eV)$、$ZnO(E_g = 3.37 eV)$、金刚石（$E_g = 5.5 eV$）和硼氮磷（BNP）合金材料（$200 \sim 400nm$）紫外探测器等。由于金刚石薄膜的性能与天然金刚石的性能非常接近,而化学气相沉积技术很容易制备出大面积、高质量、低成本的金刚石膜。因此,人们开始关注以化学气相沉积金刚石膜作为探测材料的紫外探测器研究,其中,PN 结结构的化学气相沉积金刚石膜紫外探测器的结构示意图如图 8-6 所示,它是在 Si 衬底上,用化学气相沉积技术连续沉积由硼和磷掺杂的金刚石膜,形成 P 型和 N 型金刚石层,P 型和 N 型金刚石层形成 PN 结。然后,在金刚石层上做一电极就构成了 PN 结结构的化学气相沉积金刚石膜紫外探测器。

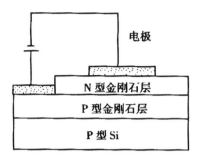

图 8-6　金刚石膜紫外探测器的结构

8.1.5　磁性薄膜

目前,磁性薄膜是一个十分活跃的研究领域,因为用它能够制造计算机快速存贮元件。1955 年发现在磁场中沉积的磁性薄膜沿该磁场方向呈矩形磁滞回线,这表明磁性薄膜可以作成双稳态元件;同时也发现元件从一个稳态转换到另一个稳态所需的时间极短(约 10^{-9} 秒),利用薄膜代替铁氧体磁芯的研究取得了成功。

1. 磁性膜的基本性质

饱和磁化强度 M_s 是膜厚 L 和温度 T 的函数,在三维情况下,$M_s(T)$ 服从 $T^{3/2}$ 的关系,而当 $L=30\mathrm{nm}$ 以下时,随 L 的减少,由于 $T^{3/2}$ 关系变为 T 的关系。由此可推断,随着膜厚 L 的减少,居里温度 T_c 也会降低。

铁磁性薄膜具有单轴磁各向异性,并由此产生矩形磁化曲线和磁滞回线。由于薄膜中所特有的内应力分布,认为磁滞伸缩是诱发产生垂直磁各向异性的原因。

2. 巨磁电阻薄膜

磁性金属及合金一般都具有磁电阻效应。磁电阻效应是指材料在磁场作用下其电阻发生变化的现象。磁场作用下材料的电阻称为磁电阻(Magneloresistance,MR),表征 MR 效应大小的物理量为 MR 比,$MR=(R_H-R_0)/R_H$ 或 $MR=(\rho_H-\rho_0)/\rho_H$,其中,$R_H$、$\rho_H$ 分别为磁场为 H 时的电阻和电阻率,R_0、ρ_0 则分别为磁场为零时的电阻和电阻率。通常磁场作用下金属的电阻改变很小,而铁磁金属的磁电阻效应较明显,在室温下达到饱和时的磁电阻值比零磁场时的电阻值加大约 $1\%\sim5\%$,且沿磁场方向测得的电阻增加,呈正电磁阻效应。但在 1988 年发现,在 Fe/Cr 周期性多层膜结构中,测得的磁电阻值比单弛的铁薄膜小得多,呈负磁电阻效应。当温度为 4.2K,对 Fe/Cr 多层膜结构测得的磁电阻变化率高达 50%,于是产生了"巨磁电阻"一词作为描述这种现象的术语,即巨磁电阻效应是指在一定的磁场下电阻急剧减小的现象,一般减小的幅度比通常磁性金属及合金材料磁电阻的数值高一个数量级。磁电阻效应比较大的材料称为巨磁电阻材料,它包括多层膜、自旋阀、颗粒膜、磁性隧道结薄膜等。

(1)磁性金属多层膜

铁磁层(铁、镍、钴及其合金)和非磁层(包括 3d、4d 以及 5d 非磁金属)交替重叠构成的金属磁性多层膜常具有巨磁电阻效应,其中每层膜的厚度均在纳米量级。在多层膜系统中,较大的磁电阻变化往往伴随着较强的层间交换耦合作用,只有在强磁场的作用下才能改变磁矩的相对取向,而且电阻的变化灵敏度比较小,一般不能满足实用化的技术要求。

(2)自旋阀

目前,所谓的"自旋阀"是实用多层膜,典型的自旋阀结构主要由铁磁层(自由层)、隔离层(非磁性层)、铁磁层(钉扎层)、反铁磁层4层组成。通常磁性多层膜中由于存在较强的层间交换耦合,因此磁电阻的灵敏度非常小。当两磁层被非磁层隔开后,使相邻的铁磁层不存在或只有很小的交换耦合,在较小的磁场作用下,就可使相邻层从平行排列到反平行排列或从反平行排列到平行排列,从而引起磁电阻的变化,这就是自旋阀结构。一般自旋阀结构中被非磁性层隔开的一层是硬磁层,其矫顽力大,磁矩不易反转;另一层是软磁层,其矫顽力小,在较小的磁场作用下,就可以自由反转磁矩,使电阻有较大的变化。因自旋阀的高灵敏度特性,使它成为在应用上首先得到青睐的一类巨磁电阻材料。

(3)金属颗粒膜

金属颗粒膜是铁磁性金属(如钴、铁等)以颗粒的形式分散地镶嵌于非互熔的非磁性金属(如银、铜等)的母体中形成的。磁场的作用将改变磁性颗粒磁化强度的方向,从而改变自旋相关散射的强度。颗粒膜中的巨磁电阻效应目前以钴-银体系最高,室温可达20%,在液氮温度可达55%。与多层膜相比,颗粒膜的优点是制备方便,一致性、重复性高,成本低,热稳定性好。

(4)磁性隧道结

通过两个铁磁金属膜之间(如铬、钴、镍或FeNi)的金属氧化物势垒(如氧化铝)的自旋极化隧穿过程,也可以产生巨磁电阻效应,这种非均匀磁系统,即铁磁金属/绝缘体/铁磁金属"三明治"结构通常称为磁隧道结。当上下两铁磁层的矫顽力不同(或其中一铁磁层被钉扎)时,它们的磁化方向随着外场的变化呈现出平行或反平行状态。由于磁性隧道结中两铁磁层间不存在或基本不存在层间耦合,因而只需一个很小的外场即可使其中一个铁磁层反转方向,实现隧道电阻的巨大变化,因此,隧道结较之金属多层膜具有高的磁场灵敏度。对于磁性隧道结多层膜体系,在垂直于膜面(即横跨绝缘体材料层)的电压作用下,电子可以隧穿极薄的绝缘层,保持其自旋方向不变,故称为隧道巨磁电阻效应。由于它的饱和磁场非常低,磁电阻灵敏度高,同时磁隧道结这种结构本身电阻率很高,能耗小,性能稳定,所以被认为有很大的应用价值。

(5)巨磁电阻的应用

巨磁电阻薄膜在磁记录中主要用于高密度的读出磁头,它大大地增加了磁头的灵敏度和可靠性,使高密度磁盘技术取得突破。目前,利用巨磁电阻效应制成的读出磁头主要是自旋阀结构。另外,巨磁电阻薄膜在汽车中的传感器也得到应用。实现汽车运动控制的关键之一是高可靠度、高性能、低成本的传感器。国内目前在汽车上应用较广的传感器是霍尔器件。虽然它结构简单,价格低廉,但其测量精度较低,对于需要高精度测量的场合,测量精度较低,不能满足需要。由于其材料特性和结构特点,限制了其分辨率的继续提高和在较高温度场合的应用。随着汽车对分辨率要求不断提高,国际上采用巨磁电阻材料,使得车用传感技术正向着金属巨磁电阻磁编码传感器方向发展。

3. 磁泡

磁泡是 30 年来在磁学领域中发展起来的一个新概念。一般情况下,一个铁磁体总要分成很多小区域,在同一个小区域中磁化矢量方向是相同的,这样的小区域称为磁畴。相邻两个磁畴的磁化矢量方向总是不同的。1932 年 Bloch 建立畴壁概念,他指出在两个磁畴的分界面处,磁化矢量方向的变化不是突然由一个磁畴的方向变到另一个磁畴的方向,而是在一个小的范围内逐渐地变化过去的。磁畴和磁畴之间过渡区称为畴壁。磁泡材料主要用于制造磁泡存储器,这种存储器具有存储密度大、消耗功率低、信息无易失性等优点,是一种正在发展很有希望的存储器。

(1)磁泡的形成

磁泡是在磁性薄膜中形成的一种圆柱状的磁畴。在未加外磁场时,薄膜中的磁畴呈迷宫状,由一些明暗相间的条状畴构成,两者面积大体相等,见图 8-7(a)所示。明畴中的磁化方向是垂直于膜面向下的,而暗畴中的磁化方向是垂直于膜面向上的。在垂直于膜面向下的方向加一外磁场 H_B,随 H_B 增大,明畴的面积逐渐增大,暗畴的面积逐渐减小,部分暗畴变成一段一段的段畴,见图 8-7(b)。当 H_B 增加到某一值时,段畴缩成圆形的磁畴,见图 8-7(c)。这些图形的磁畴看起来很像是一些泡泡,故被称为磁泡。

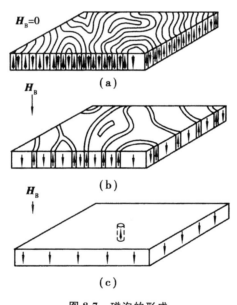

图 8-7 磁泡的形成

从垂直于膜面的方向来看,磁泡是圆形的,但实际上磁泡是圆柱形的,在磁泡区域中磁化方向和 H_B 相反。如增加 H_B,则磁泡的直径将随 H_B 的增大而减小。H_B 增加到某一数值时,磁泡会突然消失。

在形成磁泡以后,如果 H_B 保持不变,则磁泡是很稳定的,即已经形成的磁泡不会自发地消灭,没有磁泡的区域也不会自发地形成新的磁泡。在磁性薄膜的某一位置上"有磁泡"和"没有磁泡"是两个稳定的物理状态,可以用来存贮二进制的数字信息,用磁泡来存贮信息的技术称为磁泡技术。

(2)磁泡材料及制备技术

磁泡材料种类很多,但不是任何一种磁性材料都能形成磁泡。磁泡只能在自发磁化矢量方向垂直于膜面的材料中形成,而且要使缺陷尽量少,透明度尽量高,磁泡的迁移速度要快,材料的化学稳定性、机械性能要好。

以 $YFeO_3$ 为代表的钙钛矿型稀土正铁氧体是最早研究的磁泡材料,它们形成的泡径太大,温度稳定性差;磁铅石型铁氧体泡径很小(0.3μm 左右),但迁移速度小,因而这两类材料目前研究较少。

20 世纪 70 年代出现的稀土石榴石铁氧体具有泡径小、迁移速度快等特点,成为当前研究最多,并已制成实用器件的一种磁泡材料。这种材料属于高对称的立方晶系,具有单轴磁各向异性,稀土离子可增大各向异性磁场。

磁泡材料主要通过外延法生长出单晶薄膜。液相外延法是:使溶解有析晶物质的饱和熔液与保持稍低温度的基片相接触,以生长单晶薄膜。基片通常是无磁性的钆镓石榴石($Gd_3Ga_5O_{12}$,GGG)单晶片。用液相外延法已生长出 $Eu_{2.0}Er_{1.0}Ga_{0.7}Fe_{4.3}O_{12}$ 和 $Eu_{1.0}Er_{2.0}Ga_{0.7}Fe_{4.3}O_{12}$ 等稀土石榴石薄膜单晶,质量较好,磁性缺陷密度仅为 2 个缺陷/cm^2。

生长磁泡薄膜较好的方法是气相外延法,其以稀土和铁的卤化物做原料,首先在高温下将其变为气体,然后通过氧化沉积到基片上,以长出单晶薄膜。目前用这种方法已生长出 $Y_3Fe_5O_{12}$,$Gd_3Fe_5O_{12}$,$Y_{1.5}Gd_{1.5}Fe_5O_{12}$ 等石榴石单晶薄膜。该方法工艺简单,沉积速度快。

8.2 梯度功能材料

随着现代科学技术的发展,金属和陶瓷的组合材料受到了极为广泛的重视,这是由于金属具有强度高、韧性好等优点,但在高温和腐蚀环境下却难以胜任。而陶瓷具有耐高温、抗腐蚀等特点,但却具有难以克服的脆性。金属和陶瓷的组合使用,则可以充分发挥两者长处,克服其弱点。然而用现有技术使金属和陶瓷粘合时。由于两者界面的膨胀系数不同,往往会产生很大的热应力,引起剥离、脱落或导致耐热性能降低,造成材料的破坏。

梯度功能材料(Functionally Gradient Materials,FGM)的研究开发最早始于 1987 年日本科学技术厅的一项"关于开发缓和热应力的梯度功能材料的基础技术研究"计划。所谓梯度功能材料,是依据使用要求,选择使用两种不同性能的材料。采用先进的材料复合技术,使中间部分的组成和结构连续地呈梯度变化,内部不存在明显的界面,从而使材料的性质和功能,沿厚度方向也呈梯度变化的一种新型复合材料。这种复合材料的显著特点是克服了两材料结合部位的性能不匹配因素,同时,材料的两侧具有不同的功能。

8.2.1 梯度功能材料的分类及特点

梯度功能材料是一种集各种组分(如陶瓷、金属、纤维、聚合物等)、结构、物性参数和物理、化学、生物等单一或综合性能都呈连续变化,以适应不同环境,实现某一特殊功能的新型材料,它与通常的混杂材料和复合材料有明显的区别,如表 8-2 所示。

表 8-2　梯度功能材料与混杂材料及复合材料的比较

材　　料	混杂材料	复合材料	梯度材料
设计思想	分子、原子级水平合金化	材料优点的相互复合	特殊功能为目标
组织结构	$0.1nm \sim 0.1\mu m$	$0.1\mu m \sim 1m$	$10nm \sim 10\mu m$
结合方式	分子间力	化学键/物理键	分子间力/化学键/物理键
微观组织	均质/非均质	非均质	均质/非均质
宏观组织	均质	均质	非均质
功能	一般	一般	梯度化

1. 梯度功能材料的分类

梯度功能材料按材料的组合方式,可分为金属—非金属、金属—陶瓷、陶瓷—陶瓷、陶瓷—非金属以及非金属—塑料等多种结合方式。

梯度功能材料按组成变化,可分为以下三类:

①梯度功能涂覆型:在基体材料上形成组成渐变的涂层。

②梯度功能整体型:组成从一侧到另一侧呈梯度渐变的结构材料。

③梯度功能连接型:黏结两个基体间的接缝的组成呈梯度变化。

2. 梯度功能材料的特点

梯度功能材料的主要特征有以下三点:

①材料的内部没有明显的界面。

②材料的组分和结构呈连续梯度变化。

③材料的性质也相应呈连续梯度变化。

更具体地说,功能梯度材料能够以下列几种方式来改善一个构件的热机械特征:

①热应力值可减至最小,而且适宜地控制热应力达到适宜的临界位置。

②对于一给定的热机械载荷作用,推迟塑性屈服和失效的发生。

③抑制自由边界与界面交接处的严重的应力集中和奇异性。

④与突变的界面相比,可以通过在成分中引入连续的或逐级的梯度来提高不同固体(如金属和陶瓷)之间的界面结合强度。

8.2.2　梯度光折射率材料

在传统的光学系统中,各种光学元件所用的材料都是均质的,每个元件内部各处的折射率为常数。在光学系统的设计中主要通过透镜的形状、厚度来成像,并利用各种透镜的组合来优化光学性能。梯度折射率材料则是一种非均质材料,它的组分和结构在材料内部按一定规律连续变化,从而使折射率也相应地呈连续变化。它也可简称为梯折材料。

1. 梯度折射率材料的折射率梯度类型和成像原理

(1)径向梯度折射率材料及其成像原理

径向梯度折射率材料是圆棒状的。光线在镜内以正弦曲线的轨迹传播,如果折射率从轴心到边缘连续增加,就是自发散透镜相当于凹透镜;如果折射率从轴心到边缘连续降低,就是自聚焦透镜,相当于普通凸透镜。它的成像原理如图 8-8 所示。

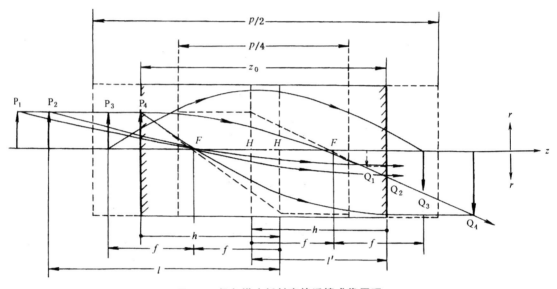

图 8-8　径向梯度折射率棒透镜成像原理

图 8-8 中 P_1、P_2、P_3、P_4 分别为实物,Q_1、Q_2、Q_3、Q_4 分别为像,轴向表示为 z,径向表示为 r,主点用 H,焦点为 F,z_0 则为棒长,h 为棒端面至主平面距离,f 为焦距,l 和 l' 分别为物距和像距,$p=2\pi/\sqrt{A}$ 而 A 为折射率分布系数。和普通凸透镜一样,有以下关系:

$$\frac{1}{l}+\frac{1}{l'}=\frac{1}{f} \tag{8-1}$$

$$M=\frac{l'}{l} \tag{8-2}$$

式中,M 为倍率。

为了获得理想的成像,1951 年 Mikaeligan 提出了能理想成像的径向梯度折射率分布模型。1954 年 Fletcher 等人发表了对该模型的解析表达式:

$$n(r)=n_0\,\text{sech}(gr) \tag{8-3}$$

式中,g 为常数;n_0 为棒光轴处的折射率;r 为离开光轴的距离。

不久,又提出了更为合适的多项式表达式:

$$n^2(r)=n_0^2\left[1-(gr)^2+h_4(gr)^4-h_6(gr)^6+\cdots\right] \tag{8-4}$$

式中,h_4、h_6 分别为 4 次和 6 次系数。经计算认为采用下式已比较接近理论分布:

$$n^2(r)=n_0^2\left[1-(gr)^2+\frac{2}{3}(gr)^4-\frac{17}{45}(gr)^6\right] \tag{8-5}$$

为了更简单起见,可近似地令 $h_4 = 1/4$,h_6 及以上的高次项忽略不计,此时得:

$$n^2(r) = n_0^2 \left[1 - \frac{1}{2}(gr)^2 \right]^2$$

即

$$n(r) = n_0 \left(1 - \frac{A}{2}r^2 \right) \tag{8-6}$$

式中,$A = g^2$,为折射率分布系数。

式(8-6)是一个抛物线型的分布式,如图 8-9 所示。

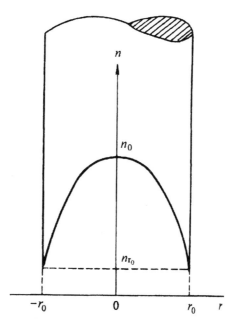

图 8-9 径向梯度折射率棒的抛物线型分布

(2)轴向梯度折射率材料及其成像原理

轴向梯度折射率材料的折射率沿圆柱形材料的轴向呈梯度变化,如果折射率分布用下式表示:

$$n(z) = n(0)(1 - Az^\beta) \tag{8-7}$$

式中,$n(z)$ 为沿轴向 z 处的折射率;$n(0)$ 为端面处折射率;A 为分布系数;z 为 z 轴处任一点离端面距离;β 为分布指数。

当轴向梯折材料加工成如图 8-10 所示的平凸透镜,其厚度为 d。理论计算表明 β 为 1,即折射率沿轴向以线性分布时,成像质量最为理想。

(3)球向梯度折射率材料

球向梯度折射率材料的折射率对称于球内某点而分布,这个对称中心可以是球心,也可以不是。它的等折射率面是同心球面。早在 1854 年 Maxwell 就提出了球面梯度透镜的设想。他提出折射率分布式为下式时,可以理想聚焦:

$$n(r) = n_0 \left[1 + (r/a)^2 \right]^{-1} \tag{8-8}$$

式中,n_0、a 为常数;r 为离开球心的距离。

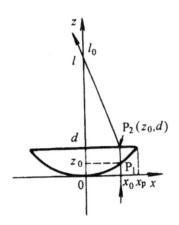

图 8-10 轴向梯度折射率平凸透镜

2. 梯度折射率材料的种类和制法

梯度折射率材料的制作和元件的制作是同步进行的。由于这一特点,其种类除按化学成分分类外,还经常按其元件的构造来分类。

按元件的构造分,可分为轴向梯度折射率棒透镜、径向梯度折射率棒透镜、球向梯度折射率球透镜、平板透镜(如图 8-11 所示)、平板微透镜阵列(如图 8-12 所示)、梯度折射率光波导元件(如图 8-13 所示)等。

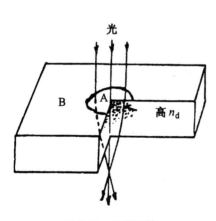

图 8-11 平板透镜

A—基板;B—透镜

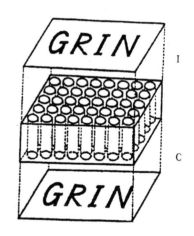

图 8-12 平板微透镜阵列

O—实物;I—像

梯度折射率材料的制备方法的研究可以追溯到 1900 年,当时柯达公司的 Wood 用明胶倒成了折射率沿径向变化的圆柱棒,沿垂直于棒轴方向的切片具有聚光和散光作用,这就是现在的径向梯度棒的雏形。此后,对梯折材料制法的研究经过近 70 年,发展缓慢。到 1969 年,离子交换法的发明,才有所突破。此后,研究了许多种制备方法,共有 20 多种如表 8-3 所示。

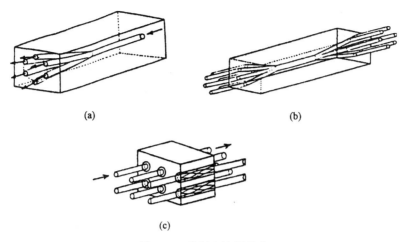

图 8-13　梯折光波导元件

(a)径向梯折分支光路器；(b)径向梯折星形耦合器；(c)径向梯折多路耦合器

表 8-3　梯度折射率材料的制备方法

GIM 类型	无机 GIM		高分子 GIM	
	制备方法	参数	制备方法	参数
径向梯度棒透镜	离子交换法	$\Delta n = 0.01 \sim 0.10$, NA$\approx 0.5$	高分子盐离子交换法	$\Delta n = 0.01$, $\phi = 0.01 \sim 5.00$mm
	中子辐射法		共混高分子溶出法	$\Delta n = 0.01$, $\phi = 0.01 \sim 5.00$mm
	化学气相沉积法	$\Delta n = 0.52$	单体挥发法	$\Delta n = 0.02 \sim 0.03$, $\phi = 10$mm
	分子填充法	$\Delta n = 0.025 \sim 0.060$ NA≈ 0.6	薄膜层合法	
	溶胶—凝胶法	$\Delta n = 0.016$	扩散法	$\phi = 10$mm
			扩散化学反应法	$\phi = 1 \sim 5$mm
			扩散共聚法	$\Delta n = 0.01 \sim 0.03$, $\phi = 3 \sim 10$mm
			离心力法	$\Delta n = 0.07$, $\phi = 2 \sim 30$mm
			光共聚法	$\Delta n = 0.004 \sim 0.030$, $\phi = 1 \sim 4$mm

GIM 类型	无机 GIM		高分子 GIM	
	制备方法	参数	制备方法	参数
轴向梯度透镜	晶体增长法		沉淀共聚法	$\Delta n=0.010\sim0.025$, $z=10mm$
			扩散共聚法	$\Delta n=0.03\sim0.07$, $z=15mm$
			蒸气转移—扩散法	$\Delta n=0.04$, $z=12mm$
			共聚法	
球向梯度透镜	离子交换法		悬浮共聚法	$\Delta n=0.02\sim0.04$, $\phi=0.05\sim3.00mm$
梯度板透镜	分子填充法	$NA\approx0.22$		
梯度光波导元件和透镜阵列			界面凝胶共聚法	
梯度平板微透镜阵列	光刻—离子交换法	$\Delta n=0.27$, $NA\approx0.30$	扩散共聚法	
	化学气相沉积法	$\Delta n=0.52$		
	光化学反应法	$\Delta n=0.03$		
	感光性玻璃法	$NA=0.15\sim0.30$		

在表 8-3 所列的方法中,只有制备玻璃梯度棒的离子交换法达到了实用水平,其余方法均处于实验室阶段。

8.2.3 热防护梯度功能材料

热防护梯度功能材料是应现代航天航空工业等高技术领域的需要,为了满足在极限环境(超高温、大温度落差)下能反复地正常工作而发展起来的。早期提出这种材料的应用目标主要是用做航天飞机和宇宙飞船的发动机材料和壳体材料。当航天飞机往返大气层,马赫数为8,飞到 27000m 高空时,据推算机翼前沿和飞机头部的表面温度可达 1800℃ 以上,而燃烧室的温度更高,燃烧气体温度可超过 2000℃,燃烧室的热流量大于 $5MW/m^2$,其空气入口的前端热通量达 $50MW/m^2$,对如此巨大的热量必须采取冷却的措施。当用液氢对其进行冷却时,燃烧室壁内外温差仍大于 1000℃,而且空天飞机能完全重复使用,一般要求重复使用数百次或以上。如果将金属和陶瓷组合起来,使其组分和结构呈连续变化,可以充分发挥两者的优点,使其成为可在高温环境下应用的新型耐热材料,能够有效地解决热应力缓和问题。如图 8-14 所示,对高温侧壁采用耐热性好的陶瓷材料,低温侧壁使用导热和强度好的金属材料,材料从陶瓷逐渐过渡到金属,其耐热性逐渐降低,机械强度逐渐升高,热应力在材料两端均很小,在材料中部达到峰值,从而具有热应力缓和功能。新一代航天飞机队热防护材料提出来更高的超耐热性、耐久性和长寿命的要求。所以把热防护梯度功能材料的研制放在各类材料的首位是各国航天计划的共同特点。

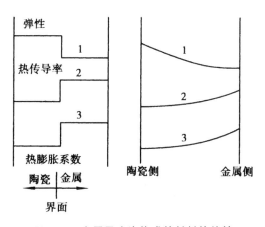

图 8-14　金属及陶瓷构成的材料的特性

1. 热防护梯度功能材料的设计

热防护梯度功能的开发研究涉及多学科、多产业的交叉和合作,这是一项很大的系统工程,它一般包括材料的设计、材料的合成(制备)和材料的特性评价三个部分,如图 8-15 所示。

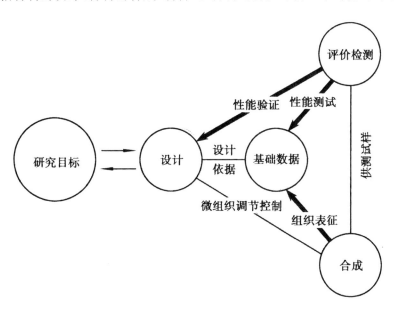

图 8-15　热防护梯度功能材料的研究体系

(1)热防护梯度功能材料的设计概念

热防护梯度材料主要是陶瓷-金属系,其设计概念如图 8-16 所示,这种复合材料的一侧由陶瓷赋予耐热性,另一侧由金属赋予其机械强度及热传导性,并且两侧之间的连续过渡能使温度梯度所产生的热应力得到充分缓和。

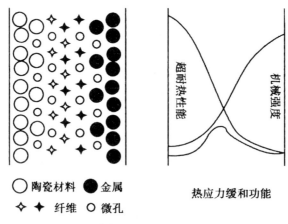

○ 陶瓷材料　● 金属

✧ ✦ 纤维　○ 微孔

图 8-16　梯度热防护功能材料设计概念

热防护梯度功能材料设计的目的是为了获得最优化的材料组成和组成分布(曲线)。首先根据材料的实际使用条件,进行材料内部组成和结构的梯度分布设计,然后借助计算机辅助设计和迭代运算,建立准确的计算模型,求得最佳的材料组合、内部组成分布、微观组织以及合成条件,从而达到热应力缓和。

(2)热防护梯度功能材料的设计程序

热防护梯度功能材料一般采用逆设计系统,其设计过程如下:

①通过指定的材料结构形状和受热环境,得出热力学边界条件。

②从已有的材料合成及性能知识库中,选择有可能合成的材料组合体系(如金属—陶瓷材料)及制备方法。

③假定金属相、陶瓷相以及气孔间的相对组合比及可能的分布规律,再用材料微观组织复合的混合法则得出材料体系的物理参数。

④采用热弹性理论及计算数学方法,对选定材料体系组成的梯度分布函数,进行温度分布模拟和热应力模拟,寻求达到最大功能(一般为应力/材料强度值达到最小值)的组成分布状态及材料体系。

⑤将获得的结果提交材料合成部门,根据要求进行梯度功能材料的合成。

⑥合成后的材料经过性能测试和评价再反馈到材料设计部门。

⑦经过循环迭代设计、制备及评价,从而研制出实用的梯度功能材料。

图 8-17 所示为热防护梯度功能材料的逆设计框图。

在热防护梯度功能材料的设计中,梯度功能材料所需的物性数据的推定方法和梯度功能材料的理论模型与热应力解析方法是两项主要研究内容,它们在很大程度上影响设计的正确和精确程度。同时,从目前水平看梯度功能材料的设计,往往不是一次设计就可完成的,而是要经过多次的设计→合成→生能评价的反复过程,才能得到较好的结果。

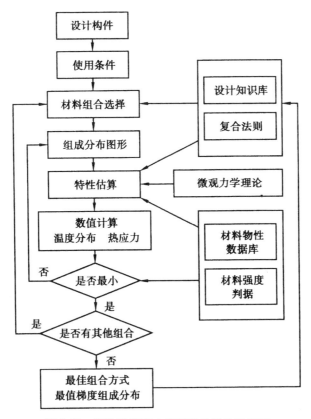

图 8-17 热防护梯度功能材料的逆设计框图

8.2.4 梯度功能材料的制备

材料的性能取决于体系选择及内部结构,对梯度功能材料必须采取有效的制备技术来保证材料的设计。下面是已开发的梯度材料制备方法。

1. 化学气相沉积法(CVD)

通过两种气相均质源输送到反应器中进行均匀混合,在热基板上发生化学反应并沉积在基板上。该方法的特点是通过调节原料气流量和压力来连续控制改变金属-陶瓷的组成比和结构。用此方法已制备出厚度为 0.4~2mm 的 SiC-C,TiC-C 的 FGM 材料。

2. 物理蒸发法(PVD)

通过物理法使源物质加热蒸发而在基板上成膜。现已制备出 Ti-TiN,Ti-TiC,Cr-CrN 系的 FGM 材料。将该方法与 CVD 法结合已制备出 3mm 厚的 SiC-C-TiC 等多层 FGM 材料。

3. 颗粒梯度排列法

颗粒梯度排列法又分颗粒直接填充法及薄膜叠层法。前者将不同混合比的颗粒在成型时呈梯度分布,再压制烧结。后者是在金属及陶瓷粉中掺微量粘结剂等,制成泥浆并脱除气泡压成薄膜,将这些不同成分和结构的薄膜进行叠层、烧结,通过控制和调节原料粉末的粒度分布和烧结收缩的均匀性,可获得良好热应力缓和的梯度功能材料,现已制备出部分稳定氧化锆－耐热合金的 FGM 材料。

4. 等离子喷涂法

等离子喷涂法是将熔融状态的喷涂材料用高速气流使之雾化,并喷射在基材表面形成涂层的一种表面加工方法。其基本原理是:使用粉末状物质作为喷涂材料,以 N_2、Ar 等气体为载体,吹入等离子射流中,粉末在被加热熔融后进一步加速,以极高速度冲撞在基材表面形成涂层。方法的关键是必须精确地控制组分比、喷涂速度、喷涂压力和喷涂颗粒的粒度等参数,调整 FGM 的组织结构和成分。等离子喷涂法可以分为同时喷涂法和低压喷涂法。前者采用多套独立的喷涂装置分别精确控制喷涂成分制备;后者采用一套可调组分的喷涂装置直接制备。等离子喷涂法适合于几何形状复杂的器材表面梯度涂覆和加工。例如,以低压等离子喷涂法(LPPS)向粉末喷涂的梯度专用喷涂装置,在基板上喷涂单层 NiCr 合金粉末;再用质量分数位 10％的 ZrO_2 粉和 90％的 NiCr 合金粉末喷涂;然后在配料中逐步减少合金粉末;最后用 100％部分稳定 ZrO_2 粉末喷涂,膜厚达 1mm,此技术已用于飞机喷气发动机的表面改性和相关材料的表面改性,材料表面的温度可达 1100～1300℃,内外侧温差可达到 500～600℃。日本用多离子喷轮的等离子喷涂技术喷涂 $ZrO_2/8Y_2O_3$ 陶瓷粉末和 Ni-Cr-Al-Y 合金粉末,形成二层或三层涂层,明显提高了基体金属的隔热性和耐热疲劳性。国外已制备出部分稳定 $ZrO_2/NiCr$、Ni-Cr-Al-$Y/ZrO_2/8Y_2O_3$ 系。

5. 液膜直接成法

将聚乙烯醇(PVA)配制成一定浓度的水溶液,加一定量单体丙烯酰胺(AM)及其引发剂与交联剂,形成混合溶液,经溶剂挥发、单体逐渐析出、母体聚合物交联、单体聚合与交联形成聚乙烯醇(PVA)—聚丙烯酰胺(PAM)复合膜材料。

6. 薄膜浸渗成型法

将已交联(或未交联)的均匀聚乙烯醇薄膜置于基板上,涂浸一层含引发剂与交联剂的 AM 水溶液。溶液将由表及里向薄膜内部浸渗。形成具有梯度结构的聚合物。

8.2.5 梯度功能材料的应用

梯度功能材料作为一种新型功能材料,在航天工业、能源工业、电子工业、光学材料、化学工程和生物医学工程等领域具有重要的应用,如表 8-4 所示。

表 8-4　梯度功能材料的应用

工业领域	应用范围	材料组合
航天工程	航天飞机的耐热材料 陶瓷引擎 耐热防护材料	陶瓷和金属 陶瓷、碳纤维和金属 陶瓷、合金和特种塑料

工业领域	应用范围	材料组合
核工程	核反应堆内壁及周边材料 控制用窗口材料 等离子体测试 放射线遮蔽材料 电绝缘材料	高强度耐热材料 高强度耐辐射材料 金属和陶瓷 碳纤维、金属和特种塑料
电子工程	永磁、电磁材料 磁头、磁盘 三维复合电子元件 陶瓷滤波器 陶瓷振荡器 超声波振子 混合集成电路 长寿命加热器	金属和铁磁体 多层磁性薄膜 压电体陶瓷 金属和陶瓷 硅与化合物半导体
光学工程	高性能激光棒 大口径 GRIN 透镜 多模光纤 多色发光元件 光盘	光学材料的梯度组成 透明材料与玻璃 折射率不同的光学材料
传感器	固定件整体传感器 与多媒体匹配音响传感器 声呐 超声波诊断装置	传感器材料与固定件 材料间的梯度组成 压电体的梯度组成
化学工程	功能高分子膜 膜反应器、催化剂 燃料电池 太阳能电池	陶瓷和高分子材料 金属和陶瓷 导电陶瓷和固体电解质 硅、锗和碳化硅陶瓷
生物医学工程	人造牙齿、人造骨 人造关节 人造器官	HA 陶瓷和金属 HA 陶瓷、氧化铝和金属 陶瓷和特种塑料

1. 航天工业超耐热材料

采用热应力缓和梯度材料,有可能解决航天飞机在往返大气层的过程中,机头的前端和机翼的前沿处于超高温状态导致的一些问题。从 1987 年到 1991 年这 5 年里,日本科学家成功地开发了热应力缓和型 FGM,为日本 HPOE 卫星提供小推力火箭引擎和热遮蔽材料。由于该研究的成功,日本科技厅于1993年又设立为期5年的研究,旨在将FGM推广和使用。

2. 核反应堆材料

核反应堆的内壁温度高达6000K,其内壁材料采用单纯的双层结构,热传导不好,孔洞较多,在热应力下有剥离的倾向。若采用金属—陶瓷结合的梯度材料,能消除热传递及热膨胀引起的应力,解决界面问题,可能成为替代目前不锈钢/陶瓷的复合材料。

3. 无机膜反应器材料

无机膜反应器若采用梯度功能材料进行制备,不仅可以提高反应的选择性,而且可以改善反应器的温度分布,优化工艺操作,有利于提高反应生成物的产率。

4. 生物材料

由羟基磷灰石(HA≥陶瓷和钛或Ti-6Al-4V合金组成的梯度功能材料可作为仿生活性人工关节和牙齿,图8-18所示为用FGM制成的人工牙齿示意图,完全仿照人的真实牙齿构造,齿根的外表面是布满微孔的磷灰石陶瓷。因为HA是生物相容性优良的生物活性陶瓷,钛及其合金是生物稳定性和亲和性好的高强度材料。采用烧结法将它们制成含有HA陶瓷涂层的钛基材(HA-G-Ti),特别适于植入人体,如图8-19所示。

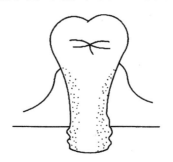

图 8-18 梯度功能材料制成的人造牙

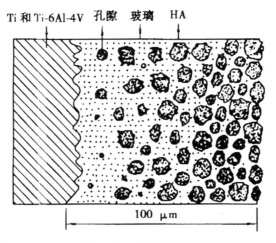

图 8-19 HA—玻璃—钛功能梯度复合材料截面示意图

梯度功能材料是一种设计思想新颖、性能极为优良的新材料,其应用领域非常广泛。但是,从目前来看,除宇航和光学领域已部分达到实用化程度外,其余离实用还有很大距离。由于所用材料的面很广,材料组合的自由度很大,即使针对某个具体应用目标,研究工作的量和难度都很大。因此,研究出一种更新的更快速的梯度功能材料的设计、制备和评价方法显得非常迫切。如果将梯度功能材料的结构和材料梯度化技术与智能材料系统有机地结合起来,将会给材料科学带来一场新的革命。

第9章 纳米功能材料

9.1 概述

9.1.1 纳米材料的含义

纳米作为材料的衡量尺度,其大小为 1nm(纳米)=10^{-9}(米),即 1 纳米是十亿分之一米,约为 10 个原子的尺度。纳米技术与单原子、分子测控科学技术密切相关,是用单个原子、分子制造物质的科学技术,即在单个原子、分子层次上对物质存在的种类、数量和结构形态进行精确的观测、识别与控制的研究与应用。

纳米材料是组成相或晶粒在任一维上尺寸小于 100nm 的材料。也叫超分子材料,是由粒径尺寸介于 1~100nm 之间的超细颗粒组成的固体材料。纳米材料按宏观结构分为由纳米粒子组成的纳米块、纳米膜,纳米多层膜及纳米纤维等,按材料结构分为纳米晶体、纳米非晶体和纳米准晶体,按空间形态分为零维纳米颗粒、一维纳米缘、二维纳米膜、三维纳米块。

纳米科技(Nano-ST)是 20 世纪 80 年代末期诞生并崛起的新科技,它的基本涵义是在纳米尺寸(10^{-9}~10^{-7}m)范围内认识和改造自然,通过直接操作和安排原子、分子创制新的物质。

纳米科技主要包括以下几个方面:纳米体系物理学;纳米电子学;纳米力学;纳米化学;纳米材料学;纳米生物学;纳米加工学。这七个组成部分是相对独立的。

隧道显微镜在纳米科技中占有重要的地位,它贯穿到七个分支领域中。由于电子学在人类的发展和生活中起了决定性的作用,因此在纳米科技的时代,纳米电子学也将继续对人类社会的发展起更大的作用。纳米科学所研究的领域是人类过去从未涉及的非宏观、非微观的中间领域,人类改造自然的能力已经延伸到分子、原子水平,标志着人类的科学技术进入了一个新时代——纳米时代。

9.1.2 纳米材料的发展

1. 纳米材料发展史

人类对纳米材料的认识可分为无意识和有意识两个阶段。人们无意识的制备纳米材料的历史至少可以追溯到 1000 年前。中国古代利用燃烧蜡烛来收集炭黑作为墨的原料以及用作着色的染料,这就是最早的纳米材料;中国古代铜镜表面的防锈层经检验,证实为纳米氧化锡颗粒构成的一层薄膜。但当时人们并不知道这是由人的肉眼根本看不到的纳米尺度小颗粒构成。约 1861 年,随着胶体化学的建立,科学家们开始了对于直径为 1~100nm 的粒子系统胶体的研究,但是当时的化学们并没有意识到在这样一个尺寸范围是人们认识世界的一个新的层次，而只是从化学的角度作为宏观体系的中间环节进行研究。

人们有意识的制备纳米材料是在 20 世纪 60 年代，1962 年，久保(Kubo)及其合作者针对金属超微粒子的研究，提出了著名的久保理论，推动了实验物理学家向纳米尺度的微粒进行探索；1963 年，Uyeda 及其合作者用气体冷凝法获得了超微颗粒，并对单个的金属超微颗粒的形貌和晶体结构进行了透射电子显微镜研究；1970 年，江崎和朱兆祥首先提出了半导体超晶格的概念。

20 世纪 70 年代末到 80 年代初，科学家们对一些纳米颗粒的结构、形态和特性进行了比较系统的研究。1984 年，德国萨尔大学的 Gleiter 教授等人首次采用惰性气体凝聚法制备了具有清洁表面的纳米粒子，然后在真空室中原位加压成纳米固体，并提出了纳米材料界面结构模型。1985 年，Kroto 等人采用激光加热石墨蒸发并在甲苯中形成碳的团簇，质谱分析发现 C_{60} 和 C_{70} 的新谱线，而 C_{60} 具有高稳定性的新奇结构。1990 年 7 月在美国巴尔的摩召开了国际第一届纳米科学技术会议，正式把纳米材料科学作为材料科学的一个新的分支公布于众，标志着纳米材料科学作为一个相对较独立的学科的诞生。1994 年在美国波士顿召开的 MRS 秋季会议上正式提出纳米材料工程，它是在纳米材料研究的基础上通过纳米合成、纳米添加发展新型的纳米材料，随后纳米材料方面的理论和实验研究都十分活跃。

2. 纳米材料发展现状

(1)国内现状

我国 20 世纪 80 年代起，就有科学家进行纳米科技的理论研究和纳米材料的制备。20 世纪 90 年代以来，我国在纳米科技领域已经取得了丰富的研究成果。中国的纳米科技事业几乎与几个先进国家同步，而且在某些领域达到了世界先进水平，甚至站在了世界的前沿，并取得了一系列举世瞩目的成就。

1996 年底，由吉林大学超硬材料国家重点实验室和长春节能研究所合作的科研项目——纳米金属材料的制备与应用研究，顺利通过鉴定，并获得了国家专利。1997 年，东北超微粉制造有限公司生产的纳米硅基陶瓷系列粉，经有关部门检测，各项技术指标均达到设计要求。同年，英国卢瑟福实验室宣布，由中国青年科学家张杰教授领导的研究组，获得了波长为 7.3nm 的 X 射线激光饱和输出，创造了 X 射线激光饱和输出最短波长的世界纪录。

(2)国外纳米材料与技术的发展现状

20 世纪 90 年代以来，世界各国真正开始大规模的对纳米科技进行投入。纳米碳管合成的成功，标志着具有奇特性能的新纤维问世，它具有韧性高、导电性极强，兼具金属性和半导性，被科学家称为“超级纤维”。由于纳米碳管的奇特性能，它的用途更为诱人，可制成极好的微细探针和导线等，前景十分广阔。

纳米技术的应用还远不仅仅局限于信息传导的新型材料上，利用纳米技术，微型化将在化学、物理学、生物学和电子工程学的交叉领域形成，并会在 21 世纪达到高峰。

早在 1995 年，欧盟一项研究报告说，10 年内纳米技术的开发将成为仅次于芯片制造的世界第二制造业，到 2010 年，纳米技术市场的价值将达到 400 亿英镑。另外，纳米技术在军事、医学领域都有了较好的发展。随着纳米科技的发展，纳米材料与技术是重要的一个方面。纳米材料和纳米结构是当今新材料研究领域中最富有活力、对未来经济和社会发展有着十分重要影响的研究对象,也是纳米科技中最为活跃、最接近应用的重要组成部分。近年来,纳米材料和纳米结构取得了引人注目的成就。例如,存储密度达到每平方厘米 400G 的磁性纳米棒阵列的量子磁盘,成本低廉、发光频段可调的高效纳米阵列激光器,价格低廉、高能量转化的纳米结构太阳能电池和热电转化元件,用作轨道炮道轨的耐烧蚀、高强、高韧纳米复合材料等的问世,充分显示了它在国民经济新型支柱产业和高技术领域应用的巨大潜力。正像美国科学家估计的"这种人们肉眼看不见的极微小的物质很可能给予各个领域带来一场革命"。

9.1.3 纳米材料的分类

纳米材料可以是单晶,也可以是多晶;可以是晶体结构,也可以是准晶或无定形相(玻璃态);可以是金属,也可以是陶瓷、氧化物或复合材料等。

1. 按形状分类

纳米材料形状分类大致可分为纳米粉末、纳米纤维、纳米膜、纳米块体等四类,其中纳米粉末开发时间最长、技术最为成熟,是生产其他三类产品的基础。

(1)纳米粉末

又称为超微粉或抄袭分,一般指粒度在 100nm 以下的粉末或颗粒,是一种介于原子、分子与宏观物体之间处于中间舞台的固体颗粒材料。可用于高密度磁记录材料,吸波隐身材料,磁流体材料,防辐射材料,人体修复材料,抗癌制剂等。

(2)纳米膜

纳米膜分为颗粒膜与致密膜。颗粒膜是纳米颗粒粘在一起,中间有极为细小的间隙的薄膜。致密膜是指膜层之间的晶粒尺寸为纳米级的薄膜。可用于气体催化材料,过滤器材料,高密度磁记录材料,光敏材料,平面显示材料,超导材料等。

(3)纳米纤维

纳米纤维指直径为纳米尺度而长度较大的线状材料,可用于微导线、微光纤(未来量子计算机与光子计算机的重要元件)材料,新型激光或发光二极管材料等。

(4)纳米块体

纳米块体是将纳米粉末高压成形或控制金属液体结晶而得到的纳米晶粒材料。主要用途为超高强度材料、智能金属材料等。

2. 按其结构分类

纳米材料至少是在一维方向上受到纳米尺度(1~100nm)调制的各种固体材料米材料结构大致可分为以下几类:

①零维的原子团簇和纳米微粒。

②一维调制的纳米单层或多层薄膜。

③二维调制的纳米纤维结构。

④三维调制的纳米相材料。

纳米材料结构如图 9-1 所示。

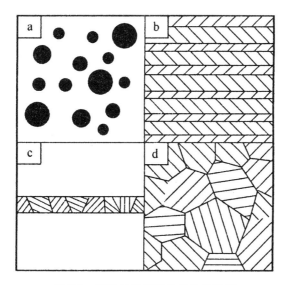

图 9-1　四种纳米材料的结构示意图
(a)原子团簇和纳米微粒;(b)纳米单层或多层薄膜;(c)纳米纤维;(d)纳米相材料

9.2　纳米材料的特性

对纳米材料来说,超细的晶粒、高浓度晶界以及晶界原子邻近状况决定了它们具有明显区别于无定形态、普通多晶和单晶的特异性能。有统计资料显示,纳米材料与多晶材料性能的差异(40%)远大于玻璃态和多晶材料(10%)。纳米材料性能的研究可成为其结构研究的佐证,亦为潜在的应用打下基础,下面将介绍一下纳米材料的基本性质。

9.2.1　小尺寸效应

当超微粒的尺寸与光波波长、德布罗意波长以及超导态的相干长度或透射深度等物理特征尺寸相当或更小时,周期性的边界条件将被破坏,声、光、电磁、热力学等特性均会呈现新的尺寸效应,称为小尺寸效应。

1. 力学性质

陶瓷材料在通常情况下呈现脆性,而由纳米微粒制成的纳米陶瓷材料却具有良好的韧性。纳米微粒制成的固体材料具有大的界面,界面原子排列相当混乱。原子在外力变形条件下容易迁移,从而表现出优良的韧性和延展性。

2. 热学性质

在纳米尺寸状态材料的另一种特性是相的稳定性。当人们足够地减少组成相的尺寸的时候,由于在限制的原子系统中的各种弹性和热力学参数的变化,平衡相的关系将被改变。例如,被小尺寸限制的金属原子簇熔点的温度,被大大降低到同种固体材料的熔点之下。平均粒径为

40nm 的纳米铜粒子的熔点由 1053℃ 下降到 750℃，降低 300℃ 左右。这是由 Gibbs—Thomson 效应而引起的。该效应在所限定的系统中引起较高的有效的压强的作用。

银的熔点 690℃，而超细银熔点变为 100℃。银超细粉制成的导电浆料，在低温下烧结，元件基片不必采用高温的陶瓷，可用塑料替代。日本川崎制铁公司 $0.1 \sim 1\mu m$ 的铜、镍超微粒制成导电浆料，可代替钯、银等贵金属。

超微粒的熔点下降，对粉末冶金工业具有一定的吸引力。例如，在钨颗粒中加入 0.1%～0.5% 的质量分数的纳米镍粉，烧结温度可从 3000℃ 降为 1200～1300℃。

3. 光学性质

所有金属纳米微粒均为黑色，尺寸越小，色彩越黑。银白色的铂变为铂黑，铬变为镍黑等。这表明金属纳米微粒对光的反射率很低，一般低于 1%。大约几纳米厚度即可消光，利用此特性可制作高效光热、光电转换材料，将太阳能转化为热能和电能，也可作为红外敏感材料和隐身材料。

4. 磁性

纳米微粒的磁性与体材料不同，见表 9-1。纳米材料具有很高的磁化率和矫顽力，具有低饱和磁矩和低磁滞损耗。20nm 纯铁纳米微粒的矫顽力是大块铁的 1000 倍，但当尺寸再减少时（6nm），其矫顽力反而下降到零，表现出超顺磁性。

表 9-1　纳米材料与体材料的磁性对比

体系	纳米材料	体材料
Na，K	铁磁	顺磁
Fe，Co，Ni	超顺磁	铁磁
Gd，Tb	超顺磁	铁磁
Cr	顺磁	反铁磁
Rh，Pd	铁磁	顺磁

9.2.2　表面界面效应

表面效应是指纳米粒子表面原子数与总原子数之比随粒径变小而急剧增大后所引起的性质上的变化。如当粒径降至 10nm 时，表面原子所占的比例为 20%，而粒径为 1nm 时，几乎全部原子都集中在粒子的表面，纳米晶粒的减小结果导致其表面积、表面能及表面结合能的增大，并具有不饱和性质，表现出很高的化学活性。

金属的纳米微粒在空气中会燃烧，无机材料的纳米微粒暴露在大气中会吸附气体，并与气体进行反应。

表面微粒的活性不仅引起微粒表面原子输运和构型的变化，而且也引起表面电子自旋构象和电子能谱的变化。

9.2.3　量子尺寸效应

当微粒尺寸下降到某一值时,金属费米能级附近的电子能级出现由准连续变为离散的现象。当能级间距大于热能、磁能、电能或超导态的凝聚能时,纳米微粒会呈现一系列与宏观物体截然不同的反常特性称之为量子尺寸效应。如导电的金属在制成超微粒时可以变成半导体或绝缘体,磁矩的大小与微粒中电子是奇数还是偶数有关,比热也会发生反常变化,光谱线会产生向短波长方向的移动,催化活性与原子数目有奇妙的联系,多一个原子活性很高,少一个原子活性很低,这些是量子尺寸效应的客观表现。

量子尺寸效应在微电子和光电子领域一直占据重要的地位,根据这效应已经研制出具有许多优异特性的器件。半导体的能带结构在半导体器件设计中非常重要,随着半导体颗粒尺寸的减少,价带和导带之间的能隙有增大的趋势,这就使即便是同一种材料,它的光吸收或发光带的特征波长也不同,实验发现,随着颗粒尺寸的减少,发光的颜色从红色→绿色→蓝色,即发光带的波长由 690nm 移向 480nm。

9.2.4　其他性能

纳米材料还具有其他的一些性能如下:

①宏观量子隧道效应。微观粒子贯穿势垒的能力称为隧道效应。磁化的纳米粒子具有隧道效应,它们可以穿越宏观系统的势垒而产生变化(即宏观量子隧道效应)。

②催化性质。纳米粒子晶粒体积小,比表面积大,表面活性中心多,其催化活性和选择性大大高于传统催化剂。而且,纳米晶粒催化剂没有孔隙,可避免使用常规催化剂所引起的反应物向孔内扩散带来的影响。纳米催化剂不必附着在惰性载体上使用,可直接放入液相反应体系之中,如苯加氢制备环己烷采用纳米钌催化剂。

③纳米材料还具有硬度高、可塑性强、高比热和热膨胀、高电导率、高扩散性、烧结温度低、烧结收缩比大等性质。这些性质为其应用奠定了广阔前景。

9.3　纳米材料的制备

9.3.1　纳米粒子合成方法

纳米粒子的合成目前已发展了许多种方法,制备的关键是控制颗粒的大小和获得较窄的粒径分布,有些需要控制产物的晶相,所需的设备尽可能简单易行。

1. 物理方法

(1)机械粉碎法

机械粉碎法即采用新型的高效超级粉碎设备,如高能球磨机、超音速气流粉碎机等将脆性固体逐级研磨、分级,再研磨,再分级,直至获得纳米分体,适用于无机矿物和脆性金属或合金的纳米粉体生产。几种典型的粉碎技术是:振动球磨、振动磨、搅拌磨、球磨、胶体磨、纳米气流粉碎气流磨。

一般的粉碎作用力都是几种力的组合,如球磨和振动磨是磨碎和冲击粉碎的组合,雷蒙磨是压碎、剪碎和磨碎的组合,气流磨是冲击、磨碎与剪碎的组合,等等。

物料被粉碎时常常会导致物质结构及表面物理、化学性质发生变化,主要表现在:

①粒子表面的物理、化学性质变化,如电性、吸附、分散与团聚等性质。

②粒子结构变化,如表面结构自发的重组,形成非晶态结构或重结晶。

③受反复应力使局部发生化学反应,导致物料中化学组成发生变化。

(2)构筑法

构筑法是由小极限原子或分子的集合体人工合成超微粒子。具体步骤如图 9-2 所示。

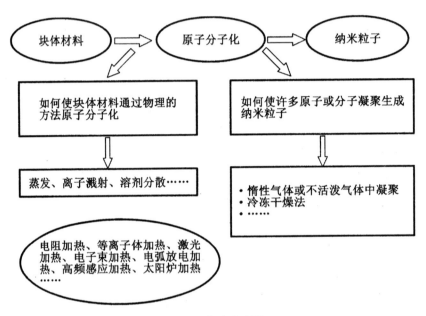

图 9-2　构建法步骤

2. 化学方法

化学法主要是"自上而下"法,即是通过适当的化学反应(化学反应中物质之间的原子必然进行组合,这种过程决定物质的存在状态),从分子、原子出发制备纳米颗粒物质。化学法包括气相反应法和液相反应法。

气相反应法可分为:气相合成法、气相分解法及气-固反应法等;

液相反应法可分为:沉淀法、溶剂热法、溶胶-凝胶法、反相胶束法等。

(1)气相合成法

通常是利用两种以上物质之间的气相化学反应,在高温下合成为相应的化合物,再经过快速冷凝,从而制备各类物质的纳米粒子,一般的反应形式为:A(气)+B(气)→C(固)+D(气)。

(2)气相分解法

气相分解法又称单一化合物热分解法。一般是将待分解的化合物或经前期预处理的中间化合物进行加热、蒸发、分解,得到目标物质的纳米粒子,一般的反应形式为:A(气)→B(固)+C(气)。

（3）沉淀法

沉淀法通常是在溶液状态下将不同化学成分的物质混合,在混合溶液中加入适当沉淀剂制备出超微颗粒的前驱体沉淀物,再将此沉淀物进行干燥或焙烧,从而制得相应的超微颗粒。所生成颗粒的粒径取决于沉淀物的溶解度,沉淀物的溶解度越小,相应颗粒的粒径也越小,而颗粒的粒径随溶液过饱和度的减小呈增大趋势。沉淀法包括直接沉淀法、共沉淀法和均匀沉淀法。

直接沉淀法是仅用沉淀操作从溶液中制备氧化物纳米微晶的方法,即溶液中的某一种金属阳离子发生化学反应而形成沉淀物,其优点是容易制取高纯度的氧化物超微粉。

在沉淀法中,为避免直接添加沉淀产生局部浓度不均匀,可在溶液中加入某种物质,使之通过溶液中的化学反应,缓慢地生成沉淀剂。通过控制生成沉淀的速度,就可避免沉淀剂浓度不均匀的现象,使过饱和度控制在适当的范围内,从而控制粒子的生长速度,减小晶粒凝聚,制得纯度高的纳米材料。这就是均匀沉淀法。

共沉淀法是最早采用的液相化学反应合成金属氧化物纳米颗粒的方法。此法把沉淀剂加入混合后的金属盐溶液中,促使各组分均匀混合,然后加热分解以获得超微粒。采用该法制备超微粒时,沉淀剂的过滤、洗涤及溶液 pH 值、浓度、水解速度、干燥方式、热处理等都影响微粒的大小。共沉淀法是制备含有两种以上金属元素的复合氧化物超微细粉的重要方法。目前此法已被广泛应用于制备钙钛型材料、尖晶石型材料、敏感材料、铁氧体及荧光材料的超微细粉。

金属离子与 NH_3、EDTA 等配体形成常温稳定的螯（络）合物,在适宜的温度和 pH 值时,螯（络）合物被破坏,金属离子重新被释放出来,与溶液中的 OH^- 及外加沉淀剂、氧化剂（H_2O_2、O_2 等）作用生成不同价态、不溶性的金属氧化物、氢氧化物或盐等沉淀物,进一步处理可得一定粒径、甚至一定形态的纳米微粒。

采用沉淀法制备纳米颗粒的实例如下。

将双水乙酸锌和等摩尔浓度的无水碳酸钠分别溶解在蒸馏水中,过滤后两溶液逐渐混合,并同时加热搅拌至一定温度,恒温反应后冷却至室温,经抽滤、洗涤得到前驱体碱式碳酸锌。将其置于马弗炉中在 350℃～950℃ 不同的温度下煅烧,得到纳米 ZnO 粉体。通过改变反应物的浓度,可以得到不同尺寸的纳米氧化锌颗粒。而对同一浓度得到的 ZnO 进行不同温度的热处理,可以在不改变颗粒形状的条件下,使微晶离子粗化,得到的纳米氧化锌粉体平均粒径为 20nm 左右。

在搅拌下将计量的浓度一定的反应物按预定的方式混合,边搅拌边加入表面活性剂和助剂,反应约 30min 得到前驱体碱式碳酸锌。经洗涤至无 SO_4^{2-},分离,干燥,在预定的温度下焙烧,即可得到纳米氧化锌。研究表明随着反应温度的升高粒径增大,一次性快速投料比均匀滴加的效果好,搅拌速度对产物的粒径分布范围的影响特别大。搅拌速度愈快,愈有利于反应物混合均匀,生成粒径均匀的粒子,否则将造成粒径分布范围变宽。用表面活性剂对粉体材料做处理是解决粒子团聚的最常用、最简单的方法之一。但表面活性剂加入量过多或过少,其效果都不理想。改进的直接沉淀法制备出的纳米氧化锌呈六方晶型,粒子外形为球形或椭球形,粒径在 15～25nm 之间。

（4）水热法

水热法一般在密闭反应器（高压釜）中以水溶液作为反应体系,通过将水溶液加热至临界温度(或接近临界温度),使无机或有机化合物与水化合,通过对加速渗析反应和物理过程的控制,可以得到改进的无机物,再过滤、洗涤、干燥,从而得到高纯、超细的各类微细颗粒。水热法制备纳米材料,可将金属或其前驱物直接合成氧化物,避免了一般液相合成需要经过煅烧转化为氧化物的步骤,从而极大地降低乃至避免了硬团聚的形成。制备的粉体具有晶粒发育完整、粒度小、分布均匀、分散性较好等优点。

利用水热法可以制备超细磷灰石粉末。在反应器中加入 Ca(NO$_3$)$_2$ 溶液(预先用氨水调至 pH 值为 10),边搅拌边加入等体积的(NH$_4$)$_2$HPO$_4$ 溶液(预先用氨水调至 pH 值为 10),使羟基磷灰石混合体系的 $n(Ca):n(P)=10:6$。两种溶液混合后即形成凝胶状的沉淀,体系的 pH 值有所下降。升温至回流,凝胶状的沉淀逐渐形成极易分散的白色沉淀。搅拌一定时间后,冷却至室温,水洗至中性。带水的产物直接进行表面处理或滤去水后于 120℃ 干燥粉碎。试验表明,只要温度 100℃,原料中 $n(Ca):n(P)=10:6$,维持反应体系一定的 pH 值,就可以得到结晶性良好的、平均粒径小于 100nm 的超细磷灰石粉末。

(5)溶胶－凝胶法

溶胶－凝胶法是 20 世纪 70 年代发展起来的一种无机材料高新制造技术,以金属盐为前驱体,经水解缩聚逐渐凝胶化及相应的后处理而得到所需的材料。几个低温化学手段在相当小的尺寸范围内剪裁和控制材料的显微结构,使均匀性达到亚微米级、纳米级甚至分子级水平。影响溶胶－凝胶法材料结构的因素很多,主要包括前驱体、溶胶－凝胶法过程参数、结构膜板剂和后处理过程参数等。在众多的影响参数中,前驱物或醇盐的形态是控制交替行为及纳米材料结构与性能的决定性因素。利用有机大分子做膜板剂控制纳米材料的结构是近年来溶胶-凝胶法化学发展的新动向。通过调节聚合物的大小和修饰胶体颗粒表面能够有效地控制材料的结构性能。

采用 V$_2$O$_5$ 晶体为原料,以无机溶胶－凝胶法水淬 V$_2$O$_5$ 制取含纳米颗粒的 V$_2$O$_5$ 溶胶,其中 V$_2$O$_5$ 颗粒呈针状,其径向尺寸 50～60nm。适宜的制胶参数为:熔化温度 800～900℃,保温时间 5～10min。控制胶体中 V$_2$O$_5$ 浓度在 20g/L 以上时,可以使 V$_2$O$_5$ 溶胶很快形成凝胶。随着放置时间的延长,溶胶黏度增大,约 10d 后失去流动性而成为凝胶,其 pH 值也同时发生类似的变化。

(6)超声波化学法

超声波是由一系列疏密相间的纵波构成的,并通过液体介质向四周扩散。当超声波能量足够高时就产生"超声空化"现象。空化气泡的寿命大约是 $1×10^{-7}$s,在爆炸时它可释放出巨大的能量,产生强烈冲击力的微射流,其速度高达 110m/s,使碰撞压强达到 0.147MPa。空化气泡在爆炸的瞬间产生约 4000K 和 100MPa 的局部高温高压环境,冷却速度可达 10^9K/s。这些条件足以使有机物在空化气泡内发生化学键断裂、水相燃烧或热分解,并能促使非均相界面的扰动和相界面的更新,从而加速界面间的传质和传热过程。化学反应和物理过程的超声强化作用主要是液体的超声空化产生的能量效应和机械效应引起的。

超声空化所引发的特殊的物理、化学环境为制备具有特殊性能的新型材料如纳米微粒提供了一条重要途径。超声法制备纳米材料有超声声解法、超声还原法、超声雾化－热分解法等数种方法。

①超声声解法。超声的化学效应源于超声空化:液体中气泡的形成、生长和急剧崩溃。在

此过程中产生局部热点,其瞬态温度达 4000K,压力 100MPa,冷却速度大于 109K/s。这种剧烈的条件足以分解金属—羰基化合物,并制备非晶态金属、合金,氧化物等。含有挥发性过渡金属化合物如 $Fe(CO)_5$、$Ni(CO)_4$ 和 $Co(CO)_3(NO)$ 等进行超声处理可得到纳米非金属多孔聚基体。例如用超声辐射 $Fe(CO)_5$ 的癸烷溶液(通入氩气),伴随 $Fe_3(CO)_{12}$ 聚集体的形成还生成了非晶态纳米铁。控制 $Fe(CO)_5$ 的浓度可改变纳米粒子的尺寸。如果改用 $Fe(CO)_5$ 和 $Co(CO)_3(NO)$ 混合溶液,并且调节两种溶液的比例,就可制得不同比例的 Fe-Co 合会。

②超声还原法。利用超声的空化作用使得水溶液或醇溶液中产生还原剂,从而还原相应的金属盐可制备纳米材料。水溶液中声化学过程如下:在崩溃气泡的内部,具有极高的温度和压力,使水汽化,并进一步热解为氢和羟基自由基;在空化泡和本体溶液的边界区域,虽然温度相对较低,但还能诱发声化学反应;而在溶液本体则发生反应物分子与氢和羟基自由基的反应。例如,用肼羧酸铜的水溶液制备纳米铜微粒,水分子吸收超声能量产生 H・ 和 OH・,把溶液中的 Cu^{2+} 还原为纳米铜微粒:

$$H_2O \xrightarrow{\text{吸收超声能量}} H\cdot + OH\cdot$$

$$Cu^{2+} + 2H\cdot \rightarrow Cu^0 + 2H^+$$

$$nCu^0 \rightarrow (Cu^0)_n \text{ 聚集体}$$

当反应体系中有氩气和氢气时,氢气可清除 OH・,并产生更多的 H・,从而增加 Cu^{2+} 的还原量。此法已制备得到 20nm 左右的银粒子和纳米 MoSi 等。

③超声雾化—热分解法。利用超声波的高能分散机制,把前驱体溶解于特定的溶剂中,配制成一定浓度的母液,再通过超声雾化器喷出微米级的雾滴,并随载气进入高温反应器中发生热分解反应,进而得到均匀粒径的超细粉体。控制前驱体母液的浓度就可以控制纳米微粒的粒径大小。Okuyama 等报道了采用超声雾化—热分解法制备 ZnS 和 CdS 超细颗粒的方法。使用的母体溶液 $Zn(NO_3)_2$ 或 $Cd(NO_3)_2$ 与 $SC(NH_2)_2$ 的混合水溶液。当母液的起始浓度变化时,所得到的颗粒粒径在亚微米到微米级变化。研究发现反应炉的温度分布会影响颗粒的性质,而且颗粒的平均粒径与溶液中金属硝酸盐浓度的 1/3 次方成正比。

9.3.2　纳米纤维的合成方法

纳米纤维包括:纳米碳管,纳米棒、丝、线和同轴纳米电缆,具体制备方法如下。

1. 纳米碳管的制备方法

纳米碳管的制备方法:电弧法、碳氢化合物催化分解法、等离子体法、激光法、等离子体增强热流体化学蒸气分解沉积法、固体酸催化裂解法、微孔模板法、液氮放电法、热解聚合物法、火焰法。

2. 纳米棒、丝、线的制备方法

纳米棒、丝、线的制备方法包括:激光烧蚀法、激光沉积法、蒸发冷凝法、气—固生长法、溶液—液相—固相法、选择电沉积法、模板法、聚合法、金属有机化合物气相外延与晶体气—液—固生长法相结合、溶胶—凝胶与碳热还原法、纳米尺度液滴外延法。

3. 同轴纳米电缆的制备方法

同轴纳米电缆的制备方法包括:电弧放电法、激光烧蚀法、气－液－固共晶外延法、多孔氧化铝模板法、溶胶－凝胶与碳热还原及蒸发凝聚法。

9.3.3 纳米薄膜的制备方法

纳米薄膜分两类:一类是由纳米粒子组成的(或堆砌而成的)薄膜;另一类是在纳米粒子间有较多的孔隙或无序原子或另一种材料,即纳米复合薄膜,其实指由特征维度尺寸为纳米数量级(1～100nm)的组元镶嵌于不同的基体里所形成的复合薄膜材料。

纳米薄膜的制备方法主要包括:LB 膜技术、自组装技术、物理气相沉积、化学气相沉积MBE 技术等。

1. LB 膜技术

LB 膜是一种分子有序排列的有机超薄膜。这种膜不仅是薄膜学研究的重要内容,也是物理学、电子学、化学、生物学等多种学科相互交叉渗透的新的研究领域。

LB 膜技术是一种精确控制薄膜厚度和分子结构的制膜技术。具体的制备过程是:

①在气液界面上铺展两亲分子(一头亲水,一头亲油的表面活性分子)。两亲分子通常被溶在氯仿等易挥发的有机溶剂中,配成较稀的溶液(10^{13} M 以下)。

②待几分钟溶剂挥发后,控制滑障由两边向中间压膜,速度 5～10mm/min,分子逐渐立起。

③进一步压缩,压至某个膜压下,分子尾链朝上紧密排在水面上时,认为形成了稳定的Langmuir 膜。

④静置几分钟后,一次或重复多次转移到固体基板上便是 LB 膜了。

2. 自组装技术

自组装技术可如图 9-3 所示。

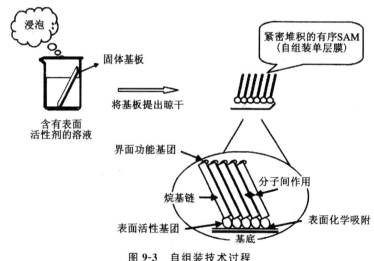

图 9-3　自组装技术过程

3. 物理气相沉积法

其基本过程见图 9-4 所示。

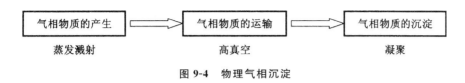

图 9-4　物理气相沉淀

4. 化学气相沉积法

化学气相沉积法指在一个加热的衬底上，通过一种或几种气态元素或化合物产生的化学反应形成纳米材料的过程，该方法主要可分成分解反应沉积和化学反应沉积。随着其他相关技术发展，由此衍生出来的许多新技术，如金属有机化学缺陷相沉积、热丝化学气相沉积、等离子体辅助化学气沉积、等离子体增强化学气相沉积及激光诱导化学相沉积等技术。

9.3.4　纳米块的制备方法

纳米块的制备方法如表 9-2 所示。

表 9-2　纳米块材料的制备方法

纳米块体材料类型	制备方法
纳米金属与合金材料	惰性气体蒸发—原位加压制备法、高能球磨法结合加压成块法、非晶晶化法、高压—高温固相淬火法、大塑性变形方法、塑性变形加循环相变方法、脉冲电流直接晶化法、深过冷直接晶化法
纳米陶瓷	无压力烧结、应力有助烧结

9.3.5　一些典型的纳米材料的制备

1. 碳纳米管的制备

①石墨电弧法。Iijima 等在惰性气体的保护下，以铁、镍、钴等催化下，让石墨电极进行电弧放电，所产生的高温使石墨电极蒸发，气态碳离子沉积于阴极而生成碳纳米管，其直径仅为 1nm，而且质量和产量都很高。这个方法是制备碳纳米管的经典工艺方法。

②催化裂解法。碳氢化合物在过渡金属催化剂上分解而得到碳纳米管。Ivanov 等用此法制备出的碳纳米管长度达到 $50\mu m$。此法较电弧法简单，也能大规模生产，但碳纳米管的层数较多，形态复杂。

③激光蒸发法。此法也是物理气相沉积，是目前最佳的制备单壁碳纳米管的方法。与电弧法相比，它可以远距离控制单壁碳纳米管的生长条件，更适合于连续生产，所得的碳纳米管质量较好。

④电解碱金属熔融盐法。为了避免碳纳米管与其他纳米颗粒的混合状态、碳纳米管相互缠绕、质量和产率低等缺点，有人利用熔盐电解碱金属卤化物生长出直径为 $10\sim50nm$，长度 $20\mu m$ 的碳纳米管及金属线。如果在氯化钠熔盐体系中电解，50% 的普通石墨转化为碳纳米管。

2. 碳纳米管列阵的制备

利用催化裂解 CH_4 来制备不同形貌的碳纳米管，具体制备为：水平管式电炉内置一石英管（$\phi50mm\times1400mm$），电炉恒温区为 $200mm$。取 $100mg$ 催化剂前驱体置于恒温区的石英舟内，在氢气气氛下慢慢升温还原，反应温度稳定 $10min$ 后，以 $50ml/min$ 流速导入 CH_4，反应 $2h$ 冷却。

分别在 $500℃$、$600℃$、$700℃$ 下用 $Ni_{0.5}Mg_{0.5}O$ 制备碳纳米管。TEM 结果表明，随着反应温度的升高，催化剂颗粒先增大后减小，其形貌分别类似于六边形（$500℃$）、锐化的五边形（$600℃$）和尖卵形（$700℃$），碳析出的晶面夹角愈来愈小；碳纳米管的外径由 $500℃$ 的 $25\sim30nm$ 增加到 $600℃$ 的 $35\sim40nm$，再减小到 $700℃$ 的 $15\sim20nm$，而碳纳米管的内径随温度增加略有增加；在 $500℃$ 生长的碳纳米管短，而 $600℃$ 和 $700℃$ 生长的碳纳米管要长得多。一般认为碳在金属颗粒体相中的扩散是碳纳米纤维生长过程的控制步骤。$500℃$ 时甲烷在某一浓度下分解出的碳物种的生成速率可能超过碳在金属颗粒体相中的扩散及在其他晶面堆积成管的速率，导致碳物种在原地堆积覆盖了甲烷催化裂解的活性表面，使整个反应停止，碳纳米管生长得短。反应温度提高，碳在金属颗粒体相中的扩散加快，达到使整个反应停止所需的甲烷浓度极限更高，反应时间更长，所以 $600℃$ 和 $700℃$ 时碳纳米管生长得长。

3. 纳米二氧化锆的制备

纳米级二氧化锆粉体材料在常温下是绝缘体，高温下具有导电性、敏感特性、增韧性，可以制造反应堆包套、发动机排杠、汽缸内衬等结构陶瓷，气体、温度、湿度和声传感器等功能陶瓷，电容器、振荡器、蜂鸣器、调节器、电热组件等电子陶瓷，压电陶瓷，生物陶瓷，高温燃料电池，高温光学组件，磁流体发电机—电极等高新技术产品。纳米二氧化锆的晶粒粒径小，烧结温度低，性能优化，能使脆性材料韧性大幅度增加，以此解决陶瓷的脆性问题。其表面既有酸性又有碱性，本身既有氧化性又有还原性，同时呈现 p 型半导体的特性，因而具有良好的催化活性。

纳米二氧化锆的制备方法有物理粉碎法、化学气相法和化学液相法等。

（1）物理粉碎法

采用高速球磨机的超强剪切力把大颗粒粉碎。虽然此法可工业化生产而且批量大，但是此法对机械性能要求高，粒度随机分布，有晶相缺陷，甚至会产生晶体晶相转变为非晶体的现象。物理粉碎法对于制备高质量的纳米材料而言并非最佳。

（2）化学气相法

挥发性金属化合物蒸气在高温发生化学反应，生成纳米材料。控制工艺条件使粒径大小得以调整，粒度分布集中，得到的产物纯度也高。但此法需要专用设备，投资大，操作复杂。

①化学气相合成法。把挥发性金属化合物前驱体在真空状态下热分解得到纳米粉体。例如将叔丁基锆、高纯氦气和氧气（He 与 O_2 流量比为 $1:10$）一起喷射进入反应管的反应区，控

制压力 1kPa,温度 1000℃,金属化合物分解并氧化成氧化锆纳米颗粒,然后利用温度梯度收集纳米微粒。金属化合物的分解、氧化和晶化过程都在均相气态中进行,调控容易,生成物颗粒均匀,但产量较低、金属前驱体成本高等制约了此法的大量应用。

②化学气相沉积法。挥发性乙酰丙酮锆原料在高温 300℃ 左右,减压蒸发后气相热分解生成二氧化锆,在其过饱和蒸气压作用下,自动凝结成大量晶核并长大聚集,在低温区冷却,在收集区得到纳米二氧化锆。

③气相置换法。金属锆和固体 Fe_2O_3 分别置于石英管内,在高真空度下除去固体吸附的气体,通入氯气,在 450℃~950℃ 和 0.1MPa 下密闭反应 12~48h 后,排气并收集样品。过程反应式:

$$Zr(s) + 2Cl_2(g) \rightarrow ZrCl_4(g)$$
$$Fe_2O_3(s) + ZrCl_4(g) \rightarrow 2FeCl_2(g) + ZrO_2(g) + O_2(g)$$
$$2FeCl_2(g) + Zr(s) \rightarrow ZrCl_4(g) + 2Fe(s)$$

④低温气相水解法。在 270~300℃ 高温下氯化锆汽化,并与高纯氮气混合喷入反应器,再喷入水蒸气与之常压混合反应,先生成氧化锆晶种,再成气溶胶并从反应器出口处滤出氧化锆纳米微粒。此法生成粒径约 10nm 的氧化锆,比表面高且不易聚集,连续化生产。但氯化锆可与水蒸气反应生成氯化氢气体,并为氧化锆所吸收而造成污染。

(3)化学液相法

①沉淀法。此法又可分为直接沉淀法、共沉淀法和均匀沉淀法三种。

直接沉淀法。在 $ZrOCl_2$ 盐溶液中,添加沉淀剂,得到 $Zr(OH)_4$ 沉淀、经过滤、洗涤和热处理而得氧化锆微粒。虽然方法简单,但是容易造成局部浓度偏高,使沉淀晶粒过快长大,颗粒变大。

$$ZrOCl_2 + H_2O + 2OH^- \rightarrow Zr(OH)_4 \downarrow + 2Cl^-$$
$$Zr(OH)_4 \xrightarrow{650℃} ZrO_2 + 2H_2O$$

均匀沉淀法。体系通过化学反应缓慢生成沉淀剂,从源头上消除了沉淀剂分布不均和局部过量的现象。在 $ZrOCl_2$ 溶液中加入尿素并混合均匀,加热反应,再经过滤、洗涤、干燥、煅烧等过程得到粒度均匀、纯度高的纳米粒子。反应式如下:

$$CO(NH_2)_2 + 3H_2O \rightarrow 2NH_3 \cdot H_2O + CO_2$$
$$ZrOCl_2 + 2NH_3 \cdot H_2O \rightarrow Zr(OH)_4 \downarrow + 2NH_4Cl$$
$$Zr(OH)_4 \xrightarrow{煅烧} ZrO_2 + 2H_2O$$

共沉淀法。把 $ZrOCl_2$ 水溶液与一定量的稳定剂混合,边搅拌边滴加氨水等沉淀剂,发生共沉淀后,过滤、水洗、醇洗、干燥、650℃ 高温煅烧。该法的特点是体系金属盐浓度保持低水平,这样既加快晶粒成核,又阻碍晶粒的快速长大,从而得到较细的微粒。

②蒸发法。将乙酸氧锆和稳定剂的混合溶液直接喷射到炽热的反应区中,水分迅速挥发,反应物很快分解得到氧化锆,并在收集区被回收。此法化学计量精确,反应快,产品组成均一,不需高温焙烧。但有机锆化合物在分解时放出大量废气,造成污染。

③水热法。在水热介质中加温加压的条件下,前驱体溶解、反应,进而晶化长大成微粒。例如 $ZrOCl_2$ 先水解成 $ZrO(OH)_2$,再移入压力釜,加适量水,于 100℃~350℃、15MPa 条件下

反应：

$$ZrO(OH)_2 \rightarrow ZrO_2 + H_2O$$

经后处理得到氧化锆微粒。由于采用了高温高压条件，使水热反应得以加快。此法的特点是所得粉体无需高温焙烧，减少了颗粒之间的团聚，粒子均匀且粒径可调，纯度好，工艺简单，具有较高的应用价值。

9.4　纳米材料的应用及展望

9.4.1　纳米材料的应用

纳米材料作为一种新型的材料，具有很广泛的应用领域，下面将从建筑、涂料、生物学、航天及环境等方面介绍一下纳米材料的应用。

1. 纳米材料在建筑材料中的应用

纳米材料以其特有的光、电、热、磁等性能为建筑材料的发展带来一次前所未有的革命。利用纳米材料的随角异色现象开发的新型涂料，利用纳米材料的自洁功能开发的抗菌防霉涂料、PPR 供水管，利用纳米材料具有的导电功能而开发的导电涂料，利用纳米材料屏蔽紫外线的功能可大大提高 PVC 塑钢门窗的抗老化黄变性能，利用纳米材料可大大提高塑料管材的强度等。由此可见，纳米材料在建材中具有十分广阔的市场应用前景和巨大的经济、社会效益。

（1）纳米技术在混凝土材料中的应用

纳米材料由于具有小尺寸效应、量子效应、表面及界面效应等优异特性，因而能够在结构或功能上赋予其所添加体系许多不同于传统材料的性能。利用纳米技术开发新型的混凝土可大幅度提高混凝土的强度、施工性能和耐久性能。

（2）纳米技术在陶瓷材料中的应用

近年来国内外对纳米复相陶瓷的研究表明，在微米级基体中引入纳米分散相进行复合，可使材料的断裂强度、断裂韧性大大提高（2～4 倍），使最高使用温度提高 400～600℃，同时还可使材料的硬度、弹性模量、抗蠕变性和抗疲劳破坏性能提高。

（3）纳米技术在建筑涂料中的应用

纳米复合涂料就是将纳米粉体用于涂料中所得到的一类具有耐老化、抗辐射、剥离强度高或具有某些特殊功能的涂料。在建材（特别是建筑涂料）方面的应用已经显示出了它的独特魅力，包括光学应用纳米复合涂料、吸波纳米复合涂料、纳米自洁抗菌涂料、纳米导电涂料、纳米高力学性能涂料。

2. 纳米材料在涂料领域的应用

近 10 多年来，纳米材料在涂料中的应用不断拓展。纳米材料以其特有的小尺寸效应、量子效应和表面界面效应，显著提高了涂料涂层的物理机械性能和抗老化等性能，甚至赋予涂层特殊的功能，如吸波、抗菌、导电、耐刮擦、自清洁等，纳米 TiO_2、纳米 SiO_2、纳米 Al_2O_3、纳米 $CaCO_3$ 等纳米填料的工业化生产，更起到了积极的促进作用，带动了纳米材料在粉末涂料中的应用研究。

纳米材料由于其表面和结构的特殊性,具有一般材料难以获得的优异性能,显示出强大的生命力。表面涂层技术也是当今世界关注的热点。纳米材料为表面涂层提供了良好的机遇,使得材料的功能化具有极大的可能。借助于传统的涂层技术,添加纳米材料,可获得纳米复合体系涂层,实现功能的飞跃,使得传统涂层功能改性。

(1)耐候粉末涂料

徐锁平等人研制的纳米环氧粉末涂料,加入纳米 $\alpha\text{-}Fe_2O_3$ 后,环氧涂层 80h UV 失光率从99%改善到 10%;陈彩亚等人将纳米材料采用高低速(300~5000r/min)交替混合分散方法,制得纯聚酯粉末涂料,涂层抗冲击强度超过 $60kg/cm^{-1}$、耐老化时间达到 1200h;涂铭旌等人将 0.5%~5.0%的无机纳米复合材料进行高速混合分散,然后熔融挤出,制得聚氨酯粉末涂料,其耐候性指标比不加纳米材料提高了 100%~200%。

(2)抗菌粉末涂料

在粉末涂料中,采用挤出或干混方式加入纳米材料,或经纳米技术处理的抗菌剂、负离子发生剂等均可制得抗菌性粉末涂料涂层。涂铭旌、陆耀祥分别利用纳米抗菌剂,采用近似常规粉末涂料生产工艺制备了抗菌粉末涂料,涂层抑菌率都超过 99%;徐明等人利用纳米技术处理的负离子粉研制的负离子粉末涂料,常温下可产生负离子 2~5 个/cm^3。

(3)耐刮擦粉末涂料

熔融挤出或干混加入纳米 SiO_2、纳米 Al_2O_3 和纳米 ZrO_2 等刚性纳米粒子,均可有效提高涂层的表面硬度和耐刮擦、耐磨损性能。

3. 纳米材料在航天领域的应用

(1)固体火箭催化剂

固体火箭推进剂主要由固体氧化剂和可燃物组成。固体火箭推进剂的燃烧速度取决于氧化剂与可燃物的反应速度,它们之间的反应速度的大小主要取决于固体氧化剂和可燃物接触面积的大小以及催化剂的催化效果。纳米材料由于粒径小、比表面积大、表面原子多、晶粒的微观结构复杂并且存在各种点阵缺陷,因此具有高的表面活性。正因为如此,用纳米催化剂取代火箭推进剂中的普通催化剂成为国内外研究的热点。

(2)纳米改性聚合物基复合材料

纳米材料的另一重要应用是制造高性能复合材料。北京玻璃钢研究院的研究表明,将某些纳米粒子掺入树脂体系,对玻璃钢的耐烧蚀性能大大提高。这些研究对于提高导弹武器酚醛防热烧蚀材料性能、改善武器系统工作环境、提高武器系统突防能力有着深远影响。

(3)增韧陶瓷结构材料和"太空电梯"的绳索

陶瓷材料在通常情况下呈现脆性,只在 1000℃以上温度时表现出塑性,而纳米陶瓷在室温下就可以发生塑性变形,在高温下有类似金属的超塑性。碳纳米管是石墨中一层或若干层碳原子卷曲而成的笼状"纤维",内部是空的,直径只有几到几十纳米。这样的材料很轻,很结实,而强度也很高,这种材料可以做防弹背心,如果用做绳索,并将其做成地球—月球乘人的电梯,人们在月球定居很容易了。

此外,纳米材料在航天领域还有很多的应用,如采用纳米材料对光、电吸收能力强的特点可制作高效光热、光电转换材料,可高效地将太阳能转换成热、电能,在卫星、宇宙飞船、航天飞机的太阳能发电板上可以喷涂一层特殊的纳米材料,用于增强其光电转换能力;在电子对抗战中将各种金属材料及非金属材料(石墨)等经超细化后,制成的超细混合物用于干扰弹中,对敌方电磁波的屏蔽与干扰效果良好等。

4. 纳米材料在生物医学领域的应用

生物医学纳米材料是指应用于生物医学领域中的纳米材料与纳米结构。纳米生物医用材料就是纳米材料与生物医用材料的交叉,将纳米微粒与其他材料相复合制成各种各样的复合材料。随着研究的进一步深入和技术的发展,纳米材料开始与许多学科相互渗透,显示出巨大的潜在应用价值,并且已经在一些领域获得了初步的应用。

(1)纳米材料在生物学上的应用

①细胞内部染色用纳米材料。将纳米金粒子与预先精制的抗体或单克隆抗体混合,制成多种纳米金/抗体复合物。借助复合粒子分别与细胞和骨骼内各种系统结合而形成的复合物,在白光或单色光照射下呈现某种特征颜色。

②细胞分离用纳米材料。由于纳米复合体性能稳定,一般不与胶体溶液和生物溶液反应,因此用纳米技术进行细胞分离在医疗临床诊断上具有广阔的应用前景。目前,生物芯片材料已成功运用于单细胞分离、基因突变分析、基因扩增与免疫分析(如在癌症等临床诊断中作为细胞内部信号的传感器)。

③生物活性纳米材料。应用溶胶—凝胶技术制备纳米复合材料,同时在体系中引入氨基、醛基、羟基等有机官能团,使材料表面具有反应活性,可望在生化物质固定膜材料、生物膜反应器等方面获得较大应用。

(2)纳米材料在医药学上的应用

①纳米颗粒。纳米颗粒表面活性很高,通过纳米颗粒的表面活性作用,利用纳米技术将中药材制成纳米粒子口服胶囊、口服液或膏药,可克服中药在煎熬中有效成分损失及口感上的不足,使有效成分吸收率大幅度提高。

②药物控释。纳米材料对于一些溶解速率过快的药物,采用纳米载体制成含药的纳米脂质体、纳米囊、纳米球等,使药物微粒在体内随着其载体的缓慢降解而逐渐溶出,从而达到药物在体内的缓慢释放,因而在药物输送方面具有广阔的应用前景。

③纳米抗菌材料及创伤敷料。由于纳米银粒子的表面效应,其抗菌能力是微米银粒子的200 倍以上,因而添加纳米银粒子制的医用敷料对诸如黄色葡萄球菌、绿浓杆菌等临床见的 40 余种外科感染细菌有较好的抑制作用。

5. 纳米材料在环境保护上的应用

纳米材料具有吸附和光催化作用,吸附是气体吸附质在固体吸附剂表面发生的行为,其发生的过程与吸附剂固体表面特征密切相关。目前,利用于光催化作用的纳米材料主要是 YiO_2。普通的 TiO_2 的光催化能力较弱,但纳米级锐钛型 TiO_2 晶体具有很强的光催化能力,这与颗粒的粒径有直接的关系。TiO_2 等半导体纳米微粒的光催化反应在废水处理和环境保护方面大有用武之地。

（1）固体垃圾处理

将纳米技术和纳米材料应用于城市固体垃圾处理主要表现在以下两个方面：①将橡胶制品、塑料制品、废旧印刷电路板等制成超微粉末，除去其中的异物，成为再生原料回收；②应用纳米 TiO_2 加速城市垃圾的降解，其降解速度是大颗粒 TiO_2 的 10 倍以上，从而可以缓解大量生活垃圾给城市环境带来的巨大压力。

（2）废水处理

纳米 TiO_2 对于生产和使用燃料的过程排放的大量含芳烃、氨基、偶氮基团的致癌物有机物废水具有很好的催化降解作用；用浸涂法制备的纳米 TiO_2 或者用空心玻璃球负载 TiO_2 可以漂浮于水面，对水面上的油层、辛烷等具有良好的光催化降解作用，这无疑给清除海洋石油污染提供了一种可以实施的有效方法。

随着工业和农业的发展，工业废水和农业排放废水进入地下使地下水中的有机物含量增加，这些有机物容易在水处理过程中反应生成致癌物质（THM），幸运的是，纳滤膜能够有效地去除这些有机物。

研究结果表明，纳米 TiO_2 对 Cr^{6+} 有强烈的吸附作用。当 pH 改变时，纳米 TiO_2 吸附的 Cr^{6+} 可被 2mol/L HCl 完全洗脱。如果把纳米微粒做成净水剂，那么，这种净水剂的吸附能力是普通净水剂 $AlCl_3$ 的 10～20 倍，足以把污水中的悬浮物完全吸附和沉淀下来。若再以纳米磁性物质、纤维和活性炭净化装置相配套，就可有效地除去水中的铁锈、泥沙和异味。经过前两道净化工序后，水体清澈、无异味，并且口感较好。

9.4.2　纳米材料的发展前景与展望

在充满生机的 21 世纪，信息、生物技术、能源、环境、先进制造技术和国防的高速发展必然对材料提出新的需求，元件的小型化、智能化、高集成、高密度存储和超快传输等要求材料的尺寸越来越小；航空航天、新型军事装备及先进制造技术等对材料性能要求越来越高。纳米材料和纳米结构是当今新材料研究领域中最富有活力，对未来经济和社会发展有着重要影响的研究对象，也是纳米科技中最为活跃、最接近应用的重要组成部分。正像美国科学家估计的"这种人们肉眼看不见的极微小的物质很可能给予各个领域带来一场革命"。纳米材料和纳米结构的应用将对如何调整国民经济支柱产业的布局、设计新产品、形成新的产业及改造传统产业注入高科技含量提供新的机遇。

纳米材料的发展前景主要体现在以下几个方面：

①能源环保中的纳米技术。合理利用传统能源和开发新能源是我国当前和今后的一项重要任务。利用纳米改进汽油、柴油的添加剂，具有助燃、净化作用，也可以通过转化太阳能得到电能、热能，提供新型能源。

②环境产业中的纳米技术。纳米技术对空气中 20nm 以及水中的 200nm 污染物的降解时不可替代的。要净化环境，必须用纳米技术。

③信息产业中的纳米技术。信息产业在国际上占有举足轻重的地位，纳米技术的应用主要体现在面：网络通信、宽频带的网络通信、纳米结构器件、芯片技术等；光电子器件、分子电子器件、薄层纳米电子器件；网络通信的关键纳米器件；压敏电阻、非线性电阻等。

④纳米生物医药。目前，国际医药行业面临新的决策，那就是用纳米尺度发展制药业。

⑤纳米技术对传统产业改造。对于中国来说,当前是纳米技术切入传统产业、将纳米技术和各个领域相结合的最好机遇。

综合看来,纳米材料作为新型的技术产业,已经在国际上占有不可取代的地位,如何利用纳米材料和技术为人类造福,改造保护环境是研究的重点和方向。21世纪将是纳米科技迅速发展的时段,开发、创造新型材料将会促进国家经济、国防建设等的发展,具有深远的意义。

第10章 新型功能材料

10.1 功能转换材料

10.1.1 压电材料

压电材料是实现机械能与电能相互转变的工作物质。这是一类具有很大潜力的功能材料。

1. 压电效应

当外加应力 T 作用于某些电介质晶体并使它们发生应变 S 时,电介质内的正负电荷中心会产生相对位移,并在某两个相对的表面产生异号束缚电荷。这种由应力作用使材料带电的现象称为正压电效应。与正压电效应产生的过程相反,当对这类电介质晶体施加外电场并使其中的正负电荷重心产生位移时,该电介质要随之发生变形。这种由电场作用使材料产生形变的现象称为逆压电效应。

正压电效应和逆压电效应统称为压电效应。具有压电效应的介质称为压电体。

例如,有一垂直于 C 轴方向切下的石英单晶片,其厚度方向为 x,长度方向为 y。当在 x 方向施以压应力(或拉应力)T_1 时,就会在与 x 轴垂直的两个表面上产生异号束缚电荷。当在 y 方向施以压应力(或拉应力)T_2 时,在垂直于 x 轴的两个表面上也会产生异号束缚电荷,如图 10-1 所示。

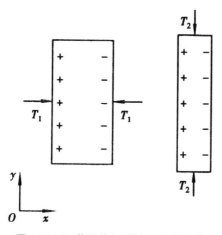

图 10-1 石英晶体切片的正压电效应

介质结构不具有对称中心是其具有压电效应的条件。压电效应产生的机理可用图 10-2

加以说明。图 10-2(a)所示为晶体中的质点在某方向上的投影,此时,晶体不受外力作用,正负电荷的重心重合,整个晶体的总电矩为零,晶体表面的电荷也为零;图 10-2(b)、(c)分别所示为受压缩力与拉伸力的情况,此时正负电荷的重心将不再重合,于是就会在晶体表面产生异号束缚电荷,即出现压电效应。

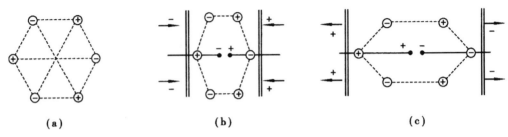

(a)　　　　　　　　　　(b)　　　　　　　　　　(c)

图 10-2　压电晶体产生压电效应的机理图

2. 压电材料的主要特性

压电材料的主要特性参量有压电常数、介电常数、弹性常数等,而其主要功能参数是机电耦合系数。

(1)压电常数

压电效应是由于压电材料在外力作用下发生形变,电荷重心产生相对位移,从而使材料总电矩发生改变而造成的。实验证明,压力不太大时,由压力产生的电偶极矩大小与所加应力成正比。因此,压电材料单位面积极化电荷 p_i 与应力 σ_{jk} 间的关系如下:

$$p_i = d_{ijk}\sigma_{jk}(i,j,k=1,2,3)\tag{10-1}$$

式中,d_{ijk} 为压电常数,是一个三阶张量。

压电常数反映了压电材料中的力学量和电学量之间的耦合关系。压电常数有四种,即压电应变常数(d_{ij})、压电电压常数(g_{ij})、压电应力常数(e_{ij})和压电劲度常数(h_{ij})。各压电常数的第一个下标 i 表示电场强度 E 或电位移 D 的方向,第二个下标 j 表示应力 T 或应变 S 的方向,压电常数是表示压电材料产生压电效应大小的一个重要参数。

(2)介电常数

介电常数反映了材料的介电性质,通常用 ε 表示。当压电材料的电行为用电场强度 E 和电位移 D 作变量来描述时,则有:

$$D = \varepsilon E\tag{10-2}$$

对于压电陶瓷片,其介电常数 ε 可以表示如下:

$$\varepsilon = Cd/A$$

式中,C 为电容,F;d 为电极距离,m;A 为电极面积,m^2。

(3)弹性常数

压电体是弹性体,服从胡克定律。由于压电体多为三维物体,因此其弹性常数应该是由广义胡克定律决定的。在不同的电学条件下,表现出有不同的弹性模量。

开路弹性模量:在外电路的电阻很大时,即相当于开路条件下测得的弹性模量。

短路弹性模量:在外电路的电阻很小时,即相当于短路条件下测得的弹性模量。

（4）机电耦合系数

机电耦合系数 K 是一个综合反映压电体的机械能与电能之间耦合关系的物理量，它是衡量压电材料性能的一个很重要的参数，其定义为：

$$K^2 = \frac{由正压效应转换的电能}{输入的机械能}（正压电效应）\tag{10-3}$$

或

$$K^2 = \frac{由逆压效应转换的电能}{输入的机械能}（逆压电效应）\tag{10-4}$$

K 是一个量纲一的物理量，其数值越大，表示压电材料的压电耦合效应越强。

3. 压电材料

压电材料有多种，主要应用的有以下几种。

（1）压电陶瓷

压电陶瓷比压电晶体便宜但易老化。它们多是 ABO_3 型化合物或几种 ABO_3 型化合物的固溶体。应用最广泛的压电陶瓷是钛酸钡系和锆钛酸铅系陶瓷。

①钛酸钡。钛酸钡（$BaTiO_3$）是第一个被发现可以制成陶瓷的铁电体，其晶体属钙钛矿型结构，在室温下属四方晶系，120℃时转变为立方晶相，此时铁电性消失。

钛酸钡具有较好的压电性，是在锆钛酸铅陶瓷出现之前广泛应用的压电材料。但是，钛酸钡的居里点不高，限制了器件的工作温度范围。$BaTiO_3$ 还存在第二相变点。为了扩大钛酸钡压电陶瓷的使用温度范围，并使它在工作温度范围内不存在相变点，出现了以 $BaTiO_3$ 为基的 $BaTiO_3$-$CaTiO_3$ 系和 $BaTiO_3$-$PbTiO_3$ 系陶瓷。

②锆钛酸铅。锆钛酸铅[$Pb(Zr,Ti)O_3$，简记为 PZT]是 $PbTiO_3$ 与 $PbZrO_3$ 形成的固溶体，具有钙钛矿型结构，是一种应用很广泛的压电陶瓷材料。

锆钛酸铅晶体在居里点以上为立方相，无压电效应。在锆钛比为 55/45（摩尔分数）时，结构发生突变，此时平面耦合系数 K 和介电常数 ε 出现最大值。通过在化学组成上作适当地调整以改变锆钛酸铅压电陶瓷的性质，以获得所要求的电学性能和压电性能。

③钛酸铅。钛酸铅（$PbTiO_3$）的居里温度是 490℃，在居里点以上为顺电立方相，居里点以下为四方相。$PbTiO_3$ 烧结性差，各向异性较大，晶界能高，当冷却通过居里点时晶粒易分离。添加 Li_2CO_3、Fe_2O_3 或 MnO 可获得致密陶瓷。改性 $PbTiO_3$ 陶瓷用做高频滤波器的高频低耗振子、声表面波器件、红外热释电探测器、无损探伤和医疗诊断探头等。

（2）压电半导体

压电半导体大都属于闪锌矿或纤锌矿结构，主要有 CdS、CdSe、ZnO、ZnS、ZnTe、CdTe 等 Ⅱ-Ⅵ 族化合物和 GaAs、GaSb、InAs、InSb、AlN 等 Ⅲ-Ⅴ 族化合物。其中，最常用的是 CdS、CdSe 和 ZnO，它们的 K 值大，并兼有光电导性。目前，在微声技术上主要用来制造换能器，如水声换能器，通过发射声波或接受声波来完成水下观察、通信和探测工作。

压电晶体作为体材料已在机电转换和声学延迟方面广泛使用。为了使它们能用于高频及有更广泛的用途，压电晶体常制成薄膜，现已制备出铌酸锂、锆钛酸铅及半导体压电薄膜。

（3）压电晶体

①石英。石英又称水晶，化学成分是 SiO_2，属三方晶系。石英的特点是压电性能稳定，内

耗小,但 K 值不是很大。

早期用做压电晶体的是天然水晶,然而天然水晶产量有限,自 20 世纪 60 年代以来,已广泛应用的是采用水热法生长的人造水晶。

石英晶体目前被广泛应用于通信、时间、导航、频率标准等领域,如频率稳定器、扩音器、电话、钟表等电子设备。

②含氢铁电晶体。含氢铁电晶体也属三方晶系。属于这类晶体的有磷酸二氢铵、磷酸二氢钾、磷酸氢铅和磷酸氘铅晶体等。

③含氧金属酸化物。如具有钙钛矿型结构的钛酸钡晶体、具有畸变的钙钛矿型结构的铌酸锂和钽酸锂,以及具有钨青铜型结构的铌酸锶钡。

铌酸锂是现在已知居里点最高和自发极化最大的铁电晶体,具有 K 值大、使用温度高、高频性能好以及传输损耗小等特点。钽酸锂的晶体结构与铌酸锂相同,居里点 T_c 为 630℃。作为压电晶体,钽酸锂也具有 K 值大、高频性能好的特点。铌酸锂和钽酸锂都是用提拉法从熔体中生长的。

10.1.2 热电材料

1. 热电效应

在用不同导体构成的闭合电路中,若使其结合部出现温度差,则在此闭合电路中将有热电流流过,或产生热电势,这种现象称为热电效应。热电效应有塞贝克(Seebeck)效应、珀尔帖(Peltier)效应和汤姆逊(Thomson)效应三种类型,如图 10-3 所示。

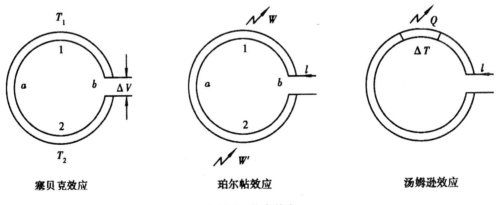

塞贝克效应　　　　　　　　　　　珀尔帖效应　　　　　　　　　　　汤姆逊效应

图 10-3　热电效应

(1)塞贝克效应

塞贝克效应是热电偶的基础。由 a、b 两种导体构成电路开路时,如果接点 1、2 分别保持在不同的温度 T_1(低温)、T_2(高温)下,则回路内将产生电动势(热电势),这种现象称为塞贝克效应。其热电势 ΔU 正比于接点温度 T_1 和 T_2 之差,即

$$\Delta U = a(T) \cdot \Delta T (\Delta T = T_2 - T_1) \tag{10-4}$$

式中,比例系数 $a(T)$ 称为塞贝克系数。

（2）珀尔帖效应

1834 年珀尔帖发现，在热电回路中，与塞贝克效应相反，当通电时，在回路中则会在接点 1 处产生热量 W，而在接点 2 处吸收热量 W'，产生的热量正比于流过回路的电流，即

$$W = \pi_{ab} I \tag{10-5}$$

式中，比例系数 π_{ab} 称为珀尔帖系数，其大小取决于两种导体的种类和环境温度，它与塞贝克系数有如下关系：

$$\pi_{ab} = a(T) \cdot T \tag{10-6}$$

式中，T 为环境绝对温度。

珀尔帖效应会使回路中一个接头发热，一个接头致冷。由此可见，珀尔帖效应实质上是塞贝克效应的逆效应。

（3）汤姆逊效应

在由一种导体构成的回路中，如果存在温度梯度 $\dfrac{\partial T}{\partial x}$，则当通过电流 I 时，导体中也将出现可逆的热效应，即产生热的现象，此即汤姆逊效应，这种热电效应是汤姆逊年发现的。

其热效应的大小与电流 I、温度梯度 $\dfrac{\partial T}{\partial x}$ 和通电流的时间 Δt 成正比，即

$$\frac{\partial Q}{\partial x} = \tau(T) \cdot I \cdot \frac{\partial T}{\partial x} \cdot \Delta t \tag{10-7}$$

式中，比例系数 $\tau(T)$ 称为汤姆逊系数。

三种热电效应的比较如表 10-1 所示。

表 10-1　三种热电效应的比较

效应		材料	加温情况	外电源	所呈现的效应
塞贝尔	金属	两种不同金属	两种不同的金属环，两端保持不同温度	无	接触端产生热电势
	半导体	两种半导体	两端保持不同温度	无	两端间产生热电势
珀尔帖	金属	两种不同金属	整体为某温度	加	接触产生焦耳热以外的吸、发热
	半导体	金属与半导体	整体为某温度	加	接触产生焦耳热以外的吸、发热
汤姆逊	金属	两条相同金属丝	两条金属丝个保持不同温度	加	温度转折处吸热或发热
	半导体	同种半导体	两端保持在不同温度下	加	整体发热或冷却

2. 金属热电性的微观机理

（1）声子拖曳机理

当金属两端存在温差时，声子的分布将处于非平衡分布。非平衡分布的声子系统将通过电子—声子相互作用，在声子热扩散的同时拖曳传导电子流动，产生热电势的声子拖曳贡献。在珀尔帖效应中反过来电子的流动也会拖曳声子流动。这两种机理对热电势的贡献在金属、半金属、半导体中都存在。但对低温下的超导态物质，绝对热电势率为零。

（2）电子热扩散机理

处于平衡态的金属，其电子服从费米分布。当金属导体上建立起温度差时，金属中的电子分布将偏离平衡分布而处于非平衡态，即在高温端金属有较多的高能传导电子，在低温端金属有较多的低能传导电子。两端传导电子的数目并无变化。传导电子在金属导体内扩散时，由于扩散速率是其能量的函数，因而在金属内形成一净电子流，其结果使电子在金属的一端堆积起来，产生一个电动势，它的作用是反抗净电流的流动。当此电动势足够大时，净电流最后被减小到零。这种由于温差而引起的热电动势称为扩散热电动势（E_d），其对温度的导数称为扩散热电势率（S_d）。由此可见，金属中传导电子的热扩散将造成热电势的扩散贡献 S_d。利用玻耳兹曼输运方程可以推导出 S_d，即

$$S_d = \frac{\pi^2}{3}\left(\frac{k_B}{e}\right) \times k_B T \frac{\partial(\ln\sigma)}{\partial E} \qquad (10\text{-}8)$$

式中，k_B 为玻耳兹曼常数；e 为电子电荷；σ 为金属的电导率；S_d 为绝对热电势率的扩散贡献。

3. 热电材料的种类及应用

合金热电材料是最重要的热点材料之一，根据赛贝克效应的原理，被广泛地应用在测量温度方面，这便是我们熟知的热电偶；半导体热电材料是利用塞贝克效应、珀尔帖效应或汤姆逊效应制作热能转变为电能的转换器以及反之用电能来制作加热器和制冷器的材料。

（1）金属及合金热电材料

金属及合金热电材料是最重要的热电材料之一，它最广泛的应用是测量温度，材料均被制成热电偶，不同金属或合金的组合，适用于不同的温度范围。

对于金属热电偶材料，一般要求具有高的热电势及高的热电势温度系数，以保证高的灵敏度；同时，要求热电势随温度的变化是单值的，最好呈线性关系；还要求具有良好的高温抗氧化性的抗环境介质的腐蚀性；在使用过程中稳定性好，容易加工，价格低廉。完全达到这些要求比较困难，各种热电偶材料也各有优缺点，通常可以根据使用温度范围来选择使用热电偶材料。

低于室温的低温热电偶材料常用铜—康铜、铁—镍铬、铁—康铜及金铁—镍铬等。较常用的非贵金属热电偶材料有镍铬—镍铝、镍铬—镍硅和铜—康铜等。常用贵金属热电偶材料的有铂—铂铑及铱—铱铑等。常用国际标准化热电极材料的成分和使用温度范围见表10-2，其中使用了国际标准化热电偶正、负热电极材料的代号。一般用两个字母表示，第一个字母表示型号，第二个字母中的 P 代表正电极材料，N 代表负电极材料。

表 10-2　常用的热电材料

序号	型号	正极材料		负极材料		使用温度范围/K
		代号	质量分数/%	代号	质量分数/%	
1	B	BP	Pt70Rh30	BN	Pt54Rh46	273～2093
2	R	RP	Pt87Rh13	RN	Pt100	223～2040
3	S	SP	Pt90Rh10	SN	Pt100	223～2040

序号	型号	正极材料		负极材料		使用温度范围/K
		代号	质量分数/%	代号	质量分数/%	
4	N	NP	Ni84Cr14.5Si1.5	NN	Ni54.9Si45Mg0.1	3～1645
5	K	KP	Ni90Cr10	KN	Ni96Al2Mn2Si1	3～1645
6	J	JP	Fe100	JN	Ni45Cu55	63～1473
7	E	EP	Ni90Cr10	EN	Ni45Cu55	3～1273
8	T	TP	Cu100	TN	Ni45Cu55	3～673

（2）半导体热电材料

典型的半导体热电材料有碲化铋、硒化铋、碲化锑、碲化铅等。它们的使用温度为：碲化铋：200℃左右；碲化铅：500℃左右。其中，碲化铅是研究较多的半导体，它的塞贝克系数随掺杂量、温度的变化而变化，并存在一个极值。研究表明，若得到温差器件的最佳性能，必须从冷接头到热接头渐次增加掺杂浓度。

半导体热电材料在致冷和低温温差发电方面具有重要的应用。尽管其效率低，价格昂贵，但因体积小，结构简单，因此，尤其适合于科研领域的小型设备。在供电不方便的地方，半导体温差发电装置则显示出其优越性。

（3）其他热电材料

一些氧化物、碳化物、氮化物、硼化物和硅化物有可能用于热电转换，其中硅化物较好，塞贝克系数较高，如 $MnSi_2$、$CrSi_2$ 的塞贝克系数分别为 180 和 120，且工作温度也高。

4.热电导材料

热电导材料又称热敏材料或温敏材料，是重要的传感器材料，其重要的特征是热电导效应，即当温度升高时，材料的电导率发生变化的现象。

（1）热电导材料的主要特征

①电导率的温度系数 α_σ。α_σ 是热电导材料的重要参数，其表达式为

$$\alpha_\sigma = \frac{\partial \sigma}{\sigma \partial T} \qquad (10\text{-}9)$$

式中，α_σ 为电导率的温度系数；σ 为电导率。

与 α_σ 有联系的另一个热电材料的特征参量是电阻率的温度系数 α_ρ，其表达式为

$$\alpha_\sigma = \frac{\partial \rho}{\rho \partial T} \qquad (10\text{-}10)$$

α_σ 与 α_ρ 满足以下的关系，即

$$\alpha_\sigma = -\alpha_\rho \qquad (10\text{-}11)$$

这一关系式可以简单地推导如下：

由于 $\sigma = 1/\rho$，所以

$$\frac{\partial \sigma}{\partial T} = \frac{\partial(1/\rho)}{\partial T} = -\frac{\partial \rho}{\rho^2 \partial T}$$

将这一结果代入到式(10-11)中,则有:

$$\alpha_\rho = \frac{\partial\sigma}{\sigma\partial T} = -\frac{\partial\rho}{\sigma\rho^2\partial T} = -\frac{1}{\sigma\rho}\cdot\frac{\partial\rho}{\rho\partial T} = -\alpha_\rho$$

②耗散系数 H。热电导材料的耗散系数可由下式决定,即

$$H = \frac{P}{T_t - T_0} \tag{10-12}$$

式中,P 为热电导材料中耗散的输入功率;T_t 为热电导材料的温度;T_0 为周围介质的温度。

③功率灵敏度 ε_ρ。

$$\varepsilon_\rho = \frac{C}{100\alpha_\rho} \tag{10-13}$$

式中,α_ρ 为电阻率的温度系数;C 为材料的热容。

可见,ε_ρ 的物理意义为降低热电导材料的电阻率的 $1/100$ 所需的功(率)值。

④灵敏阈值。灵敏阈值是可测出电阻变化的最小功,其数量级在 10^{-9} W 左右。

(2)热电导材料的种类及应用

热电导材料的重要应用之一是制作热敏电阻,利用材料的电阻随温度变化的特性,用于温度测定、线路温度补偿和稳频等元件。电阻随温度升高而增大的热敏电阻称为正温度系数热敏电阻;电阻随温度升高而减小的称为负温度系数热敏电阻;电阻在某特定温度范围内急剧变化的称为临界温度电阻;电阻随温度呈直线关系的称为线性热敏电阻。

①负温度系数(NTC)热敏电阻材料。常温 NTC 热敏电阻材料绝大多数是尖晶石型过渡金属氧化物半导体陶瓷,主要是含锰二元系和含锰三元系氧化物。二元系有 $MnO\text{-}CoO\text{-}O_2$、$MnO\text{-}NiO\text{-}O_2$、$MnO\text{-}CuO\text{-}O_2$ 系,三元系有 Mn-Co-Ni、Mn-Cu-Ni、Mn-Cu-Co 系氧化物等。

$MnO\text{-}CuO\text{-}O_2$ 系含锰量 $60\%\sim90\%$,主晶相和导电相是 $CuMn_2O_4$。$MnO\text{-}CuO\text{-}O_2$ 系的电阻值范围较宽,温度系数较稳定,但电导率对成分偏离敏感,重复性差。

$MnO\text{-}NiO\text{-}O_2$ 系陶瓷的主晶相是 $NiMn_2O_4$,电导率和热敏电阻常数值较窄,但电导率稳定。

$MnO\text{-}CoO\text{-}O_2$ 系陶瓷含锰量 $23\%\sim60\%$,主晶相是四方尖晶石 $CoMn_2O_4$ 和立方尖晶石 $MnCo_2O_4$。主要导电相是 $MnCo_2O_4$,这一系列陶瓷的热敏电阻常数和电阻温度系数比 $MnO\text{-}CuO\text{-}O_2$ 和 $MnO\text{-}NiO\text{-}O_2$ 系高。

含锰三元系热敏陶瓷在相当宽的范围内能形成一系列结构稳定的立方尖晶石($CuMn_2O_4$、$CoMn_2O_4$、$NiMn_2O_4$、$MnCo_2O_4$ 等)或其连续固溶体,它们的晶格参数接近,互溶度高。这类陶瓷的电性能对成分偏离不敏感,重复性、稳定性较好。

NTC 陶瓷主要用于通信及线路中温度补偿、控温和测温传感器等。

②正温度系数(PTC)热敏电阻材料。这类材料主要是掺杂半导体陶瓷,其中,掺杂 $BaTiO_3$ 陶瓷是主要的 PTC 热敏电阻材料。$BaTiO_3$ 的 PTC 效应与其铁电性相关,其电阻率突变同居里温度 T_c 相对应。只有晶粒充分半导化,晶界具有适当绝缘性的 $BaTiO_3$ 陶瓷才具有 PTC 效应。

$BaTiO_3$ 陶瓷中,加入 Nb_2O_5 在烧结时铌进入钛晶格位置,造成施主中心,形成电导率高的 N 型半导体。若加入 $SrCO_3$,可使 T_c 向低温移动,而加入 Pb,则使 T_c 向高温移动。MnO_2 可提高电阻率和电阻温度系数。加入 Ca 可控制晶粒生长,提高电阻率。添加 SiO_2、Al_2O_3、

TiO_2 形成玻璃相,容纳有害杂质,促进半导化,抑制晶粒长大。Li_2CO_3 可加大 PTC 温区内的电阻率变化范围。Sb_2O_3 或 Bi_2O_3 可细化晶粒。

$BaTiO_3$、$(Ba_2Pb)TiO_3$ 和 $(Sr,Ba)TiO_3$ 陶瓷的烧结温度都在 1300℃ 以上。化学沉淀工艺制备的 $(Sr,Pb)TiO_3$ 陶瓷,具有典型 PTC 特性,可在 1100℃ 烧结。

PTC 热敏陶瓷具有许多实用价值:电流-电压特性、电流-时间特性、电阻率-温度特性、等温发热特性、变阻特性和特殊启动性能等,已广泛应用于温度控制、彩色电视消磁、液面控制以及等温发热体等。

③临界温度电阻(CTR)材料。CTR 材料主要是以 V_2O_5 为基础的半导体陶瓷材料。这类材料常掺杂 MgO、CaO、SrO、BaO、B_2O_3、P_2O_5、SiO_2、GeO_2、NiO、WO_3、MoO_3 或 La_2O_3 等稀土氧化物来改善其性能。

VO_2 基陶瓷在 67℃ 左右电阻率突变,降低 3~4 个数量级,可用于温度控制、火灾报警和过热保护等,是一种具有开关特性的材料。VO_2 的 CTR 特性同相变有关。在 67℃ 以下,晶格发生畸变,转变为单斜结构,使原处于金红石结构中氧八面体中心的 V^{4+} 离子的晶体场发生变化,导致 V^{4+} 的 3d 层产生分裂,导电性突变;在 67℃ 以上,VO_2 为四方晶系的金红石结构。

10.1.3　光电材料

1. 光电导材料

光电导材料是指具有光电导效应的材料,又称内光电效应材料、光敏材料。光电导材料是制造光电导探测器的重要材料。

(1)光电导材料的主要特性

反映光电导材料主要特性的参量包括积分灵敏度、长波限、光谱灵敏度及灵敏阈等。

光电导材料的积分灵敏度 S 代表了光电导产生的灵敏度,即单位光入射通量产生的电导率变化的大小,可表示为:

$$S=\frac{\Delta\sigma}{\Phi} \tag{10-14}$$

式中,σ 为材料的电导率;Φ 为光入射通量。

根据光电导效应产生的原理可知,并非任何波长的光照射在某种材料上时都会导致其电导率的变化,只有当入射光子的能量(与波长或频率有关)足够大时,才能将材料价带中的电子激发到导带,从而产生光生载流子。因此,"红限"或长波限的意义就是产生光电导的波长上限。

光电导材料的光谱灵敏度又称为光谱响应度,可用 $\delta\lambda$ 曲线表示,它反映光电导材料对不同波长的光的响应。通常定义光电探测器的光谱灵敏度达到 $\delta\lambda$ 曲线峰值的 10% 时,在短波长侧和长波长侧的光波长分别为光电探测器的起峰波长和长波限。图 10-4 就是典型半导体材料锗的本征光电导的光谱分布。

灵敏阈表示能够测出光电导材料产生光电导的最小光辐射量。

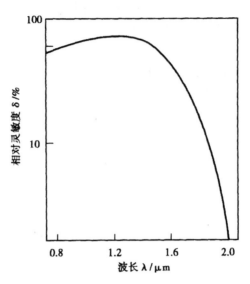

图 10-4 锗的本征光电导的光谱分布

（2）光电导材料的种类及应用

光电导材料按组成的不同可分为光电导高分子、电导半导体和光电导陶瓷等三类。

有机高分子光电导体主要有两类：一类是聚乙烯基咔唑及其衍生物与掺杂的电子受体构成的高分子电荷转移络合物。其光致电导原理为：聚乙烯咔唑类高分子受光照射后分子处于激发态，在高分子链上产生带正电荷的中心（阳离子自由基）发生电子由高分子给体向受体的迁移，正电荷很容易沿高分子链迁移，从而使高分子材料成为导电体。另一类是聚酞菁金属络合物，其光电导性能随酞菁类大环配体结构的变化及中心金属的不同而有所不同，中心金属多用铜、铁、镍、钴等。

光电导高分子材料在太阳能电池二全息摄影、信息存储、静电复印等方面有重要用途。

光电导半导体种类繁多，应用广泛，如 Ge、Si 等单晶体，ZnO、PbO 等氧化物，CdS、CdSe、CdTe 等镉化物，PbS、PbSe、PbTe 等铅化物，以及 Sb_2S_3、InSb 等半导体化合物。

采用半导体材料制作的光电导探测器是最具活力的器件。其一般具有制作工艺简单（无需制成 PN 结）、量子效率高、响应速度快、耗电少、体积小、重量轻等特点，适合大批量生产。目前利用各种不同的半导体材料已发展出从紫外、可见光到近、中、远红外各种波段的光电导探测器。

2. 光电动势材料

光电动势材料是能够产生光生伏特效应的材料，主要指光电池材料。

（1）光电池的主要特性

表征光电池主要特性的参量有开路电压、短路电流、转换效率和光谱响应曲线等。

开路电压：开路电压 U_0 表示的是光电池在开路时的电压，也就是光电池的最大输出电压。

短路电流：短路电流 I_0 表示的是光电池在外电路短路时的电流，也就是光电池的最大电流。

转换效率:转换效率 η 是反映光生电动势转换效率的参数,是光电池的最大输出功率与入射到光电池结面上的辐射功率之比,即

$$\eta = \frac{\text{光电池最大输出功率}}{\text{入射到结面上的辐射功率}} = \frac{IE}{\Phi S} \qquad (10-15)$$

式中,I 为光电流;E 为光电动势;Φ 为光入射通量;S 为相关灵敏度。

如图 10-5 所示,η 与禁带宽度有关,当 E 为 $0.9 \sim 1.5 \mathrm{eV}$ 时,即可获得最高值。此外,温度、掺杂浓度及分布以及光强度等也是影响 η 的因素。

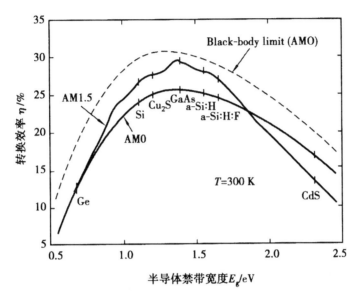

图 10-5　转换效率与禁带宽度的关系曲线

光谱响应曲线:光谱响应曲线是表示 $U_0\text{-}\lambda$、$I_0\text{-}\lambda$、$\eta\lambda$ 的关系曲线,反映了光电池的几个重要参量与入射光波长的关系。

(2)光电池材料

光电池中最活跃的领域是太阳能电池。目前所应用的太阳能电池是一种利用光伏效应将太阳能转化为电能的半导体器件。由于只有能量高于半导体禁带宽度的光子,才能使半导体中的电子从价带激发至导带,生成自由电子和空穴对而产生电势差,而太阳辐射光谱是一个从紫外到近红外的非常宽的光谱,所以太阳能向电能的转化就取决于半导体的禁带宽度。制造太阳能电池的半导体材料的禁带宽度应在 $1.1 \sim 1.7 \mathrm{eV}$ 之间,最好是 $1.5 \mathrm{eV}$ 左右。目前,太阳能电池的主要类型有薄膜太阳能电池、硅太阳能电池、PN 异质结太阳能电池等。尽管硅的带隙宽度仅 $1.1 \mathrm{eV}$,且为间接带隙半导体,但硅的蕴藏量十分丰富,而且对硅器件的加工有着深入的研究。因此,目前的太阳能电池主要还是用硅材料。本节仅就太阳能电池材料作简要的讨论。

硅太阳能电池按照结晶类型的不同主要有单晶硅太阳能电池、多晶硅太阳能电池和非晶硅太阳能电池等几种。

单晶硅太阳能电池材料太阳能电池的优点是 E_g(约 $1.1 \mathrm{eV}$)大小适宜,其实际转换效率较

高(可达 18%)。单晶硅太阳能电池的反射损失小,易掺杂。但是价格昂贵,使用寿命不长。

多晶硅比单晶硅容易获得,但不易控制其均匀性。多晶硅太阳能电池材料的实际转换效率低,仅有 2%~8%。对多晶硅进行表面改性,在其表面形成理想的织构来增强其对光的吸收,可以将多晶硅电池的转换效率提高至 13.4%。

非晶硅制造太阳能电池这种方法近年来发展很快。其工艺简单,对杂质的敏感性小,而且可制成大尺寸。但是转换效率不高,性能不够稳定。将非晶硅与晶体硅相结合,制备成非晶硅/晶体硅异质结构,能够有效提高其转换效率,而且这种结构还具有表面复合速率低、成本低等优点。

化合物半导体薄膜是薄膜中产生光生载流子的活性材料,其中 GaAs、CdTe、CuInSe$_2$(CIS)等的禁带宽度在 1~1.6eV 之间,与太阳光谱匹配较好,同时这些半导体材料对太阳光的吸收系数大,是制作薄膜太阳能电池的优选活性材料。

化合物半导体薄膜太阳能电池具有以下的特点:

①耗材少。由于化合物电池与太阳光谱更匹配,对太阳光吸收系数更大,使得这些材料适合制作薄膜电池,几十微米即可。

②光电转化效率高,转换效率提高空间大。如 CuIn(Ga)Se 的光电转化效率为 18.8%,CdTe 为 16%,InGaP/GaAs 为 30.28%。

③品种多,应用广泛。

④抗辐射性好。适合于空间飞行器电源等特殊应用。

陶瓷太阳能电池和金属—氧化物—半导体(MOS)太阳能电池正在不断发展之中。陶瓷太阳能电池材料以 CdS 陶瓷为典型代表,具有制备简单,成本低的优点,但是稳定性差。金属—氧化物—半导体(MOS)太阳能电池的转换效率可达 20%,但工艺比较复杂。

(3)光电动势材料的发展现状和应用前景

太阳能是取之不尽用之不竭的清洁能源。太阳一年到达地球表面的能量是人类一年所消耗能量的一万倍以上。但是,太阳照到地球能量的分散度很大,能量密度很小,而且受自然因素影响大。由于目前太阳能电池的光电转换材料效率还不高,而且仍只局限于单晶硅材料、薄膜材料、非晶硅材料等几种,因此太阳能电池材料还有待于进一步的发展。今后的发展方向是寻求基于新的转换机理的材料,如美国近年来报道的一种新型材料,效率高达 60%,具有极好的应用前景。

我国在西藏地区已建有容量为 25kW 的双湖光伏电站。但是太阳能发电利用的规模很小,全部容量只是印度的一半。目前与国际先进国家相比,我国太阳能发电在转换效率、生产成本和大规模试验方面都有较大的差距,因此,我国太阳能发电的关键是要研制和生产出高效、大面积、低价格的太阳能材料。

太阳能电池材料可以探索和开发的新途径还很多,巨大潜力和长远意义应该受到更大的重视,在这一领域的突破将会给人类文明带来更大的光明。

10.2 功能复合材料

应该说每种工程材料都有各自的优点和弱点,当它们组成复合体时,就可能产生如

图 10-6 所示的 C_1、C_2、C_3（对两种材料复合而言）三种组合。也就是说组成的新材料有可能仅保留原组分好的性质或仅保留坏的性质；也有可能既有良好性质的混合，也有 A 和 B 缺点的混合，当然后者是较普遍的情况。从严格意义上说，只有那些组元间性能能够互补，比单独原组分性能好得多的材料才能称为复合材料。我们可以把复合材料形象地比喻为

$$A+B=C$$
$$2+2=4$$

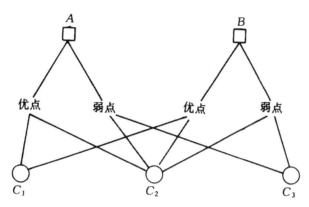

图 10-6　二元复合材料组合示意图

实际上，一些著作中把复合材料的定义下得很宽，认为任何非纯粹的，或多于一种组分的物体都可以归入复合材料之列。

复合材料的分类有 2 种，如图 10-7 所示。

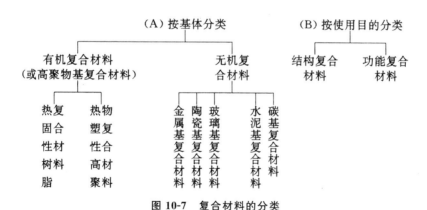

图 10-7　复合材料的分类

功能复合材料是指除机械性能以外而提供其他物理性能的复合材料，如导电、超导、半导、磁性、压电、阻尼、吸声、摩擦、吸波、屏蔽、阻燃、防热、隔热等功能复合材料。功能复合材料主要由功能体和基体组成，或由两种（或两种以上）功能体组成。在单一功能体的复合材料中其功能性质虽然由功能体提供，但基体不仅起到粘结和赋形作用，同时也会对复合材料整体的物理性能有影响。多元功能体的复合材料可以具有多种功能，同时还有可能由于产生复合效应而出现新的功能。这种多功能复合材料成为功能复合材料的发展方向。

10.2.1 电功能复合材料

1. 电接触复合材料

电接触元件担负着传递电能和电信号以及接通或切断各种电路的重要功能,电接触元件所用的材料性能直接影响到仪表、电机、电器和电路的可靠性、稳定性、精度及使用寿命。

(1)开关电接触复合材料

开关电接触复合材料主要是以银作为基体的复合材料,它利用银的导电导热性好、化学稳定性高等优点,又通过添加一些材料来改善银的耐磨、耐蚀、抗电弧侵蚀能力,从而满足了断路器、开关、继电器中周期性切断或接通电路的触点对各项性能的要求。开关电接触材料使用最多的是用金属氧化物改性的银基复合材料,如银—氧化镉、银—氧化铝、银—氧化锌、银—氧化镍等材料。为进一步提高开关接触材料的性能,还开发了碳纤维银基复合材料、碳化硅晶须或颗粒增强银基复合材料。

(2)滑动电接触复合材料

滑动电接触元件能可靠传递电能和电信号,要求耐磨、耐电、抗粘结、化学稳定性好、接触电阻小等性能。采用碳纤维增强高导电金属基复合材料,替代传统的钯、铂、钌、银、金等贵金属合金,接触电阻减小,且导热快可避免过热现象;同时能增加强度及过载电流,并具有优良的润滑性和耐磨性等优点。碳纤维增强铜复合材料还被用于制造导电刷。用于宇宙飞船的真空条件下工作的长寿命滑环及电刷材料,主要采用粉末冶金法制备,含有固体润滑剂二硫化钼或二硒化铌或石墨的银基复合材料,工作寿命可大大提高。

2. 导电复合材料

导电复合材料是在聚合物基体中,加入高导电的金属与碳素粒子、微细纤维,然后通过一定的成形方式而制备出的。加入聚合物基体中的这些添加材料为增强体和填料。

增强体是一种纤维质材料,或者是本身导电,或是通过表面处理来获得导电。用得较多的是碳纤维,其中用聚丙烯腈碳纤维制成的复合材料比沥青基碳纤维增强复合材料具有更加优良的导电性和更高的强度。在碳纤维上镀覆金属镍,可进一步增加导电率,但这种镀镍碳纤维与树脂基体的粘接性却被削弱。除碳纤维以外,铝纤维和铝化玻璃纤维亦用作导电增强体。不锈钢纤维是进入导电添加剂领域新型材料,其纤维直径细小,以较低的添加量即可获得好的导电率。

导电复合材料中使用较多的填料为炭黑,它具有小粒度、高石墨结构、高表面孔隙度和低挥发量等特点。金属粉末也可用作填料,加入量为质量分数 $30\% \sim 40\%$。选择不同材质、不同含量的增强体和填料,可获得不同导电特性的复合材料。

(1)静电损耗复合材料

静电损耗复合材料是表面电阻率在 $10^2 \sim 10^6 \, \Omega/$ 单位表面的导电复合材料,它能迅速地将表面聚积的静电荷耗散到空气中去,可以防止静电放电电压高(4000～15000V)而损坏敏感元件。静电损耗复合材料可用传统的注塑、挤塑、热压或真空成形法进行加工。玻璃纤维增强聚丙烯复合材料常用于制造料斗、存储器、医用麻醉阀、滑动导架、地板和椅子面层等;玻璃纤维增强尼龙复合材料用来制造集成电路块托架、输送机滚柱轴承架、化工用泵扩散器板等。还有其他基体的以及碳纤维增强的静电损耗复合材料。

聚合物导电复合材料还具有某些无机半导体的开关效应的特性。因此,由这种导电复合材料所制成的器件在雷管点火电路、自动控制电路、脉冲发生电路、雷击保护装置等多方面有着广阔的应用前景。

（2）屏蔽复合材料

导电率大的树脂基复合材料,可有效地衰减电磁干扰。电磁干扰是由电压迅速变化而引起的电子污染,这种电子"噪声"分自然产生的和人造电子装置产生的。如让其穿透敏感电子元件,极像静电放电,会产生计算错误或抹去计算机存储等。导电复合材料的屏蔽效应是其反射能和内部吸收能的总和。一种良好的抗电磁干扰材料既可屏蔽入射干扰,也可容纳内部产生的电磁干扰,而且它可任意注塑各种复杂形状。采用镀覆金属镍的碳纤维作增强体时,其屏蔽效果更加显著,例如 25％镀镍碳纤维增强聚碳酸酯复合材料,屏蔽效应为 40～50dB。

3. 压电复合材料

压电复合材料具有应力－电压转换特性,当材料受压时产生电压,而作用电压时产生相应的变形。在实现电声换能、激振、滤波等方面有极广泛的用途。

钛酸钡压电陶瓷、锆钛酸铅、改性锆钛酸铅和以锆钛酸铅为主要基元的多元系压电陶瓷、偏铌酸铅、改性钛酸铅等无机压电陶瓷材料压电性能良好但其硬而脆的特性给加工和使用带来困难。一种以有机压电薄膜材料聚偏氟乙烯为代表的有机压电薄膜,材质柔韧、低密度、低声阻抗和高压电电压常数,在水声、超声测量、压力传感、引燃引爆等方面得到应用。但其缺点在于压电应变常数偏低,使作为有源发射换能器受到很大的限制。如聚偏二氟乙烯经极化、拉伸成为驻极体后亦有压电性,但由于必须经拉伸、极化,材料刚度增大,难于制成复杂形状,并且具有较强的各向异性。这两类压电材料都是压电性能好,但综合性能差。如将钛酸锆与聚偏二氟乙烯或聚甲醛复合而得的具有一定压电性的压电复合材料,虽然压电性不十分突出,但其柔软、易成形,尤其是可制成膜状材料,大大拓宽了压电材料的用途。更重要的是压电性及其他性能的可设计性,因而可以同时实现多功能性。

（1）结构设计

最初是将压电陶瓷粉末和有机聚合物按一定比例进行机械混合,虽然可以制出具有一定性能水平的压电复合材料,但远未能发挥两组成各自的长处。因此,在材料设计中,不仅要考虑两组成机械混合所产生的性能改善,还要十分重视两组成性能之间的"耦合效应"。采用"连通性"的概念,在复合材料中,电流流量的流型和机械应力的分布以及由此而得到的物理和机电性能,均与"连通性"密切相关。在压电复合材料的两相复合物中,有 10 种"连通"的方式,即 0－0、0－1、0－2、0－3、1－1、1－2、1－3、2－1、2－2、2－3、3－3,第一个数码代表压电相,第二数码代表非压电相。对两相复合而言,其"连通"方法有串联连接和并联连接之分。串联连接相当于小的压电陶瓷颗粒悬浮于有机聚合物中。并联连接相当于压电陶瓷颗粒的尺寸与有机聚合物的厚度相近或相等。简单地计算表明,含有 50％（体积分数）PZT 的压电复合材料,其 $d \cdot g$ 均比 PZT 压电陶瓷这两个参数的乘积要高。

1976 年,美国海军研究实验室分别利用较小的 PZT 颗粒和大的颗粒填充到聚合物中制成压电复合材料。前者由于压电陶瓷微粒的直径小于复合物的厚度,妨碍了压电微粒极化的饱和,因此,压电响应小;而后者压电颗粒尺寸接近和等于复合物厚度,极化可以贯通,使压电颗粒极化达到饱和,压电常数得到提高。

(2)制备方法

①复型法。利用珊瑚复型,制成 PZT 的珊瑚结构,而后其中充填硅橡胶作成 3-3 连通型压电复合材料,此工艺复杂,不易批量生产。

②混合法。将压电陶瓷粉末与环氧树脂、PVDF 等有机聚合物按一定比例混合,经球磨或轧膜、浇铸成形或压延成形制成压电复合材料。此法使用的 PZT 压电陶瓷粉末,尺寸直径不小于 $10\mu m$。

③Burps 工艺。用 PZT 压电陶瓷粉末与聚甲基丙烯酯以 30/70 的体积比混合,并加入少量聚乙烯醇压成小球。烧结后,小球疏松多孔,可注入有机聚合物,如硅橡胶等。此法较珊瑚复型法制作简单,得到的压电复合材料性能亦有提高。

④注入法。将 PZT 压电陶瓷粉末模压,烧成 PZT 蜂房结构,向蜂房结构中注入有机聚合物,制成 1-3 连通型压电复合材料。这种材料适用于厚度模式的高频应用。

⑤切割法。把具有一定厚度、极化了的 PZT 压电陶瓷片粘在一平面基板上,然后在 PZT 平面上进行垂直切割,将 PZT 切成矩形,其边长 $250\mu m$,空间距离 $500\mu m$。切好后放进塑料圆管中,在真空条件下,向切好的沟槽内浇铸环氧树脂,经固化,将 PZT 与基体分离,处理后,制极、极化,制成 1-3 连通型压电复合材料。

⑥钻孔法。在烧成的一定厚度的 PZT 立方体上,用超声钻打孔,而后注入有机聚合物和环氧树脂,固化后,切片、制极、极化,制成压电复合材料。

在有机聚合物中加入孤立的第三相,制得三相复合的压电复合材料,以改善材料的压力,释放和降低其泊松比。制成 1-3-0 连通型压电复合材料,可提高其压电应变常数。

(3)性能和应用

表 10-3 列出了不同方法研制的适于水声应用的几种连通型的压电复合材料的介电和压电件能。

表 10-3　水声应用的几种连通型的压电复合材料

类型	性能	密度/ (g/cm^3)	介电常数/ε	压电应变常数 $g_h/(10^{-12}C/N)$	压电电压常数 $d_h/(10^{-3}Vm/N)$	$d_h \cdot g_h/$ $(10^{-13}m^2/N^2)$
	单相 PZT	7.6	1800	40	2.5	100
	PVDF 薄膜	1.8	13	11.5	108	1246
	珊瑚型-PZT	3.3	50	140	36	5040
3-3	PZT-SPURRS 环氧树脂	4.5	620	20	110	2200
	PZT-硅橡胶	4.0	450	45	180	8100

续表

类型	性能	密度/ (g/cm^3)	介电常数/ ε	压电应变常数 $g_h/(10^{-12}C/N)$	压电电压常数 $d_h/(10^{-3}Vm/N)$	$d_h \cdot g_h/$ $(10^{-13}m^2/N^2)$
1—3	PZT 棒-SPURRS 环氧树脂	1.4	54	56	27	1536
	PZT-聚氨酯	1.4	40	56	20	1100
1—3—0	PZT-SPURRS 环氧树脂－玻璃球	1.3	78	60	41	2460
	PZT-泡沫聚氨酯	0.9	41	210	73	14600
0—3	PbTiO₃-氯丁二烯橡胶	—	40	100	35	3500
	Bi₂O₃ 改性 PbTiO₃-氯丁二烯橡胶	—	40	28	10	280
3—1	打孔 3—1 型复合	2.6	650	30	170	5100
3—2	打孔 3—2 型复合	2.5	375	60	300	12000

压电复合材料具有高静水压灵敏度,在水声、超声、电声以及其他方面得到了广泛应用。用其制作的水声换能器不仅有高的静水压响应,而且耐冲击,不易受损且可用于不同深度。用其研制的高频(3~10MHz)超声换能器已在生物医学工程和超声诊断等方面得到应用,如用1—3 连通型成功地制作出了 7.5MHz 的医用超声探头。

由于压电复合材料密度可在较宽范围内改变,从而改善了换能器负载界面的声阻抗匹配,减少了反射损耗,而材料的低 QM 值,又可使换能器具有良好的宽带特性和脉冲响应。因此,压电复合材料已成为制作高频超声换能器的最佳材料之一。

用压电复合材料研制的中心频率为 4.5MHz 的线阵换能器已用于物体的声成像。用2—2 连通型材料制作的直线相控阵换能器显示了其明显的优点。1—3 连通的蜂房型压电复合材料可用作变形反射镜的弯曲背衬材料,在天文领域用的光学器件中得到应用。用复合压电材料制作的平面扬声器也有产品面市。

4. 超导复合材料

高临界转化温度的氧化物超导体脆性大,虽有一定的抵抗压缩变形的能力,但其拉伸性能极差,成形性不好,使得超导体的实用化受到了限制。用碳纤维增强锡基复合材料通过扩散粘接法将 $YBa_2Cu_3O_7$ 超导体包覆于其中,从而获得良好的力学性能、电性能和热性能的包覆材料。试验发现,随着碳纤维体积含量增加,碳纤维/锡-铱钡铜氧复合材料的拉伸强度不断提高。碳纤维基本上承担了全部的拉伸载荷,在断裂点之前碳纤维/锡材料包覆的超导体,一直都能保持超导特性。

10.2.2 磁性复合材料

磁性复合材料是以高聚物或软金属为基体与磁性材料复合而成的一类材料。由于磁性材料有软磁和硬磁之分,因此也有相应的两类复合材料。此外强磁性(铁磁性和亚铁磁性)细微颗粒涂覆在高聚物材料带上或金属盘上形成磁带或磁盘用于磁记录,也是一类非常重要的磁性复合材料,又如与液体混合形成磁流体等。

1. 永磁复合材料

复合永磁材料的易成形和良好加工性能,因此常用来制作薄壁的微特电机使用的环状定子,例如计算机主轴电机,钟表步进电机等。此类环状定子往往需要非常均匀的多极分布,如8、16、24、36极等,图10-8显示一个12极充磁后,磁极的分布图形。良好的成型性,使其适用于制作体积小,形状复杂的永磁体,如汽车仪表用磁体,磁推轴承及各类蜂鸣器等。

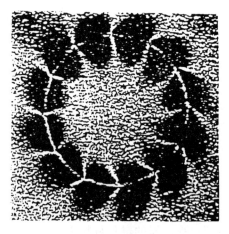

图10-8 多极充磁磁极分布图

复合永磁材料的功能体可为前面所介绍的各类磁体,如铁氧体、铝镍钴、Sm-Co、Nd-Fe-B等的粉末,由它们制成粘结磁体。各类单功能组元粘结体的典型退磁曲线如图10-9所示。人们也可以选用两种或两种以上的不同磁粉与高分子材料复合,以便得到更宽范围的实用性能。

2. 软磁复合材料

电器原件的小型化导致磁路中追求更高的驱动频率,为此应用的软磁材料,除在静态磁场下经常要求的高饱和磁化强度和高磁导率外,还要求具有低的交流损耗 P_L。

通常较大尺寸的金属软磁材料,其相对磁导率 μ_r 随驱动频率的增大而急速下降(图10-10)。但将软磁材料,例如 Fe-Si-A1 合金,制成粉末,表面被极薄的 Al_2O_3 层或高聚物分隔绝缘,然后热压或模压固化成块状软磁体,由图 A、B、D 曲线看出它的 μ_r 值在相当宽的驱动频率范围内不随交变场频率的升高而下降,保持在一个较平稳的恒定值。这种复合软磁材料的 μ_r 值可描述如下:

$$\mu_r = (\mu_c d)/(d + 2\mu_c \delta)$$

式中,d 为金属粒子尺寸;μ_c 为块状金属相对磁导率;δ 为包覆层厚度。

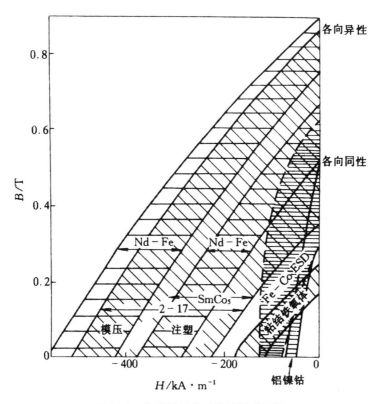

图 10-9　各类粘结永磁体的退磁曲线

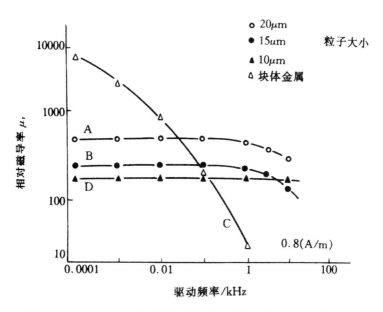

图 10-10　Fe-Si-Al 粉末颗粒复合体相对磁导率随驱动频率的变化

由于绝缘物质的包覆,这类材料的电阻率比其母合金高得多(高 10^{11} 倍),因此在交变磁场下具有低的磁损耗 P_L。图 10-11 是在 1MHz 高频下复合材料磁损耗与粉末颗粒尺寸 D 的关系,粉末尺寸越小,损耗越低。因此可以通过调整磁性粉末颗粒的尺寸来调节损耗 P_L 值。

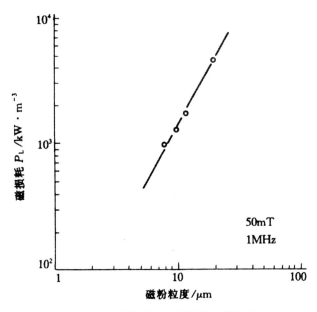

图 10-11　磁损耗与软磁粉粒度的关系

3. 磁记录复合材料

利用强磁性原理输入(写入)、记录、存储和输出(读出)声音、图像、数字等信息的一类磁性材料称为磁记录材料。

(1)磁性记录与读出

记录声音和图像,然后将其读出(再生)的过程,如图 10-12 所示。由麦克风及摄像机将声音及光变成电信号,再由磁头变成磁信号固定在磁记录介质上。读出时与记录过程相反,使声音和图像再生。理想的录像磁带(磁记录介质)要尽可能地高密度,能长期保存记录,再生时尽可能高输出。在考虑能够实现高密度、长期保存、高输出时,大致有两方面的考虑,一是磁性材料的种类,二是以磁性层为中心的叠层结构的构成。

(2)磁性材料

作为记录介质的强磁性材料,主要性能指标是矫顽力 H_c 和剩余磁化强度 M_r 的大小。这两个性能指标不仅受磁性材料种类的影响,也受颗粒的大小和形状的影响。

现在使用的磁记录介质材料的磁特性如表 10-4 所示。不难看出每一次材料的重大改进都使磁介质材料的磁特性产生一次质的飞跃,与此同时也使磁记录密度获得一次大的提高。由金属 Fe 粉及 CoNi 薄膜制成的磁带称为金属带。由图 10-13 可看出,金属带记录密度比早期的铁的氧化物 $\gamma\text{-}Fe_2O_3$ 以及 Co 改性的 $\gamma\text{-}Fe_2O_3$ 要高上百倍。金属粉末虽然为记录密度带来好处,但对磁带寿命和稳定性却带来负面作用。上述四种材料除 CoNi 薄膜外,皆以粉末颗粒形式作为使用状态,粉末通常制成针状,以便减小退磁场的影响。

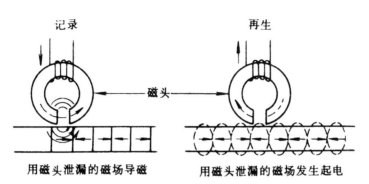

图 10-12 磁记录再生的原理

表 10-4 各种磁性粉来的特性

磁性材料	M_r/T	$H_c/A \cdot M^{-1}$
γ-Fe_2O_3	$(1400 \sim 1800) \times 10^{-4}$	$(15.92 \sim 31.83) \times 10^3$
Co-γ-Fe_2O_3	$(1400 \sim 1800) \times 10^{-4}$	$(47.75 \sim 71.62) \sim 10^3$
金属 Fe	$(2300 \sim 2900) \times 10^{-4}$	$(111.41 \sim 127.33) \times 10^3$
Co-Ni 合金	$(11000 \sim 12000) \times 10^{-4}$	$(55.71 \sim 59.69) \times 10^3$

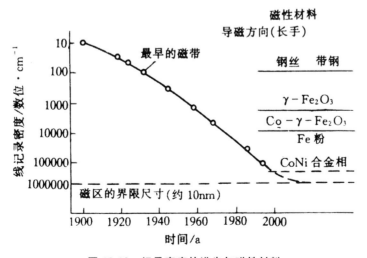

图 10-13 记录密度的进步与磁性材料

10.3 新型能源材料

能源是人类社会进步最为重要的基础,能源结构的重大变革导致了人类社会的巨大进步。从经济社会走可持续发展之路和保护人类赖以生存的地球生态环境的高度来看,发展可再生资源具有重大战略意义。化石能源一直是人类社会发展的主要动力,人类所需初级能量的大部分来自化石能源。随着工业化发展和人口的增长、人类对能源的巨大需求和对化石能源的大规模的开采和消耗已导致资源基础在逐渐削弱、退化,并在化石能源开采利用过程中造成了严重的环境污染与不可逆的环境破坏。这样,不可再生的化石能源的开发利用所包含的耗竭性和不可逆性,便形成一种内在的危险性机理,威胁着经济社会发展的可持续性。开发替代的可再生能源是非常必要和迫切的。

新能源的出现与发展来源于两方面:一是,能源技术本身发展的结果;二是,由于这些能源有可能解决上述的资源与环境发展同题而受到支持与推动。新能源的发展必须靠利用新的原理来发展新的能源系统,同时还必须靠新材料的开发与利用,才能使新的系统得以实现,并进一步提高效率、降低成本。

材料的作用主要有以下几方面:

(1)新材料把原来应用已久的能源变成了新能源

如人类过去利用氢气燃烧来获取能量,现在靠催化剂、电解质使氢与氧直接反应而产生电能,并在电动汽车中得到应用。

(2)新材料可以提高储能和能量转化效果

如储氢合金可以改善氢的储存条件,并将化学能转化为电能,镍氢电池、锂电池等都是靠电极材料的储能效果和能量转化而发展起来的新型二次电池。

(3)新材料决定着能源的性能、安全性及环境协调性

如新型核反应堆需要耐腐蚀、耐辐射材料,这些材料的开发与应用对反应堆的安全性能和环境污染起决定性作用。

(4)材料的组成、结构、制作与加工工艺决定着新能源的投资与运行成本

如太阳能电池所用的电极材料及电解质的质量决定着光电转化效率;燃料电池材料决定着电池的性能与寿命;锂离子电池的电极材料与电解质的质量决定着锂离子电池的性能与寿命。其工艺与设备又决定着能源的成本及能否对其进行大规模应用的关键。

10.3.1 太阳能电池材料

太阳能是人类取之不尽、用之不竭的可再生清洁能源,是最理想的新型能源之一。从太阳表面射出来的能量约 3.8×10^{23} kW,穿越大气层到达地面的能量也可达到 1.8×10^{14} kW,约为全球平均电力的 10 万倍。若能有效地利用太阳能,对人类的可持续发展具有重要意义。人类利用太阳能已有几千年的历史,但在现代意义上开发利用只是近半个世纪的事情。

为了充分有效地利用太阳能,人们发展了多种太阳能材料,如光电转换材料、光热转换材料、光能调控变色材料等,由此而形成太阳能光电利用、光热利用、光化学能利用和太阳能光能调控等相应技术。

随着材料科学的不断进步,太阳能电池显示出愈来愈诱人的发展前景。因此可以预见,太阳能作为一种最具潜力、清洁的巨大能源必将是人类社会今后发展最为持久、最为现实的能源,使人类在环境保护和能源利用两方面的和谐达到更加完善的境界。

1. 光伏效应和光伏太阳能电池

1839 年,法国物理家 Edmond Becquerel 研究固体在电解液中的行为时发现,光照能使半导体材料的不同部位之间产生电位差。这种现象后来被称为"光生伏特效应",简称"光伏效应"。

太阳能光电转换主要是以半导体材料为基础,利用光照产生电子—空穴对,在 p—n 结上产生光电流和光电压的现象(光伏效应),从而实现太阳能光电转换的目的。利用光伏效应把光能转化成电能的装置称之为光伏特太阳能电池或光伏太阳电池。

(1)p—n 结

n 型半导体中的多数载流子为自由电子,p 型半导体中的多数载流子为自由空穴。当 p 型半导体和 n 型半导体结合在一起时,由于交界面处存在载流子浓度的差异,这样电子和空穴都要从浓度高的地方向浓度低的地方扩散。但是,电子和空穴都是带电的,它们扩散的结果就使 p 区和 n 区中原来的电中性条件破坏了。p 区一侧因失去空穴而留下不能移动的负离子,n 区一侧因失去电子而留下不能移动的正离子。这些不能移动的带电粒子通常称为空间电荷,它们集中在 p 区和 n 区交界面附近,形成了一个很薄的空间电荷区,这就是我们所说的 p—n 结。p—n 结及内电场的形成如图 10-14 所示。

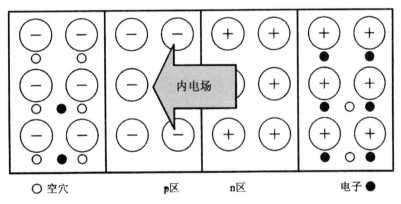

○ 空穴　　　　p区　　　　n区　　　　电子 ●

图 10-14　p—n 结及内电场的形成

在这个区域内,多数载流子已扩散到对方并复合掉了,或者说消耗殆尽了,因此,空间电荷区又称为耗尽层。p—n 结的 p 区一侧呈现负电荷,n 区一侧呈现正电荷,因此空间电荷区出现了方向由 n 区指向 p 区的电场,由于这个电场是载流子扩散运动形成的,而不是外加电压形成的,故称为内电场。p—n 结的能带结构见图 10-15(a)。

(2)光生伏特效应及光伏电池的结构

光生伏特效应是光照引起 p—n 结两端产生电动势的效应。当光量子的能量大于半导体禁带宽度的光照射到结区时,光照产生的电子—空穴对在结电场作用下,电子推向 n 区,空穴推向 p 区;电子在 n 区积累和空穴在 p 区积累使 p—n 结两边的电位发生变化,p—n 结两端出现一个因光照而产生的电动势,这一现象称为光生伏特效应。由于它可以像电池那样为外电路提供能量,因此常称为光伏电池。

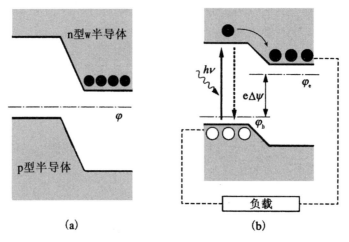

图 10-15　p—n 结产生光电流示意图
(a)p—n 结能带结构;(b)光电流的产生

制作太阳能电池时可选用禁带宽度在可见光光量子能量对应范围的半导体材料。最先付诸实际应用的是用单晶硅制成的硅光电池,单晶硅的禁带宽度为 1.1eV。在一块 n 型硅片上用扩散方法渗入一些 p 型杂质,从而形成一个大面积 p—n 结,p 层极薄能使光线穿透到 p—n 结上。

2. 光伏太阳能电池材料的性能及分类

任何光伏特太阳能电池元件的运行必须满足以下 3 个条件:
①在入射光的照射下能产生电子—空穴对。
②电子—空穴对可以被分离。
③电子和空穴可以传输至负载。
理想的太阳能电池材料应具备下列特性:
①能够充分利用太阳能辐射,即半导体材料的禁带不能太宽,在 1.1~1.7eV 之间,否则太阳能辐射利用率过低。
②较高的光电转换效率。
③材料便于工业化生产且材料性能稳定。
④材料本身对环境不造成污染。
基于以上几个方面考虑,太阳能电池材料的最佳材料是硅材料。但随着新材料的不断开发和相关技术的发展,以其他材料为基础的太阳能电池也显示出愈来愈诱人的前景。根据所用材料的不同,太阳能电池可分为四大类:硅基太阳能电池、纳米晶薄膜材料太阳能电池、无机化合物薄膜电池和有机高分子太阳能薄膜电池。
一般用来评价太阳能光电转换器件的指标有:开路电压(open circuit photovolage,U_{oc}),短路电流(short current photocurrent,I_{sc}),单色光光电转换效率(incident photon-to-currenl

conversion efficiency,IPCE)和电池的总转换效率(conversion efficiency,η)。

（1）开路电压和短路电流

开路电压 U_{oc} 如图 10-16(a)所示,为外部电流断路时的电压输出。光照产生的电流和空穴扩散运动所能起的距离为扩散长度。光致电流使 n 区和 p 区分别积累了负电荷和正电荷,在 p—n 结上形成电势差,引起方向与光致电流相反的 n 结正向电流。当电势差增长到正向电流恰好抵消光致电流的时候,便达到稳定情况,这时的电势差称为开路电压。开路电压与光照度之间呈非线性关系。

短路电流 I_{sc}:光电池与外电路的连接方式如图 10-16(b)所示,把 p—n 结的两端通过外导线短接(无负载荷状态下),形成流过外电路的电流,这电流称为光电池的输出短路电流(I_{ac}),其大小与光强成正比。在理想的状态下,太阳能电池的短路电流应等于光照时产生的电流——光生电流,即在光照射下产生的电子—空穴对在未复合之前由结区内电场分离产生的电流。

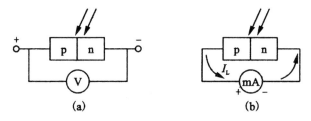

图 10-16　光电池的开路电压输出(a)和短路电流输出(b)

（2）单色光转换效率及总的转换效率

单色光转换效率 IPCE:

入射单色光的光子变成电流的转换效率(IPCE)是光电池的重要参数,利用通过外电路光生的电子数目除以入射光子数目来确定,可表示为:

$$IPCE = \frac{1.25 \times 10^3 \times 光电流密度}{波长 \times 光通量} = LHE(\lambda)\varphi_{inj}\eta_c$$

式中,$LHE(\lambda)$(linght harvesting efficiency)为对波长 λ 光的光收集效率;φ_{inj} 为外电路收集电子效率;η_c 为电子注入的量子产率。

总的转换效率 η:指的是太阳能电池的最大功率输出 P_m 与照射到太阳能电池的总辐射能 P_{in} 之比,定义为:

$$\eta = \frac{P_m}{P_{in}} \times 100\% = \frac{I_{sc}U_{oc}ff}{P_{in}} \times 100\%$$

式中,f 为电池的填充因子。

$$ff = (I_{opt} \times U_{opt})(I_{sc} \times U_{oc})$$

即电池最大输出功率时的电流和电压的乘积与电池短路电流和开路电压乘积之比。

10.3.2　燃料电池材料

随着现代尖端技术的发展,迫切需要研制轻型、高能、长效和对环境不产生污染的新型化学电源。燃料电池就是其中之一。影响燃料电池工作性能的因素有很多,如温度、压力、气体组成、电极及电解质材料、杂质等。构成燃料电池的关键材料是电极、隔膜及双极集流板。

1. 电极

电极是电化学反应发生的场所,它是由气体扩散层和催化反应层构成。气体扩散层是由多孔材料制备,并起到支撑催化反应层、收集电流与传导气体和反应产物的作用。催化反应层是由催化剂和防水剂等经混合、碾压、喷涂及适当热处理后制成。催化剂首先要对特定的电化学反应具有良好的催化活性和高的选择性,同时还要具备良好的电子导电性能和耐腐蚀性。催化剂一般为比表面积大的金属粉末。防水剂是润湿接触角 d 大于 $90°$ 的疏水组分,使电极内部的一部分气孔不被溶液充满,防水剂一般为聚四氟乙烯等。多孔气体扩散电极涉及气、液、固三相中的气相传质、液相传质和电子传递。多孔气体扩散电极可为电极表面反应及体相扩散提供尽可能大的反应界面,以便使反应物被吸附或产物脱附的阻力最小。由于多孔气体扩散电极的反应质点处于反应物质、电解质及催化剂共存的三相界面,因而电极材料的比表面越大,电极反应的阻力就越小,电极反应的效率也就越高。

在制备多孔气体扩散电极的过程中,电极表面是亲水性还是疏水性可依据加入的胶黏剂及相关组分的性质来决定。

疏水性扩散电极是由微细碳粉与塑料材料结合而成,因电极中含有疏水剂而使电解液不能完全润湿电极。为改善其导电性能,一般加入金属丝网以加强电流的收集。在疏水气体扩散电极中,气孔与液孔的分布随润湿接触角而改变,而电极在疏水剂的作用下可在催化层中形成大量的电解液薄膜高效反应界面,因此,疏水气体扩散电极既可阻止电解质渗透到电极内部结构,又可促进气体扩散至电极反应界面。

亲水电极是由金属粉末烧结制成,其扩散层孔隙大于反应层,使得气体的外加压力等于或大于毛细作用力时气体就可进入电极的小孔。多孔金属扩散电极具有良好的导电性能,可使平面电极的电流汇聚到电极的接头上。据此可将单体电池组合在一起制成电池堆,再根据电压或电流的需要进行串联或并联以制备实际需要的燃料电池。

2. 隔膜

燃料电池隔膜的作用是传导离子,并且将氧化剂与燃料分隔,该隔膜材料在电池的工作条件下必须具备耐腐蚀、结构稳定的性能,以确保电池的工作寿命长。除此之外,隔膜不允许有电子导电,否则会导致电池内部漏电而降低电池的工作效率。因此隔膜材料,如磷酸燃料电池所用的碳化硅膜、碱性燃料电池所用的石棉膜、质子交换膜燃料电池所用的全氟磺酸质子交换膜等,一般为无机或有机的绝缘材料。依据结构的特点,隔膜一般可分为无孔膜和微孔膜。无孔膜是由离子导电的离子交换树脂或氧化物制备而成。无孔膜本身是无孔的,可以耐受隔膜两侧反应气体的较大压差,而且膜可以很薄,充分降低电池隔膜的欧姆电阻,从而获得大的输出功率;微孔膜则是借助毛细作用力浸泡电解质溶液或熔盐离子以实现离子导电,微孔膜的孔必须小于电极的孔以保证电极在工作时微孔膜内始终被电解液浸泡。在设计制备微孔膜的隔膜时,可依据电解液的表面张力、浸润角的大小和可能的最大压力差来确定隔膜被允许的最大孔径,以利于电解液的有效填充和最佳的离子导电。

3. 双极集流板

双极集流板是分隔燃料与氧化剂的材料,它应具有阻气功能,另外它还起着集流、导热、抗腐作用。目前采用的双极集流板材料主要是无孔石墨和各种表面改性的金属板。石墨双极集流板的导电、导热性能优良,且耐腐性好,但其加工工艺复杂、生产成本高,且因质脆而难以提高电池的体积比功率。合金双极集流板生产工艺相对简单,有利于降低生产成本,但需要进行表面处理以解决金属板材的腐蚀问题。

在双极集流板的制作过程中,需要加工相关沟槽,目的是为燃料、氧化剂及反应产物提供进出通道,这又称为燃料电池的流场。根据燃料电池的工作特性和需要,流场可设计成不同的形状以使电极板获得充足的反应剂、最件的沟槽面积、扩散传质以及适中的压力降。

4. 燃料电池简介

燃料电池的分类有很多种,但按使用电解质的不同,可分为碱性燃料电池、质子交换膜燃料电池、熔融碳酸盐燃料电池及固体氧化物燃料电池五类。

(1)碱性燃料电池

碱性的氢—氧燃料电池结构如图 10-17 所示。以多孔的镍电极为电池负极,多孔氧化镍覆盖的镍为正极。用多孔隔膜将电池分成三部分,中间部分盛有 70%KOH 溶液,左侧通入燃料氢气,右侧通入氧化剂氧气。气体隔膜扩散到 KOH 溶液部分,发生下列电极和电池反应:

负极:$H_2 + 2OH^- - 2e^- \longrightarrow 2H_2O$

正极:$\frac{1}{2}O_2 + H_2O + 2e^- \longrightarrow 2OH^-$

电池反应:$H_2 + \frac{1}{2}O_2 \longrightarrow H_2O$

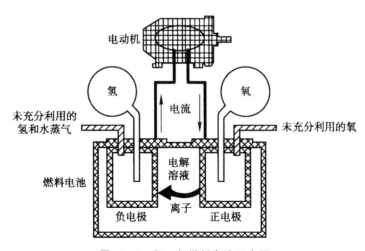

图 10-17　氢—氧燃料电池示意图

碱性燃料电池与其他燃料电池相比,其显著的优点是能量转换率高,一般可达约 70%;另外它可采用非贵金属做电极,这既可降低催化剂的成本,还可以摆脱贵金属资源限制。碱性燃料电池在使用中,原则上必须使用纯氢和纯氧,因为如果使用空气,碱性电解质因吸收二氧化碳会生成碳酸盐,这将阻塞气体扩散通道,使电流效率降低,并严重影响到电池的使用寿命。对这一难题可望通过循环更新电解液来解决。碱性燃料电池在今后的研究与开发中,将主要集中在:提高使用寿命;降低成本,使之能与内燃机竞争;健全系统标准化及自动化。

(2)质子交换膜燃料电池

质子交换膜燃料电池是以全氟磺酸型同体聚合物为电解质构成质子交换膜燃料电池的关键材料与部件为电极、电催化剂、质子交换膜及双极集流板,质子交换膜燃料电池的电催化剂采用以铂为主体的催化组分。铂/碳电催化剂可由化学络合沉淀反应制得。质子交换膜燃料电池的电极是典型的气体扩散电极,它一般包含扩散层和催化层。扩散层的作用有支撑催化层、提供电子通道并收集电流、提供气体通道、提供排水通道。催化层则是电化学反应发生的场所,是电极的关键。催化层一般是由铂、碳电催化剂和聚四氟乳液覆盖在扩散层而形成的薄层亲水层。

影响质子交换膜燃料电池性能的主要因素有温度、压力、杂质(如一氧化碳)等。对与温度和压力有关的质子传导、电池密封、热量排放及增湿技术等需要综合考虑,以获得性能较好的电池组。燃料中(特别是以甲醇为燃料时)往往含有极少量的一氧化碳,这就极易使催化剂中毒失效,解决一氧化碳中毒的根本办法是降低燃料中一氧化碳的浓度。质子交换膜燃料电池的研究与开发已取得实质性的进展,未来开发的关键是开发新型高效电催化剂,降低成本。质子交换膜燃料电池因其高效、清洁、安全、可靠等优点,已作为移动电源、家庭电源和分散电站,在军事与民用方面获得成功的试验,也显示了迷人的前景,将成为最引人瞩目的电池类型。

(3)磷酸燃料电池

磷酸燃料电池的主要构件有电极、电解质基质、双极板、管路系统等。电极是由载体和催化层组成(如图 10-18 所示)。

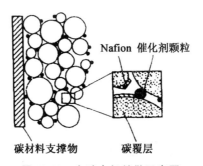

图 10-18 多孔电极扩散示意图

磷酸电解质不是以自由流体形式使用,而是包含在碳化硅制成的多孔基质中,这种基质结构是一种电绝缘的微孔隔膜,将磷酸浸泡于其中以利于电极反应时形成稳定的三相界面。双极板的作用是分隔氢气和氧气,并传导电流使两极导通。双极板通常使用玻璃态的碳板,厚度应尽可能薄以减少对电或热的阻力,双极板的表面应平整光滑,以利于同电池的其他部件均匀接触。管路系统包括内部及外部的管路结构。管路在设计中要充分考虑反应气体较小的压力降,另外也要包括绝缘、稳定、密封等性能。电池组在冷却时通常采用水冷,为防止腐蚀发生,对水质要求高。磷酸燃料电池的阳极通常以富氢并含二氧化碳的重整气为燃料,而阴极则以空气为氧化剂,因而对二氧化碳有较好的承受力,但一氧化碳和硫化氢等杂质气体对电极活性的抑制作用较大。

(4)熔融碳酸盐燃料电池

熔融碳酸盐燃料电池的关键材料与技术为阳极、阴极、隔膜和双极板等。阳极一般为镍－铬或镍－铝合金,但合金在工作时均有不同大小的蠕变。阴极一般采用氧化镍,但它在使用过程中可溶解、沉淀,并在电解质基质中重新形成枝状晶体,导致电池性能降低及寿命缩短。隔膜是熔融碳酸盐燃料电池的核心部分,它起到电子绝缘、离子导电、阻气密封等作用。

熔融碳酸盐燃料电池组是将阴极和阳极分置于隔膜的两侧,之后放上双极板,然后再循环叠加按压滤机方式装配制成。在电池组与气体管道的连接处要注意安全密封技术,在设计制造时,一般采用错流方式考虑燃料气与氧化剂的相互流动。

熔融碳酸盐燃料电池可应用的燃料气广泛,如可将天然气及一氧化碳经催化重整后直接应用,非常适用于大规模及高效率的电站应用。电极催化剂材料为非贵金属,电池堆易于组装,热电联供效率可达 70% 以上。

我国是一个产煤大国,充分利用煤炭资源作燃料来发展熔融碳酸盐燃料电池对国家的发展具有战略意义。在技术开发方面,研究的重点将主要集中于采用纳米合成技术来制备粒径分布均匀、晶相稳定、抗烧结性强的超细 $LiAlO_2$ 粉材,并开发新的加工制造技术以提高隔膜的稳定性;研究掺杂技术对已有的阳极和阴极材料进行改性或研制新的阳极和阴极材料,以抑制阴极材料的熔解及阳极材料的蠕变;进一步降低材料的生产成本。

(5)固体氧化物燃料电池

固体氧化物电解质燃料电池在开发过程中,电极材料、电解质材料、双极连接材料和密封技术是比较关键的研究课题。由于电解质的电导率低,要获得具有商业意义的输出功率密度,电池必须在相对高温工作(约 900℃～1000℃)。而当固体氧化物燃料电池操作温度过高时,所发生的电极/电解质、双极板/电解质等许多界面反应及电极的烧结退化等都会降低电池的工作效率和稳定性,同时亦使电极关键材料的选择受到较大的限制。如果将固体氧化物电解质燃料电池的工作温度降低至 800℃以下,就可避免电池组件间的相互作用及电极的烧结退化,从而使电池结构材料选择的范围得以扩大。在研究过程中,需要充分考虑减小电解质隔膜的电阻和提高电极的催化活性。

参考文献

[1]邓少生,纪松.功能材料概论——性能、制备与应用.北京:化学工业出版社,2011.

[2]周馨我.功能材料学.北京:北京理工大学出版社,2014.

[3]马建标.功能高分子材料(第2版).北京:化学工业出版社,2010.

[4](美)大卫·E.牛顿著;吴娜等译.新材料化学.上海:上海科学技术文献出版社,2011.

[5]卢江,梁晖.高分子化学.北京:化学工业出版社,2005.

[6]李青山.功能智能高分子材料.北京:国防工业出版社,2006.

[7]史鸿鑫.现代化学功能材料.北京:化学工业出版社,2009.

[8]李奇,陈光巨.材料化学(第2版).北京:高等教育出版社,2010.

[9]王澜、王佩璋、陆晓中.高分子化学.北京:中国轻工业出版社,2013.

[10]贾红兵,朱绪飞.高分子材料.南京:南京大学出版社,2009.

[11]罗祥林.功能高分子材料.北京:化学工业出版社,2010.

[12]姜左.功能材料基础.北京:中国书籍出版社,2011.

[13]薛冬峰、李克艳、张方方.材料化学进展.上海:华东理工大学出版社,2011.

[14]陈玉安、王必本、廖其龙.现在功能材料.重庆:重庆大学出版社,2012.

[15]唐小真.材料化学导论.北京:高等教育出版社,1997.

[16]郭卫红,汪济奎.现代功能材料及其应用.北京:化学工业出版社,2002.

[17]李延希,张文丽.功能材料导论.长沙:中南大学出版社,2011.

[18]李玲,向航.功能材料与纳米技术.北京:化学工业出版社,2002.

[19]张骥华.功能材料及其应用.北京:机械工业出版社,2009.

[20]黄丽.高分子材料(第2版).北京:化学工业出版社,2010.

[21]马如璋.功能材料学概论.北京:冶金工业出版社,1999.

[22]殷景华.功能材料概论.哈尔滨:哈尔滨工业大学出版社,2009.

[23]刘桂香,金香,赵建军等.掺杂纳米 Nd_2O_3 聚合物分散液晶的紫外电光特性.光电子·激光,2011,(3).

[24]刘桂香,金香,吴鸿业等.稀土氧化物纳米粒子调制聚合物分散液晶电光特性的研究.光谱学与光谱分析,2011,(11).